生誕175年記念

臥雲辰致・日本独創のガラ紡

――その遺伝子を受け継ぐ――

ガラ紡を学ぶ会　編著

手回し式ガラ紡機（復元機）
（安城市歴史博物館所蔵）

臥雲辰致肖像画（臥雲義尚所蔵）

動力式ガラ紡機（安曇野市教育委員会所蔵）

臥雲辰致の第一回内国勧業博覧会
「鳳紋褒賞之證状」（明治十年）
（臥雲義尚所蔵）

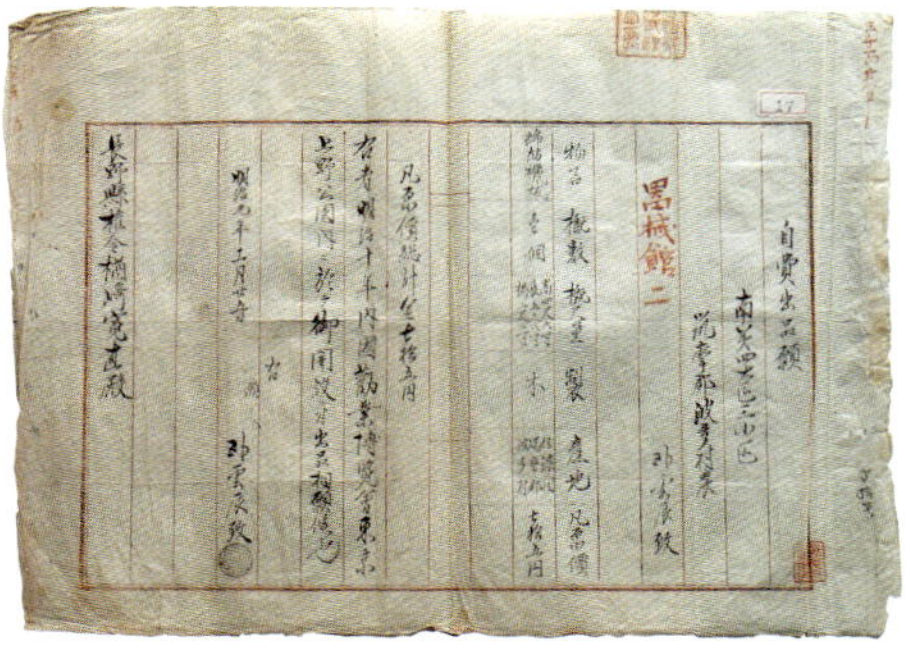

臥雲辰致「自費出品願」（明治九年）
（岡崎市美術博物館所蔵）

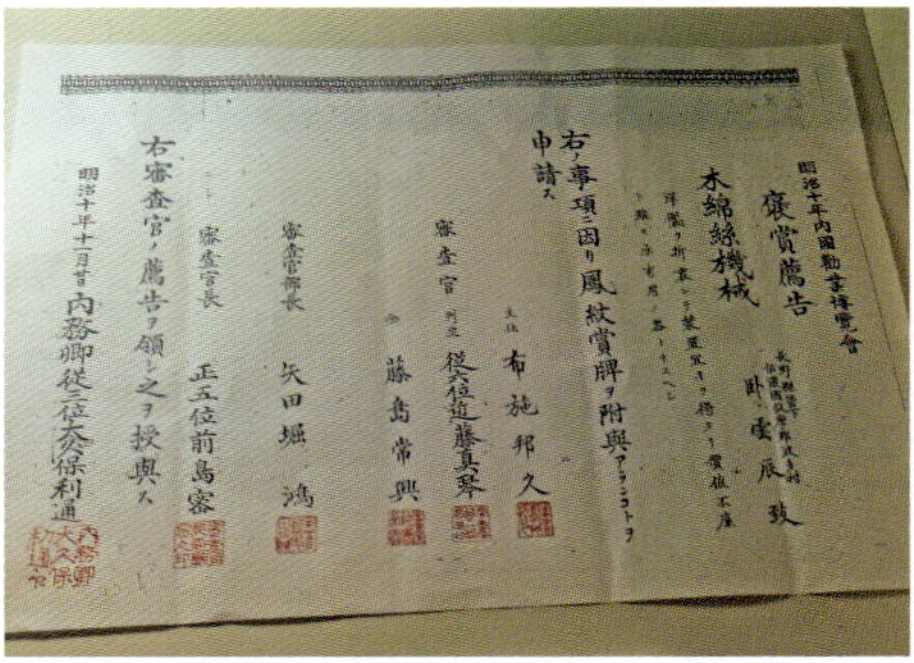

臥雲辰致「褒賞薦告」（明治十年）
（安曇野市教育委員会所蔵）

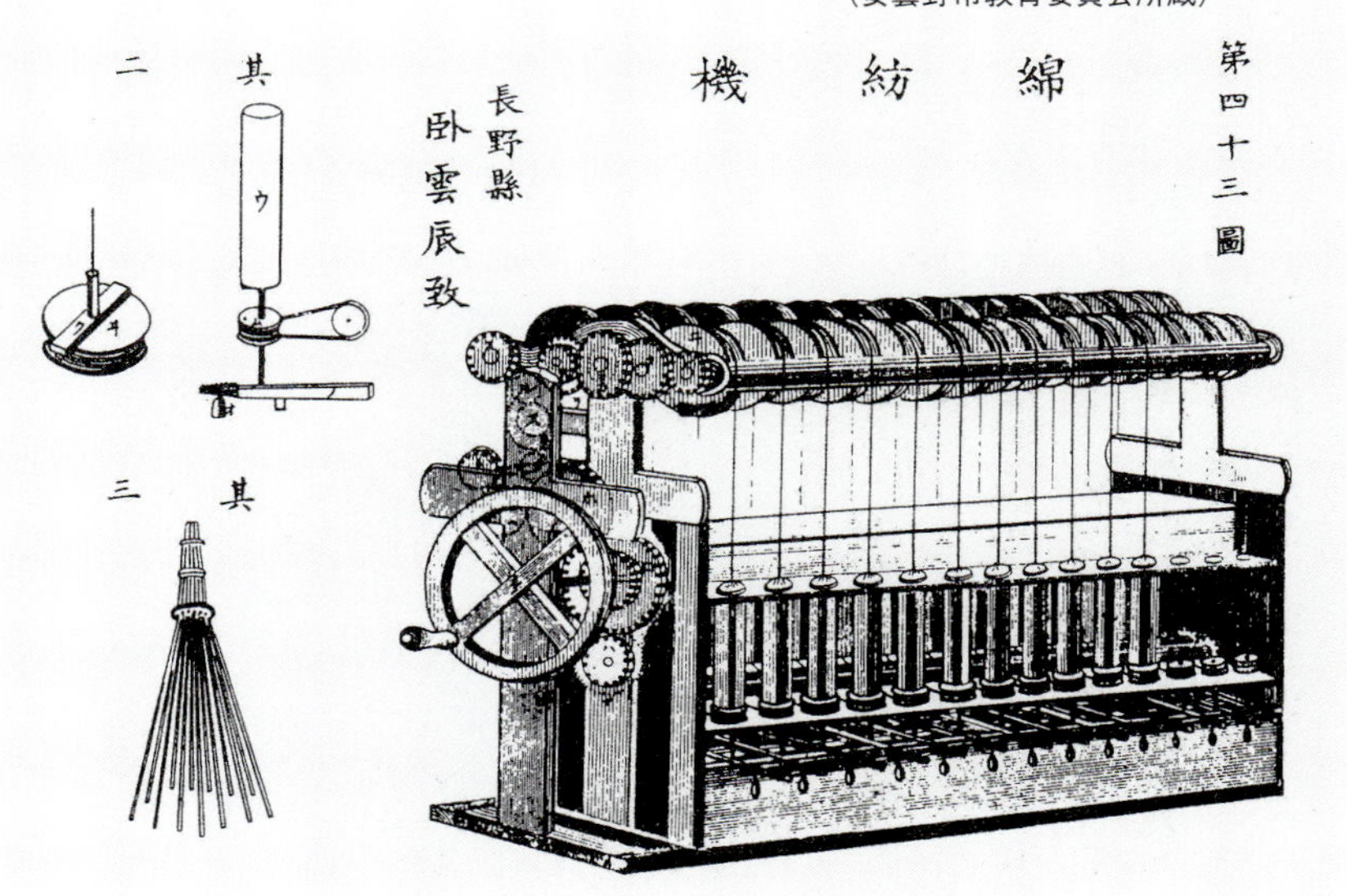

臥雲辰致「綿紡機」（「明治十年内国勧業博覧会出品解説」より）

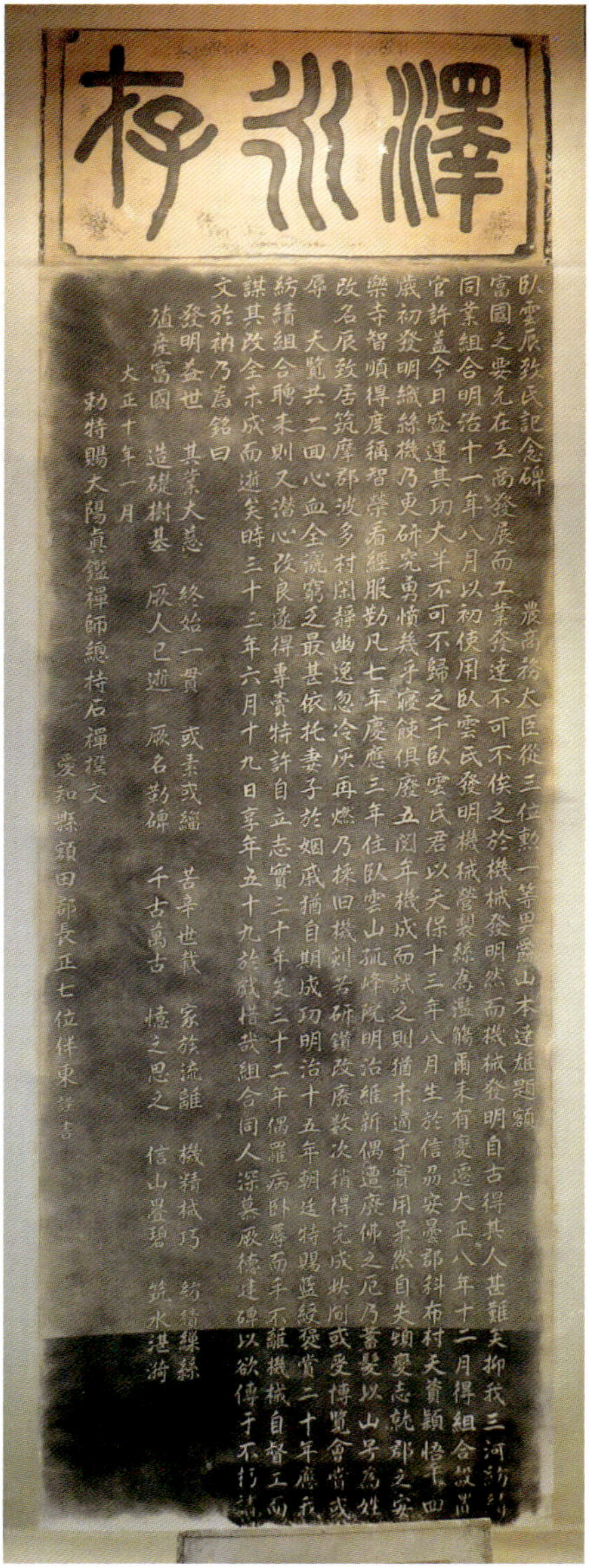

臥雲辰致記念碑（岡崎市）の拓本掛軸
（臥雲義尚所蔵）

臥雲辰致肖像画掛軸
（臥雲弘安所蔵）

臥雲辰致の七桁計算機（加算機）外観（上）、内部構造（下）（臥雲義尚所蔵）

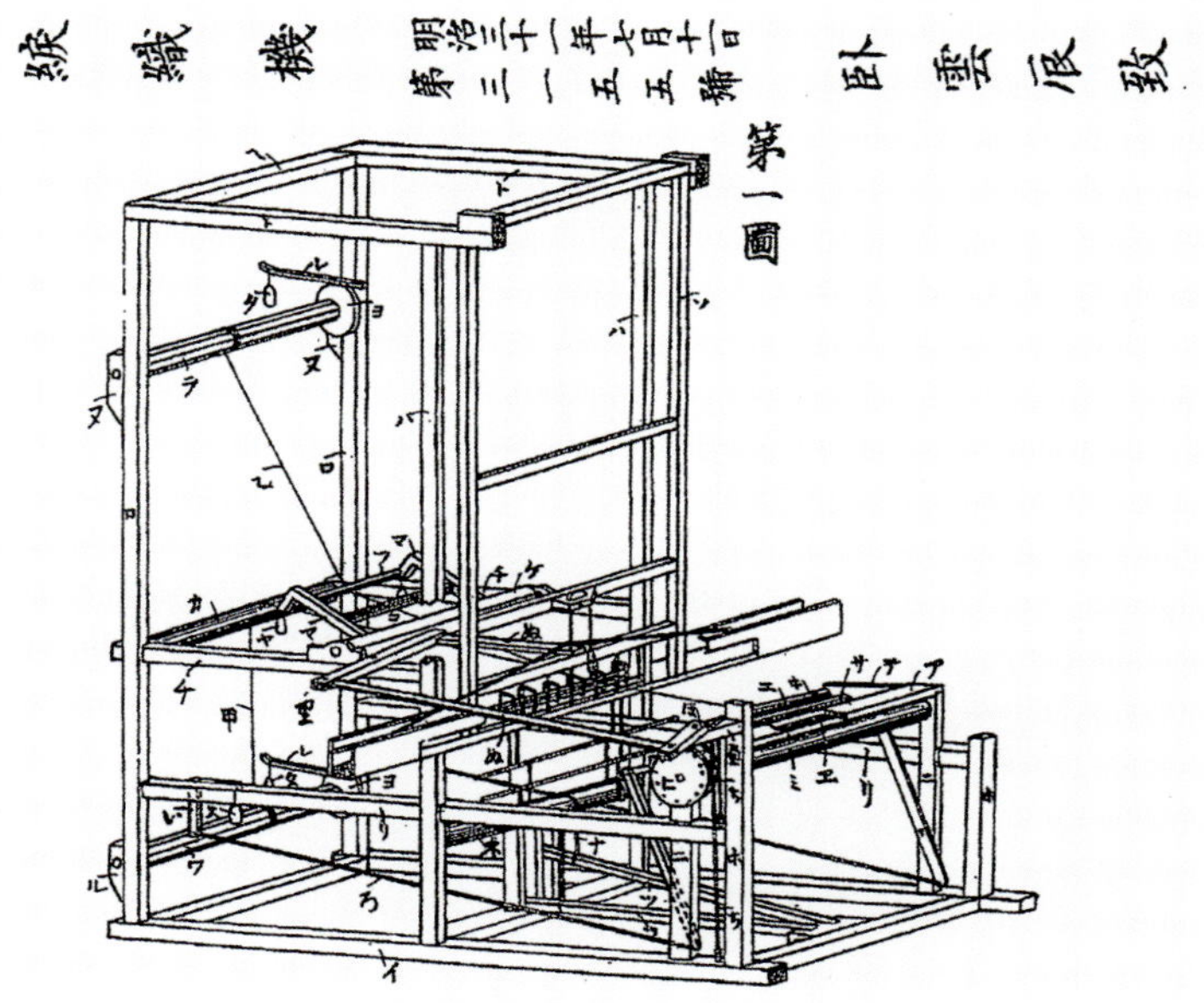

臥雲辰致の「綟織機」（特許第3155号）

はじめに

日本は、一八五四年（安政元）、日米和親条約によって開港した。開港以前の日本では、主要な衣服は綿織物（木綿）の着物であった。綿織物は、日本の農家が生産する国産綿を糸車によって糸に紡ぎ、この糸を手機によって製織して製造された。綿栽培から綿織物製造は全国各地で行われ、米作に次ぐ重要な産業であった。開港によって、綿糸と綿織物が英国とインドから滔々と流れ込んできた。その結果、日本国内の綿栽培が絶滅する危機に見舞われることになった。明治政府は、この危機を回避する方策を模索し、糸車より生産能力の大きい安価な手回しの紡績機械を探索した。

まず目を付けたのが、米国オハイオ州シンシナチ市にあったJ.&T.PEARCE社製の手回しフライヤ精紡機である。一八七七年（明治十）三等属岡毅が政府に提出した「壱人取紡績器械御買之儀伺」には、「種々探索中一人取紡績器械之義ハ実綿ヨリ糸マテ仕立候小器械ニテ至便之様相見候」と書かれている。

一八七七年に開催された内国勧業博覧会には、政府の勧奨もあり、六種類の紡績機が出品された。この中に臥雲辰致が発明し、製造したガラ紡機が入っていた。これらの中で、米国製の紡績機を含めて実用機となったものは、臥雲のガラ紡機だけであった。

ガラ紡機については、後に詳しく説明するが、日本綿から着物用木綿の原糸となる糸を生産ができたので、瞬くうちに全国に普及した。その中でも愛知県の三河綿の産地でガラ紡は大規模に普及した。明治政府は、ガラ紡が日本の国産綿栽培を守るうえで大きな役割を果たしていたので、臥雲辰致に藍綬褒賞を制定の翌年一八八二年に贈った。なお、一九六一年に岡崎市の名誉市民となった。

日本がイギリスから紡績機械を輸入して、本格的な紡績工場が建設されるのは二千錘規模の官営愛知紡績所から始まり、一万錘を超える大規模紡績工場は、一八八三年に創立された大阪紡績会社（東洋紡の前身）で、その後、大規模紡績工場の建設が急速に進んだ。これらの紡績工場は、開業初期には紡績原料に適さない極端に短い日本綿と中国綿を原料とせざるを得なかったので、糸品質が劣り生産能率も低かったので、ガラ紡と競合することになった。しかし、一八九〇年以降、インド綿、米国綿を原料として、品質の良い糸を高能率で生産ができるようになった。ガラ紡は洋式紡績と対抗することができなくなり、大規模紡績工場で発生する落綿や回収繊維を原料とすることで、細々と生産を続けることになった。

大阪の商業の中心地船場に綿業会館がある。この建物は、東洋紡の専務取締役・岡常夫の遺族から贈られた一〇〇万円と関係業界からの寄付五〇万円、合わせて一五〇万円を基に、紡績関係者の倶楽部として建てられたもので、一九三一年十二月竣工した。二〇〇三年には国重要文化財に指定された。綿業会館に、三重紡績所の創始者伊藤小左衛門が横浜の米国商人から購入した、J.&T.PEARCE社製の手回しフライヤ精紡機と、初期の手回しガラ紡機が、日本紡績産業創始期の記念物として、保存展示されている。

ガラ紡が全盛期を迎えたのは、アジア太平洋戦争の末期から戦後の数年間であった。綿花の輸入が途絶え、紡績機械が兵器の製造のためにスクラップにされた結果、いわゆる繊維飢饉に陥った。ガラ紡は、紡績工場では糸に紡ぐことのできない、古着などから回収した繊維などの短い繊維から衣服用の糸を紡ぐことができたので、繊維飢饉緩和の立役者となった。しかし、ガラ紡の全盛期は徒花のように消え去った。ガラ紡は、日本の紡績産業が中国との競争に敗れ、急激に衰退するのと軌を一にし、現在は、わずか数工場が命脈を保つに過ぎない。

日本独創の技術ガラ紡については、経済史・産業技術史等の研究者によって研究されている。また信州大学繊維学部において、ガラ紡の独特な紡績技術の研究が進められている。

ガラ紡糸は、柔らかく、伸縮性に富み、織物やニットに独特な風合い・着心地の良さをもたらすので、新たな製品開発に取り組む業者がいる。また、ガラ紡をラオスで地場産業として育成しようという試みも行われている。

ガラ紡の過去・現在・未来を臥雲辰致のガラ紡が産声を上げた地元松本・安曇野の人びとに広く知ってもらい、松本に「臥雲辰致ガラ紡記念館」を建設したいものだと、臥雲辰致の孫・臥雲弘安と松本深志高校の同窓生でガラ紡の研究者である玉川寛治と話し合ったことがあった。それが契機になり、展示会《〃臥雲辰致「ガラ紡」展示会〃臥雲辰致日本独創の技術者〜「その遺伝子を受継ぐ」〜》を開催することが実現した。

ガラ紡展示会の実施内容

会　期　二〇一六年九月三十日〜十月三十日

会　場　松本市の、中町蔵の会館「中町・蔵シック館」（臥雲辰致の最初のガラ紡工場（連綿社）にほど近くに建つ蔵造りの館）

来観者数　三〇六一人（会場入口のリーフレット配布枚数などからの集計人数、実際には五〇〇〇人を超えていたと思われる）

展示会の内容

（一）ガラ紡機の展示と糸紡出の実演
（二）綿繰り機、糸車による糸紡ぎの実演、高機による手織りの実演
（三）臥雲辰致の功績を記録した史料・文献・書籍等の展示
（四）木玉毛織株式会社、ラオスＶＨＡ工場（アンドウ株式会社）、ヤマヤ株式会社、有限会社エニシング、有限会社ファナビスの各社で製造・販売しているガラ紡糸・織物などの製品の展示即売
（五）歴史的なガラ紡糸、ガラ紡織物などの展示
（六）三河、尾張、松阪など木綿手織りのグループなどからガラ紡の創作作品の展示
（七）臥雲辰致・ガラ紡に関する研究者による講演

十月　二日　小松芳郎（松本市文書館元館長）
　　　　　　玉川寛治（ガラ紡の技術史研究者、産業考古学会顧問）
十月　八日　野村佳照（ヤマヤ株式会社社長）
　　　　　　西村和弘（有限会社エニシング社長）
十月　九日　石田正治（名古屋工業大学非常勤講師）
十月　十五日　中沢賢（信州大学名誉教授）

十月　十六日　天野武弘（愛知大学中部地方産業研究所研究員）
十月　十九日　崔裕眞（立命館大学大学院准教授、ガラ紡の経済史研究者）
　　　　　　　天野武弘
十月二十二日　吉本忍（国立民族学博物館名誉教授）
　　　　　　　中村晶子（堺市文化財課学芸員）
十月二十三日　小松芳郎
十月二十九日　まとめの座談会
（八）会期中に、セントラル愛知交響楽団メンバーによる管楽五重奏、弦楽四重奏、管楽四重奏、すくすく合奏団の演奏と、二人の若手トランペット奏者による連日のミニコンサート

以上のように、臥雲辰致の生誕地で一か月にわたって開催された「ガラ紡展示会」について、その記録などを収録し、本書を刊行することとした。本書を通して、臥雲辰致の業績、ガラ紡機の独創的技術、日本の産業史の中で果たした役割の普及、現在進行中のガラ紡製品の新たな開発の事業等が、生誕地信州松本から、全国に波及していくことを期待するものである。

二〇一七年七月　　　ガラ紡を学ぶ会　理事長　玉川寛治

目次

第Ⅰ部　臥雲辰致・日本独創の技術者

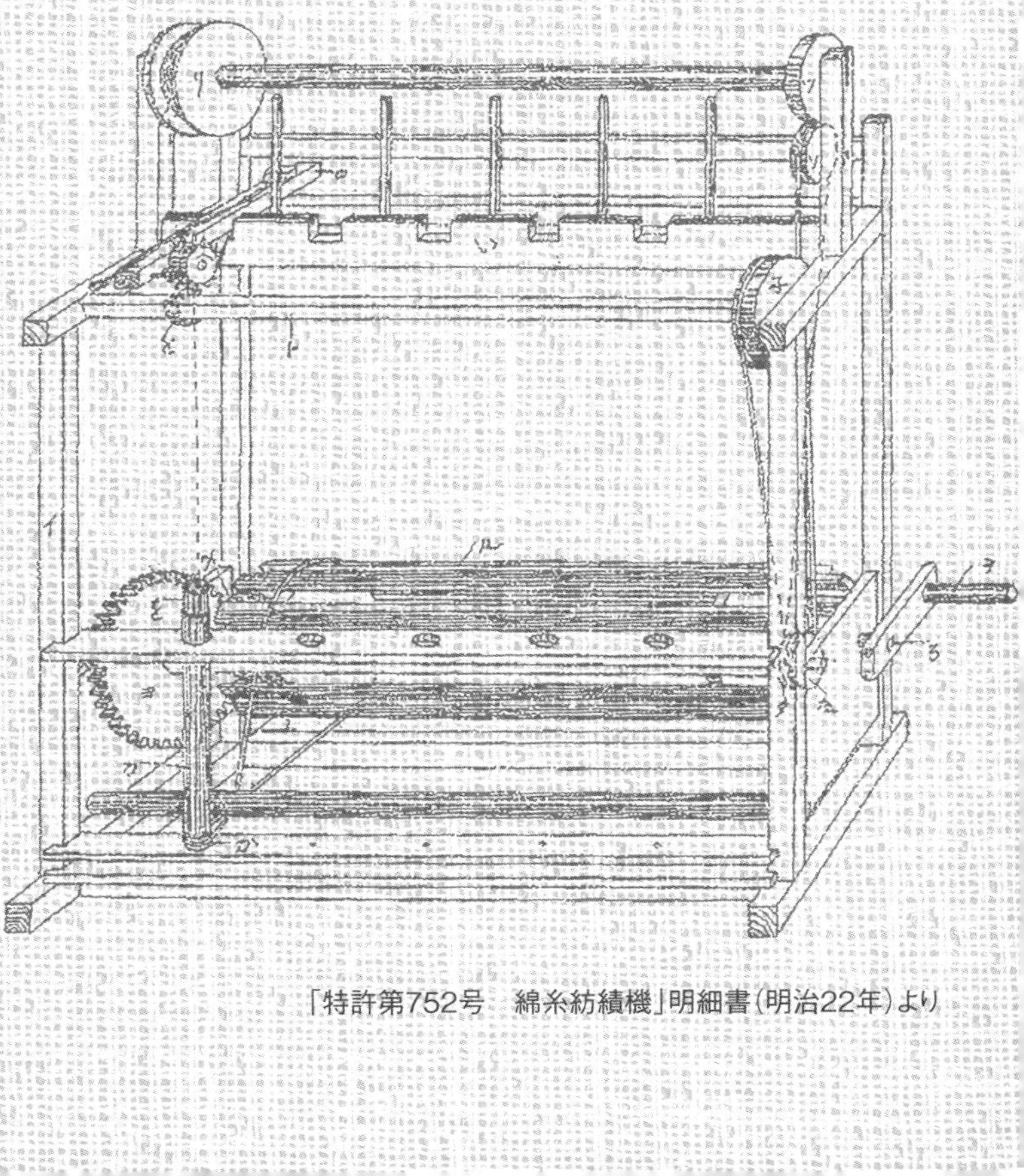

「特許第752号　綿糸紡績機」明細書（明治22年）より

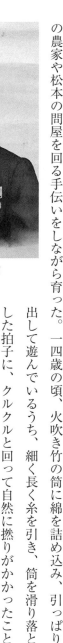

第一節　臥雲辰致の事績

小松　芳郎

足袋底問屋に生まれる

栄弥は、一八四二年（天保十三）八月十五日、安曇野の小田多井村（現・安曇野市堀金）の横山儀十郎・なみの二男として生まれた。幼名は横山栄弥である。寺子屋に学び、足袋底問屋を営む家業を手伝い、近隣の農家や松本の問屋を回る手伝いをしながら育った。一四歳の頃、火吹き竹の筒に綿を詰め込み、引っぱり出して遊んでいるうち、細く長く糸を引き、筒を滑り落とした拍子に、クルクルと回って自然に撚りがかかったことに気づき、機械の考案にのめり込んでいった。

図1-1　臥雲辰致肖像画
（臥雲弘安所蔵より）

この機械は実用にならなかったが、栄弥は新しい紡機の改良に集中した。父はその一途な様子を見て将来の見込がないと判断し、一八六一年（文久元）、隣村の安曇郡岩原村（のちに烏川村、現、安曇野市堀金）宝隆山安楽寺十八世智順和尚の弟子としてもらった。二〇歳の栄弥は、法名

図1-2　安楽寺跡（2010年小松芳郎撮影）

を智栄と名づけられ仏道に励むこととなった。二六歳の時、安楽寺智順和尚に抜擢されて、末寺であった岩原村の臥雲山孤峰院の住持となった。

一八七一年（明治四）、松本藩の廃仏毀釈政策のため孤峰院は廃寺となり、還俗して帰農することになった。山号の「臥雲」をとって姓とし、再出発を期したのである。

図1-3　孤峰院跡（2010年小松芳郎撮影）

名を変えた辰致は、旧孤峰院の地へ住まいを定め、畑を耕作しながら綿糸紡績機の発明を再開した。一八七三年（明治六）に太糸綿紡糸機を発明。翌年十二月、辰致は北大妻村（現・松本市梓川）の松沢くまを妻に迎え、籍を烏川村に移した。

波多村へ

地租改正が布告され「地引帳」の提出を求められていたとき、辰致が新たに作成した土地測量機に目をつけたのが、東筑摩郡波多村（現・松本市波田）の地主川澄藤左であった。藤左は家の田畑や山林を測量するため、辰致を呼び寄せて川澄家に逗留させた。川澄家の長女・多《た》けに心を惹かれていく辰致を養子にして川澄姓を名乗らせたかったが、辰致は断った。

辰致は、くまと離婚し、一八七五年（明治八）に波多村に居を移し、弟納次郎を養子とした。川澄家で多けとの生活が始まった辰致は、波多村の武居美佐雄（戸長）や、波多堰開削に多大な貢献をした波多腰六左と知り合い、強力な協力者を得た。

辰致は、居を移していた波多の人びとの協力をえてさらに改良を加えた。一八七五年の記録によれば、川澄東左・波多腰六左・青木橘次郎（安曇郡倭村、現、松本市梓川倭）・百瀬軍次郎（臥雲の妻の従弟）・武居美佐雄の五人が、ガラ紡機の完成品作製を後援し、各人二四円二七銭三厘の資金援助をした。

ガラ紡機の製作

東京上野で開催された第一回内国勧業博覧会に、辰致は綿紡機械出品を決意し、機械の製作に取りかかるとともに、工場の建設を計画した。一八七六年（明治九）に、ほぼ機械は完成した。直ちに、機械の生産が、松本の女鳥羽川沿いの六九《ろっく》にある松本開産社の一部を借りておこなわれ、同時に水車を動力に、ガラ紡機による紡績もおこなわれた。そのための組織として、松本連綿社が作られた。

当時、松本の北深志町で発刊されていた『信飛新聞』に、次のようなガラ紡機の記事がのっている。

○四大区波多村ニ於テ、木綿製糸器械並ニ製布器械新発明ガ出来、経検（ためし）ノ上器械場築造ニ取掛タサウデ五座リ升。其器械ハ、水車ニ仕カケ、差向一日ニ日本綿百把ヲ糸ニシ、布ハ三十反ヲ織ルサウデス。追々増築シテ（下略）

（『信飛新聞』第一二三号、一八七六年二月二十九日）

○弊社第百二十三号ニ報ジマシタ四大区波多村ニテ製木綿糸器械並ニ製布器械トモ新発明ノ工夫ガ、イヨイヨ成功致シ、四五日前ニ北深志町ノ開産社へ運搬シテ、該社ノ水車場女鳥羽川ノ流ニ右ノ器械ヲ据へ、県官之ヲ五覧ナサレテオ誉メガアリマシタ。イヤ工夫エト云フモノハ恐ロシイモノデアリマス。東京王子ノ器械ナドトハ、至テ手軽デ、操綿ヲキリキリ糸ニ引出ス所ハ、サナガラ婦女子ガ糸操車ヲ数十人並デ木綿ノ糸ヲ引出スヤウデ、又製布（ハタ）ノ器械ガ抒（ヒ）ヲ遣（ヤリ）、梳紐（ヲサ）ヲ打ツ仕掛ケ。マア能（ヨク）出来マシタ。

（『信飛新聞』第一四三号、一八七六年五月十九日）

第一回内国勧業博覧会第一の好発明

第一回内国勧業博覧会は、一八七七年（明治十）八月二十一日から十一月三十日まで、東京上野の森で開催された。『出品者心得』の前文には、「此博覧会ハ後日諸業ノ益々繁昌センコトヲ謀ルタメ」とあり、新しい産業の発展を促す政府の殖産興業策の一環として開かれたものである。長野県からは、七一五種の出品（出品者三一一人）があった。

辰致が発明した機械を「内国勧業博覧会出品解説」にみると、片側二〇両側合計四〇錘のブリキ製の筒に原料の綿を詰め、ハンドルを手動で回転する仕組みだった。その下部には、天秤機構がそれぞれ取りつけられ、紡ぐ糸の太さを自動的に調節する仕掛けとなっていた。上部の糸を巻き上げる部分は、松材を輪切りにして糸巻きにし、手動力に連動して回転するようになっている。紡錘作業と巻糸作業とを機械的に連結させたことが画期的であった。

図1-4　鳳紋賞杯（臥雲義尚所蔵より）

ガラ紡機の評判は高く、会場での実演は、多くの参観者を驚かせた。「本会第一の好発明」と激賞され、最高の栄誉である鳳紋褒賞牌を授与された。このときの臥雲への「褒賞薦告」には、「洋製ヲ折衷シテ装置宜キヲ得タリ。価値不廉ト雖モ亦有用ノ器トナスベシ」という審査官の言葉が付されている。

また、博覧会の会期中に注文（約定済）が殺到し、二二二台、合計金額一〇八〇円にのぼった。

これまでの綿紡車は、紡錘具と糸巻具とを同時に一定の速度で回転させることが不可能であったが、臥雲の機械は、紡錘作業と捲糸作業とを機械的に連結させたことに大きな特色があった。西洋式の紡績機械は、引きだした糸を回転しながら撚りをかけていたが、臥雲辰致のガラ紡機は、原料の綿に回転を与えながら引きだされた糸に撚りをかけていくものであった。

「臥雲式紡機」として、全国的に普及していった。軽快にガラガラという運転音から「ガラ紡」と呼ばれるようになった。この機械は各府県に普及されたが、模造者も続出し、種々支障を来した。辰致はこれに大改良を加えてその精巧のものを作り、一八七八年（明治十一）五月、明治天皇の北陸・東海地方巡幸の際、長野で天覧に供したことで、辰致は発明にいっそう闘志を燃やした。

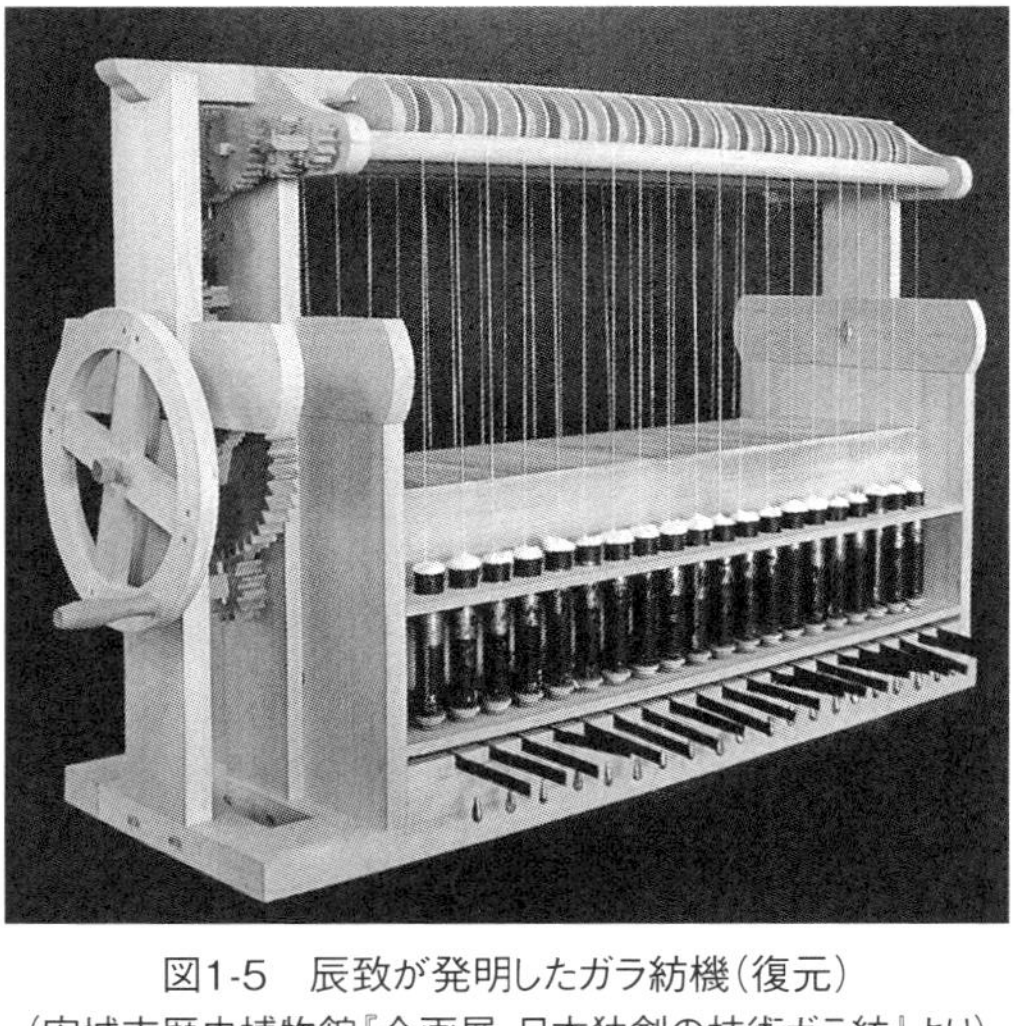

図1-5　辰致が発明したガラ紡機（復元）
（安城市歴史博物館『企画展 日本独創の技術ガラ紡』より）

発明を続ける辰致

内国勧業博覧会以降の辰致は、東京神田連雀町に東京支社をもうけ、各府県からの需要におうじた。こうして、二、三年のあいだにガラ紡機は全国へ普及していった。全国的な普及をめざして、連綿社の松本本社は、一八七九年（明治十二）一月に組織をあらためた。しかし、特許制度がなかったため模造品が各地に続出して、ガラ紡機がひととおり普及すると、連綿社は事業そのものがさかんになりながら、しだいに経営不振となっていった。

一八八〇年（明治十三）六月二十五日の明治天皇の松本への巡幸のさい、臥雲辰致のガラ紡機が天覧となったが、同年七月に連綿社は東京支社を閉鎖した。松本の連綿社は小型機械の販売を停止し、大型機械一〇〇錘以上の機種の製造販売に方針を転換した。しかし、同年十二月に連綿社は事実上解散し、その後は臥雲辰致の個人経営として存続することになった。

一八八一年（明治十四）、辰致は第二回内国勧業博覧会にも出品して「進歩二等賞」を受賞した。翌年には、発明の功績により、四一歳で藍綬褒章を授与されている。

一八八五年（明治十八）の春、松本女鳥羽川に設置してあった水車場が水害で破損した。辰致は大損害をうけて修理費や出資者の更新のために奔走したが、なかなか再建することはできなかった。そののち売却のやむなきにいたり、辰致は女鳥羽川の水車場の牙城を失う。辰致の努力がむくいられず、妻の実家川澄家の世話になった。

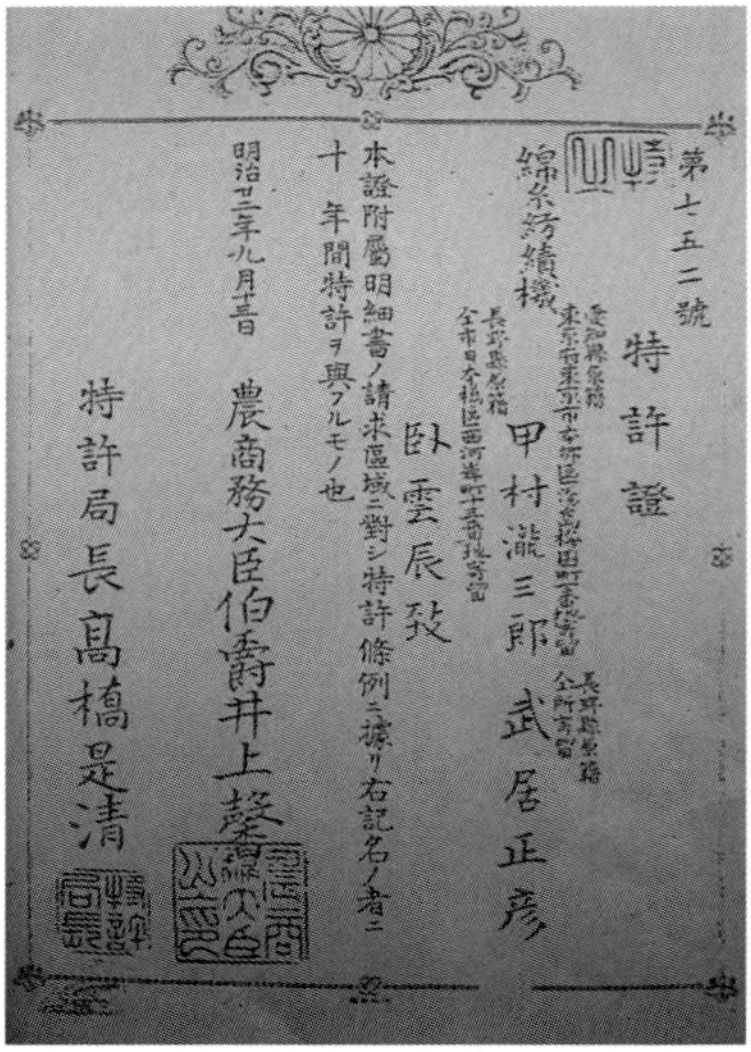
第七五二號
特許證
綿糸紡績機
甲村瀧三郎
武居正彦
臥雲辰致
本證附屬明細書ノ請求區域ニ對シ特許條例ニ據リ右記名ノ者ニ十年間特許ヲ與フルモノ也
明治廿二年九月十三日
農商務大臣伯爵井上馨
特許局長髙橋是清

図1-6　特許証（1889年）
（安曇野市教育委員会所蔵より）

なお、一八八九年（明治二十二）九月十三日、専売特許条令（一八八五年公布）に基づき、ガラ紡機にも特許がようやく与えられた（第七五二号）。その発明者は、臥雲辰致・武居正彦（美佐雄の子）と三河紡績同業組合初代頭取の甲村滝三郎（愛知県）の三人となっている。

波多村に定住してからも発明の情熱は消えることなくつづけられ、紡機織機の改良のほかに、蚕網織機・七桁計算機・土地測量機などを完成させた。

ガラ紡機の三河地方での普及

不遇の生活を送るいっぽうで、ガラ紡機は綿作地域の三河地方に移入され、水車紡績・舟紡績として花開いていった。

臥雲は、山梨県中巨摩郡大井村に招かれ、機械製作の指導をし、石川県へも出向き、愛知県三河にもしばしば出かけ、機械・技術の指導・改良にあたった。

三河では、一八七七年（明治十）の内国博覧会の直後にガラ紡機を導入して、在来の三河綿工業を大きく発展させはじめていた。その後、幾多の変遷はあったが、三河地域綿業は、用途に応じた特別の綿糸生産（足袋底用・帆布・厚手綿布の緯糸など）の方法を確立しつつ、洋式紡績に対抗してその地位を確保していった。

その発展の基礎は、臥雲発明のガラ紡機の導入にあったとして、辰致没後の一九二一年（大正十）には岡崎綿糸商組合・三河紡績同業組合が、臥雲辰致の徳を慕いその業績を永久に伝えるために、愛知県岡崎市公会堂の庭前に臥雲辰致の顕彰碑・記念碑を建立した。碑文に「発明益世其業大慈」とある。

また、一九六一年（昭和三十六）には、愛知県岡崎市の市制四五周年で、辰致は名誉市民となった。

蚕網織機

一八九〇年（明治二十三）の第三回内国勧業博覧会に臥雲辰致は「蚕網織機械」を出品した。この機械の構造・素質は、「僅カニ金属ヲ用ユト雖ドモ概シテ木製ナリ、量目七貫目」であり、「人力ニ依テ運転」し、「綿糸若（もしくは）麻糸ヲ以テ蚕網ヲ織ルノ用ニ供シ一時間ニ丈ノ網ヲ織成ス」ことができた。内国勧業博覧会で「三等有功賞」を受賞したこの蚕網織機を、松本南深志町の細萱茂一郎が大量に購入した。細萱は蚕網の製造販売にあたって、問屋制手工業的経営形態をとった。辰致から購入した蚕網織機を農家に一台ずつ無償で貸与し、それぞれの農家が家内工業的に蚕網を織って製品に仕あげた労働力にたいして賃金を支払う方式の経営であった。松本はわが国の蚕網の代表的な生産地となった。

晩年

第三回内国勧業博覧会の終了後、一八九〇年（明治二十三）以降、晩年の十年間は松本郊外の東筑摩郡波多村に居住した。波多村は愛妻多けの実家（川澄家）のある村であった。

晩年に発明した蚕網織機は好評であり、注文も多く、これを製造販売して多少の利益を得ることができた。辰致の家族も貧困から少しは解放されたようである。

川澄東左の長女・多けとは一八七八年（明治十一）に結婚したが、その年の暮に長男・俊造（のちに川澄家を継ぐ）が生まれ、一八八一年には二男・家佐雄（のちに須山家を継ぐ）、一八八四年には三男・万亀三（のちに樋口家を継ぐ）、一八八七年には四男・紫朗（のちに臥雲家を継ぐ）が生まれた。結婚してから苦労の連続であった妻多けは、経済的に恵まれず貧しかった発明家臥雲辰致の家庭を守り、内助の功を尽くしたのであった。

一八九九年（明治三十二）、胃に変調をきたし、病床に臥すようになった。医者や家族の看護もむなしく一年後の一九〇〇年六月二十九日に、五九歳の生涯を閉じた。死の前日まで考案半ばの図面に見入っていたという。

辰致の子四人のうち、長男の俊造が川澄家を継ぎ、四男紫朗が臥雲家を継いだ。辰致の墓は上波田の川澄家の墓地にある。墓碑の正面に「眞鮮脱釋臥雲工敏清居士」、左側面に「明治三十三年六月二十九日行年五十九歳　臥雲辰致」と刻まれている。また右隣には内助の功を尽くした愛妻川澄多けの墓碑「眞鮮脱釋臥雲工敏清大姉」「川澄たけ」が並んでいる。

辰致は、明治初期の発明家・事業家などの中でも特筆されるべき人として全国に知られていった。一八九二年（明治二十五）発行の小学校用教科書（文部省、尋常小学修身用教科書）をはじめ、数種の教

図1-7　臥雲辰致の墓
（2010年小松芳郎撮影）

科書に、その業績がとりあげられている。

参考文献

村瀬正章著『人物叢書　臥雲辰致』吉川弘文館、一九六五年。

『東筑摩郡・松本市・塩尻市誌』別篇人名、東筑摩郡・松本市・塩尻市郷土資料編纂会、一九八二年二月発行。

『波田町誌』歴史現代編、波田町教育委員会　一九八七年三月発行。

宮下一男著『臥雲辰致』郷土出版社、一九九三年六月二十八日発行。

北野進著『発明の文化遺産　臥雲辰致（ときむね）とガラ紡機―和紡糸・和布の謎を探る』産業考古学シリーズ4、一九九四年七月発行。

『松本市史』第二巻歴史編Ⅲ近代、松本市、一九九五年十一月発行。

第二節　ガラ紡の技術史的特徴

(1) 第一回内国勧業博覧会出品・臥雲辰致の綿紡機の技術的特徴とその後のガラ紡績技術の展開

石田正治

はじめに

「ガラ紡」と略称されるガラ紡績は、臥雲辰致が一八七六年（明治九）に発明した紡績機による綿糸の紡績法で、世界にその類例をみない。ガラ紡績の語源は詳らかではないが、紡績機が運転中にガラガラと音をたてることからいつしか「ガラ紡」と呼ばれるようになったとされている。臥雲が発明した当初は、和紡、和式紡、臥雲紡などのように呼ばれ、その製品である紡績糸は、当時の商標（岡崎市美術博物館蔵）によればば、精綿糸、製綿糸、器械採綿糸、和製機械綿糸、木綿器械糸、三河産綿糸などのように呼ばれ、ガラ紡糸というような商標名はない。

臥雲辰致は、一八七三年（明治六）に太糸の綿糸紡績機を製作（榊原金之助、ガラ紡績の業祖　臥雲辰致翁傳記、一九四九）したと伝えられる。臥雲はそれを工夫改良し、一八七六年（明治九）、細い綿糸を紡績できる機械を発明、この紡績機は、一八七七年（明治十）の上野で開催された第一回内国勧業博覧会に「綿紡機」として出品された。臥雲の「綿紡機」は、「本会中第一ノ好発明」（明治十年内国勧業博覧会報告書、一八七七）と賞され、最高位の鳳紋褒賞を受賞した。なお、賞状では「木綿糸機械」となっている。

この博覧会を契機に、愛知県の三河地方矢作川流域をはじめ全国の綿業地帯にガラ紡機は普及し、発展をしていく。臥雲辰致は、地元長野県松本市に連綿社という組織をつくり、綿紡器械（綿糸器械、細糸紡糸器械）の製造、普及に努めた。この当時は、まだガラ紡機とは言われなかったが、本稿では以下、ガラ紡機として述べる。

臥雲のガラ紡機は、写真に示すように比較的簡単な構造であったことと、まだ特許制度の確立していない時代であったため、各地で模倣、改良されて造られたために連綿社の事業は長続きしなかった。図1-8は臥雲辰致が第一回内国勧業博覧会に出品した綿紡機の復元機、図1-9は大阪の綿業会館に保存されている手回しガラ紡機である。綿業会館のものは「東京橋本製」、「堺支店」の焼き印があるが構造的に酷似していて、臥雲の綿紡機を模倣したものと思われる。

ガラ紡機（綿紡機）の技術的特徴

第Ⅱ部、講演要旨「第一回内国勧業博覧会出品・臥雲辰致の綿紡機」のところで「綿紡機」の構造上の特徴については詳しく述べているので、ここでは綿糸紡績におけるガラ紡機の技術的特徴について述べる。

綿糸紡績の基本作業は、①繊維を平行にそろえる、②繊維の束を引き伸ばす（ドラフト）、③引き伸ばした繊維に撚りを掛ける（ツイスト）、④糸を巻き取る、の四つである。

また、紡績機械において必要な制御機能は、次の三つである。

図1-8　臥雲辰致の綿紡機の復元機（安城市歴史博物館所蔵）、2016年10月の臥雲辰致「ガラ紡」展示会で展示された。（2016年石田正治撮影）

図1-9　大阪、一般社団法人日本綿業倶楽部所蔵の手回しガラ紡機。1985年のつくば科学万博・歴史館で展示された。
（1985年石田正治撮影）

①糸の太さの設定と制御………糸の番手の設定や変更
②糸の太さのムラの制御………均質な太さの糸
③糸切れ………機械の停止、糸の接続

現代の紡績（ここでは洋式紡績）工場では、前述の基本作業と制御を行うために、工程を細分化し、大規模で複雑な機械設備によって、均質なムラのない細糸を大量生産している。

ガラ紡績では、紡績の基本作業が洋式紡績のように細分化されてないために、工程数は少ない。そのため、一工程で複数の基本作業をこなすため制御が十分に行われない。それ故に糸の太さのムラを完全に除去できない。現在では、このムラのあるガラ紡績糸が手紡ぎに似た風合いのよさとして再評価されている。

図1-8に、ガラ紡機の紡績部の機構を示す。

ガラ紡績の場合、糸巻の回転数と綿筒（つぼ）の回転数、およびストレッチの長さ、ストレッチ部

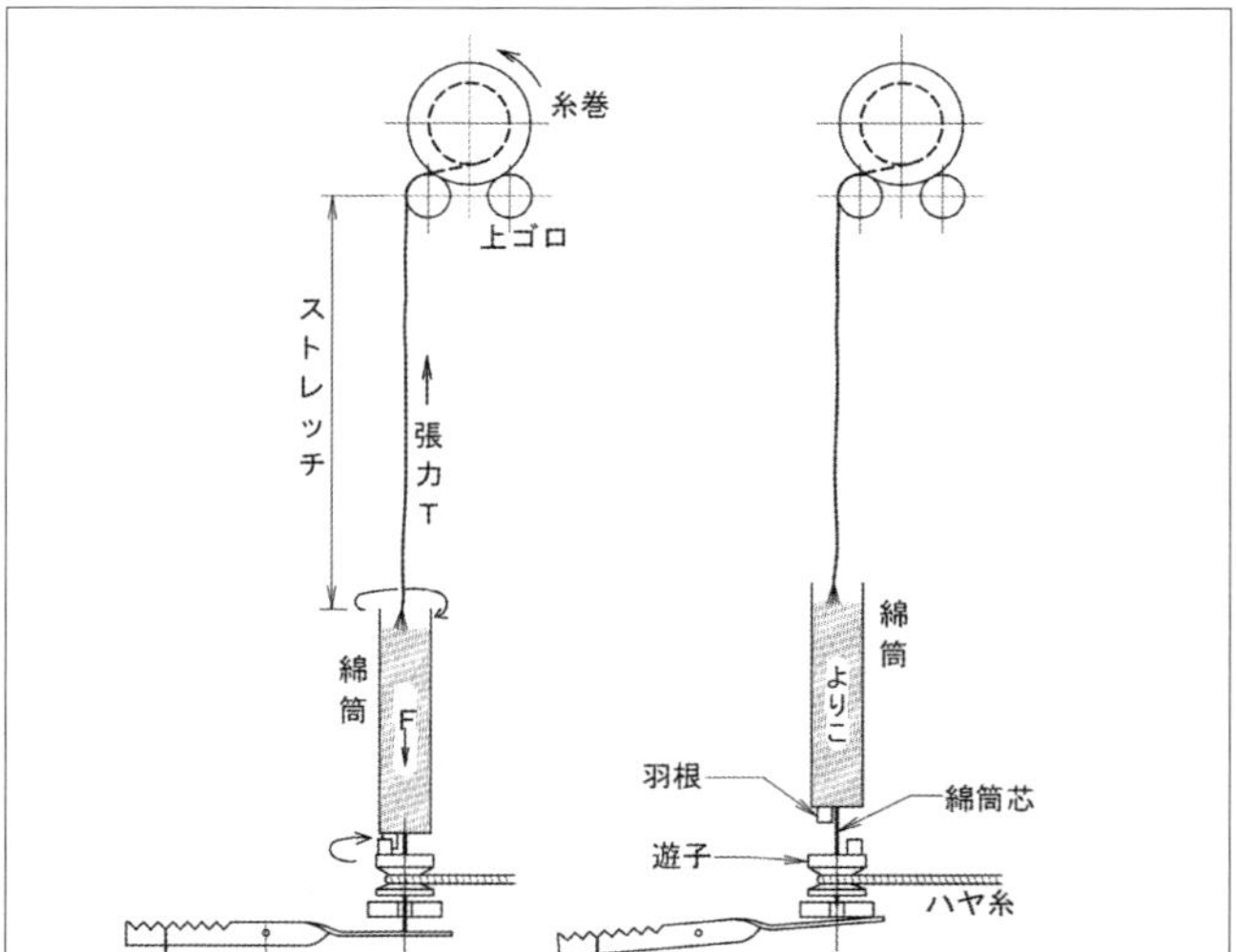

図1-10　ガラ紡績の紡績原理（石田正治作成）

の糸の張力によって、糸の太さと撚りの掛かり具合が決まる。糸の張力Tが大きければ、糸は太くなり、小さければ糸は細くなる。図において張力Tは、次の式でもとめられる。

張力T＝綿筒とよりこの重量F－分銅の重量W×L１／L２

作業を行うと、よりこの重量は減少していくので、それに対応するように支点と分銅の距離L１を徐々に小さくしていく。

また、紡績中に、ムラが生じて糸が太くなった時は、張力が大きくなるので、よりこは綿筒ごと上方向に引き揚げられる。綿筒と遊子（ユーゴー、綿紡機では滑車）の羽根（綿紡機では錠鋏）は離れて綿筒の回転が止まり、撚りが掛からなくなるので、綿筒とよりこの重量により下方向に引き伸ばされて細くなる。張力が小さくなると、再び羽根が接触して綿筒は回転し、撚りを掛ける。この動作の繰り返しでガラ紡機は、一定の番手の糸を紡ぐことができる。この巧みな天秤による自動制御機構がガラ紡機の最大の特徴であり、改良の余地のないものであった。

しかしながら、ガラ紡機の紡績機構は、糸ムラの制御のために綿筒の自然落下でドラフトすることによっているので、回転数を高め、紡績速度を高めることができないのが、決定的な弱点であった。錘数を増やして生産性を高めたが、工場規模に限界があった。

ガラ紡績技術の展開

臥雲辰致の綿紡機は、前述のように糸の太さとムラを自動制御する天秤機構は、改良の余地のないもので、紡績機としては完成された機械であった。

しかしながら臥雲辰致の綿紡機以後、省力化、生産性の向上のために、幾つかの改良がなされてきた。また、一八八五年（明治十八）に専売特許条例が公布され、特許制度ができると、ガラ紡機や関連技術についても、多くの特許や実用新案が出願されるようになった。臥雲辰致も武居正彦、甲村瀧三郎と連名で「綿糸紡績機」（登録番号七五二）の特許を一八八九年（明治二十二）に取得している。

ガラ紡機関係の特許・実用新案は、筆者が調べた限りでは表1-1に示すように一九四七年までに三九件ある。臥雲の特許を除き、すべてガラ紡機の機構または部品の改良の特許・実用新案である。臥雲の特許は、綿紡機では完成された天秤機構を全く違う機構に変えたためか、実用にはならなかった。

表1-1では大正八年の特許の名称に「ガラ」紡の名があるので、大正時代には、「ガラ紡」という呼称は一般化していたと思われる。また、洋式紡績に対しての「和紡」という呼称も普及していた。

特許・実用新案にはなってないもので改良されたものは、糸巻の形状と綿筒の大きさである。

糸巻については、巻き取り位置を決める綾振り装置を付けることによって、図1-11に示すよにつば付きからつばの無い糸巻になっている。つばがあると、糸が巻き取られるに従って、糸巻の外径が大きくなるので、糸の巻き取り速度は徐々に速くなる。これをつばを無くすことによって糸の巻き取り速度は、上ゴロの

表1-1　ガラ紡績関連の特許・実用新案（石田正治作成）

整理番号	特許・実用新案の名称	公示または登録年	公示または登録番号	発明者氏名
1	綿糸紡績機	明治二十二	七五二	甲村瀧三郎 武居正彦 臥雲辰致
2	紡績機	明治（不明）	三七五六	中條勇次郎
3	「ガラ」紡錘筒	大正八	四九七九二	丹羽荘治郎
4	「ガラ」紡績機	大正九	五二六五一	金子貫作
5	鈴木式紡績機	大正十	三八六四六	鈴木六三郎 鈴木憲平
6	「ガラ」紡績機	大正十	五七一九〇	金子貫作
7	鈴木式紡績機ニ於ケル巻取位置調節装置	大正十	三九八九一	鈴木良三
8	和紡機番手調整装置	大正十二	六〇〇一	深見喜太郎
9	紡績機	大正十二	七四九六	金子貫作
10	和紡績機ニ於ケル綿筒	昭和三	七八三一	蜂須賀初三郎 鈴木仁三郎
11	二重撚和紡機	昭和三	一一三二三	近藤和一郎
12	和紡績用綿壺	昭和三	一一四一五	山本和吉
13	和紡績機ニ於ケル綿筒	昭和四	七五	近藤清太郎 蜂須賀初三郎
14	二重撚和紡機	昭和四	三二九五	近藤和一郎
15	和紡績機ニ於ケル眼鏡板	昭和四	四四〇八	近藤清太郎 蜂須賀初三郎
16	和紡績機ニ於ケル綿筒	昭和四	七二二三	近藤清太郎 蜂須賀初三郎
17	和紡績機ニ於ケル番手調整ロール	昭和四	八〇六九	近藤清太郎 蜂須賀初三郎
18	和紡績機ニ於ケル眼鏡板	昭和四	一二〇七〇	近藤清太郎 蜂須賀初三郎
19	和紡績機ノ壺受器	昭和五	五〇〇五	近藤清太郎 蜂須賀初三郎
20	和紡機ノ番手調整装置	昭和七	一三〇三二	太田安太郎

整理番号	特許・実用新案の名称	公示または登録年	公示または登録番号	発明者氏名
21	綿筒	昭和十	四八八九	太田安太郎
22	和紡機ノ番手調整装置	昭和十	一〇二七四	太田安太郎
23	和紡績用綿壺	昭和十六	四三八三	天野啓太郎
24	紡績機	昭和十六	七三九四	岡田宗太郎 笹本耕三
25	「ガラ」紡績用綿筒	昭和十六	七三九七	田中作治
26	「ガラ」紡績用綿筒	昭和十六	七三九八	田中作治
27	紬絲紡績	昭和十六	一〇一四六	柴沼武雄
28	紡績機	昭和十六	一〇一四七	岡田宗太郎 笹本耕三
29	紡績機ニ於ケル絲條ノ太サ調節装置	昭和十六	一一四六一	海老原亀寿
30	和紡績用綿壺	昭和十六	一一四六八	西川清一
31	紡績機	昭和十六	一二九六八	岡田宗太郎 笹本耕三
32	紡績機	昭和十七	六三四九	岡田宗太郎 笹本耕三
33	和紡績用綿壺	昭和十七	六三五六	天野啓太郎
34	和紡用綿壺	昭和十七	六三五七	山本賢一
35	和紡用綿壺	昭和十七	一二八三九	廣瀬彰
36	「ガラ」紡績用綿収容管	昭和十九	三四五三八〇	小林茂樹
37	ガラ紡機の能率増進器	昭和二十二	二七六四	保倉常次郎
38	ガラ紡筒に於ける底板	昭和二十二	二七六六	市川新吉
39	綿壺摩耗防止装置	昭和二十二	二七六七	高林吉次郎

周速度と同じになり、一定の速度で巻き取ることができるようになった。

綿筒の大きさは、図1-12に示すように、長さと径が大きくなり、よりこを詰め替える手間を省いて生産性をあげるようになっている。

ガラ紡機の特許・実用新案の内、実用化されたもので現在のガラ紡機にも着けられている、深見喜太郎の「和紡機番手調整装置」（実用新案公告番号六〇〇一）がある。ガラ紡機では、紡績が進むに従って綿筒のよりこは減少し、綿筒全体の重量は小さくなるので、分銅の位置を変えていかなければならない。一錘毎に微少な重量の変化に対応して糸の太さを確認しながら分銅を移動させる作業は熟練を要し、大変な労働であった。一八九九年、碧海郡高岡村（現在の愛知県豊田市）の中野静六は、図1-13に示すような調整ねじにより天秤の支点を移動させて一間分、三〇錘から三二錘の糸の太さを同時に、しかも容易に微調節できる機構を考案した。これにより、人手を大きく省くことができ、ガラ紡機一台の錘数は飛躍的に多くすることができて生産性を高めた。この調整ねじを付けたガラ紡機は博物館明治村に保存されている。

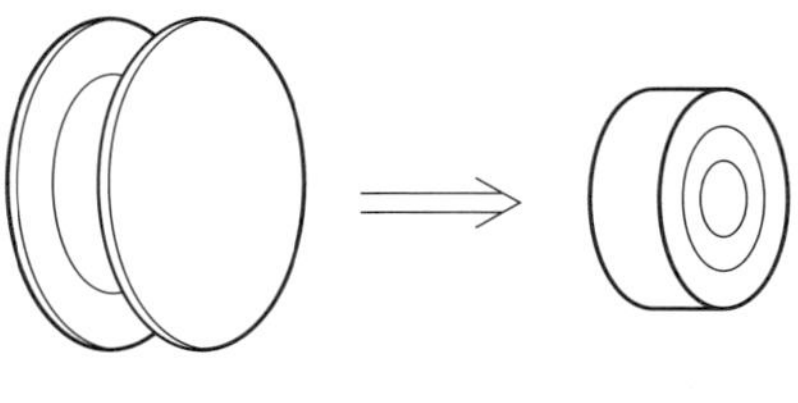

図1-11　糸巻の形状の変化（石田正治作成）

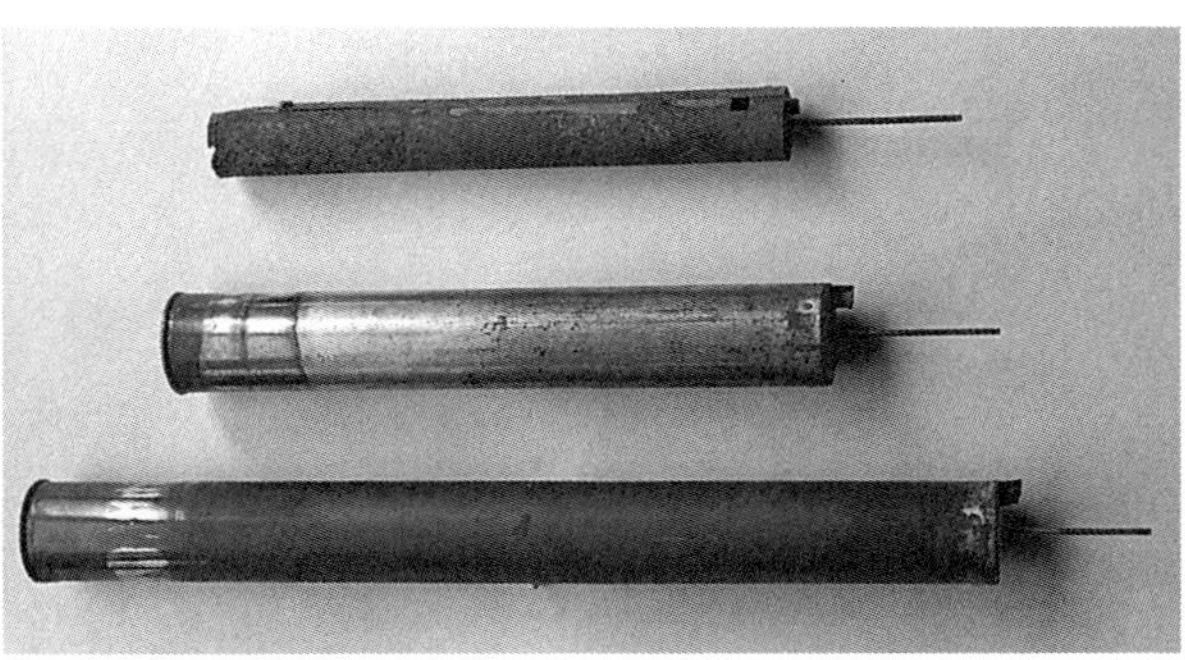

図1-12　綿筒（つぼ）の大きさの変化（1985年石田正治撮影）

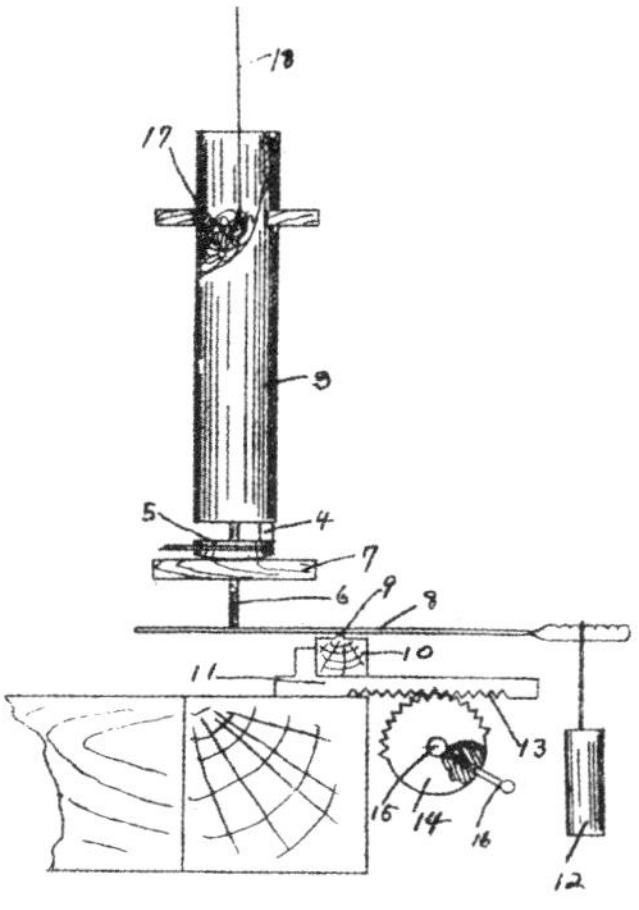

図1-14　深見喜太郎の実用新案「和紡機番手調整装置」の付図

図1-13　博物館明治村の水車式ガラ紡機の支点調整ねじ（2016年石田正治撮影）

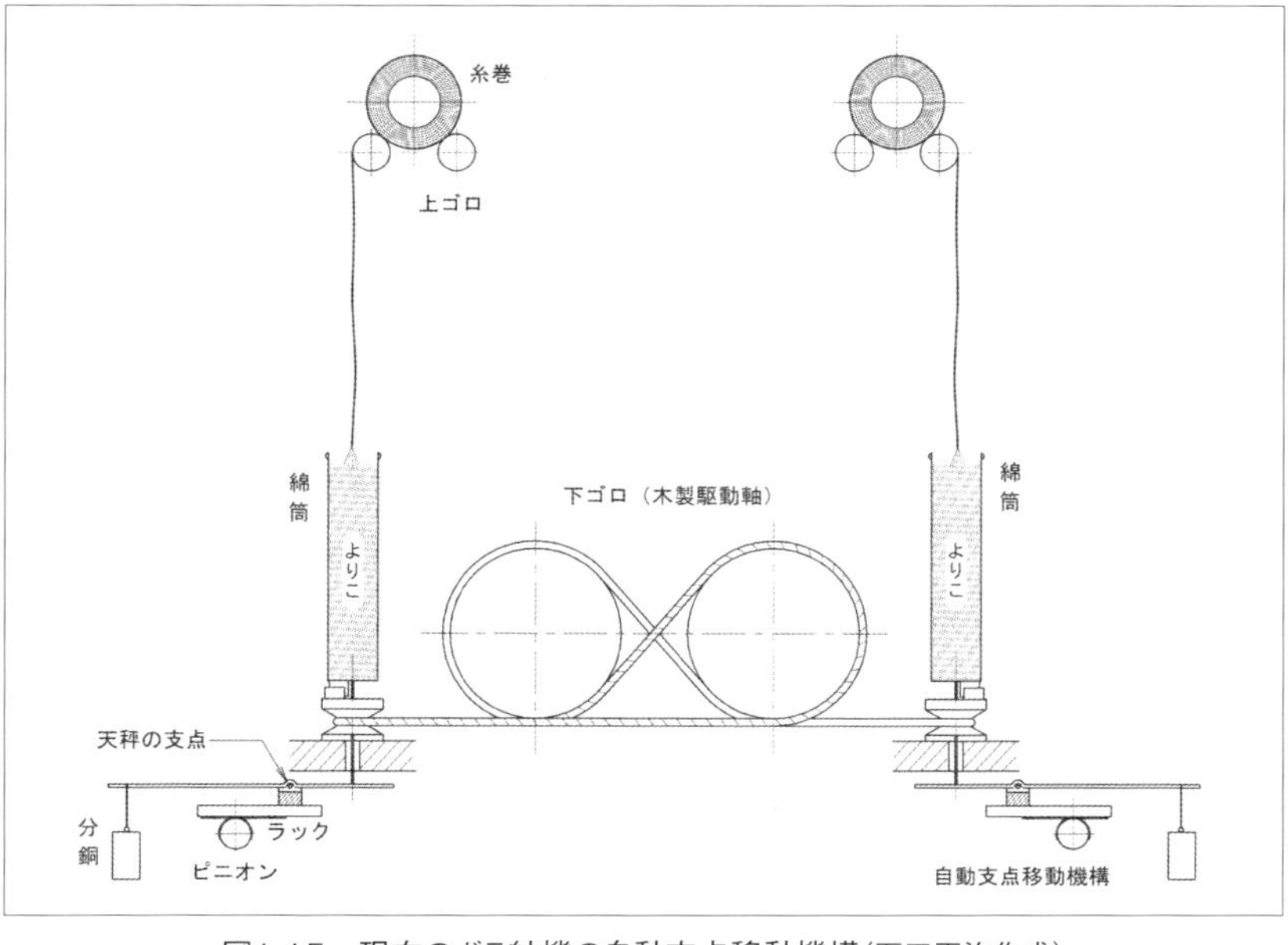

図1-15　現在のガラ紡機の自動支点移動機構（石田正治作成）

中野静六の天秤の支点移動を自動化したのが、深見喜太郎の実用新案である。図1-14に深見喜太郎の実用新案に付けられた図を示す。図の14がピニオンでそれにかみ合う13がラックでラックには支点の9が一体となって組み付けられている。ピニオンが原動軸の回転数に合わせて、極めてゆっくり回転し、支点を徐々に分銅側に移動させることによって番手（糸の太さ）を一定にする機構である。図1-15に自動支点移動機構を備えた現代のガラ紡機の機構を示す。

図1-15と臥雲辰致の綿紡機の図を比較してみると、深見喜太郎が開発した自動支点移動機構が付けられているのみで、他は原理的には変わっていない。臥雲辰致の綿紡機は、当初から完成度の高い機械であったと評価できる。

参考文献

内国勧業博覧会事務局『明治十年内国勧業博覧会報告書』一八七八年。

内国勧業博覧会事務局『明治十年内国勧業博覧会出品解説』第四区機械、一八七八年。

榊原金之助『臥雲辰致翁傳記』一九四九年。

石田正治「ガラ紡績機の機構と独創性」『たばこと塩の博物館研究紀要　第三号　江戸のメカニズム』一九八九年。

石田正治「第一回内国勧業博覧会出品・臥雲辰致の綿紡機復元機の設計」『安城市歴史博物館研究紀要　第二号』一九九五年。

(2) ガラ紡機の独創性

玉川 寛治

ガラ紡機の構造

ガラ紡機の主要紡出部分を図1-16[*1]に示す。紡出すべき繊維をよく開綿して筒状に巻いた撚子《よりこ》を装入する内径一寸四分（約四センチメートル）程度、長さ六寸～一尺三寸（一八～三九センチメートル）のブリキ製の円筒を壺と呼ぶ。壷の底は木製円盤でその中心に鋼線を立て壷芯とする。壺と壷芯が紡錘（スピンドル）の役目をする。壺は眼鏡板の孔を、壷芯は遊子《ゆうご》（遊鼓、遊合ともいう。）の中心にある遊子芯と呼ぶ細孔を軸受として回転運動する。遊子芯にルーズに装着した遊子と呼ぶ木製のプーリーに下ゴロの回転運動を調糸によって伝導する。壺底の下面と遊子の上面には羽根と呼ぶ小鉄片が各一枚打込んであり、この羽根の接触によって遊子の回転は壺に伝えられる。（図1-16）

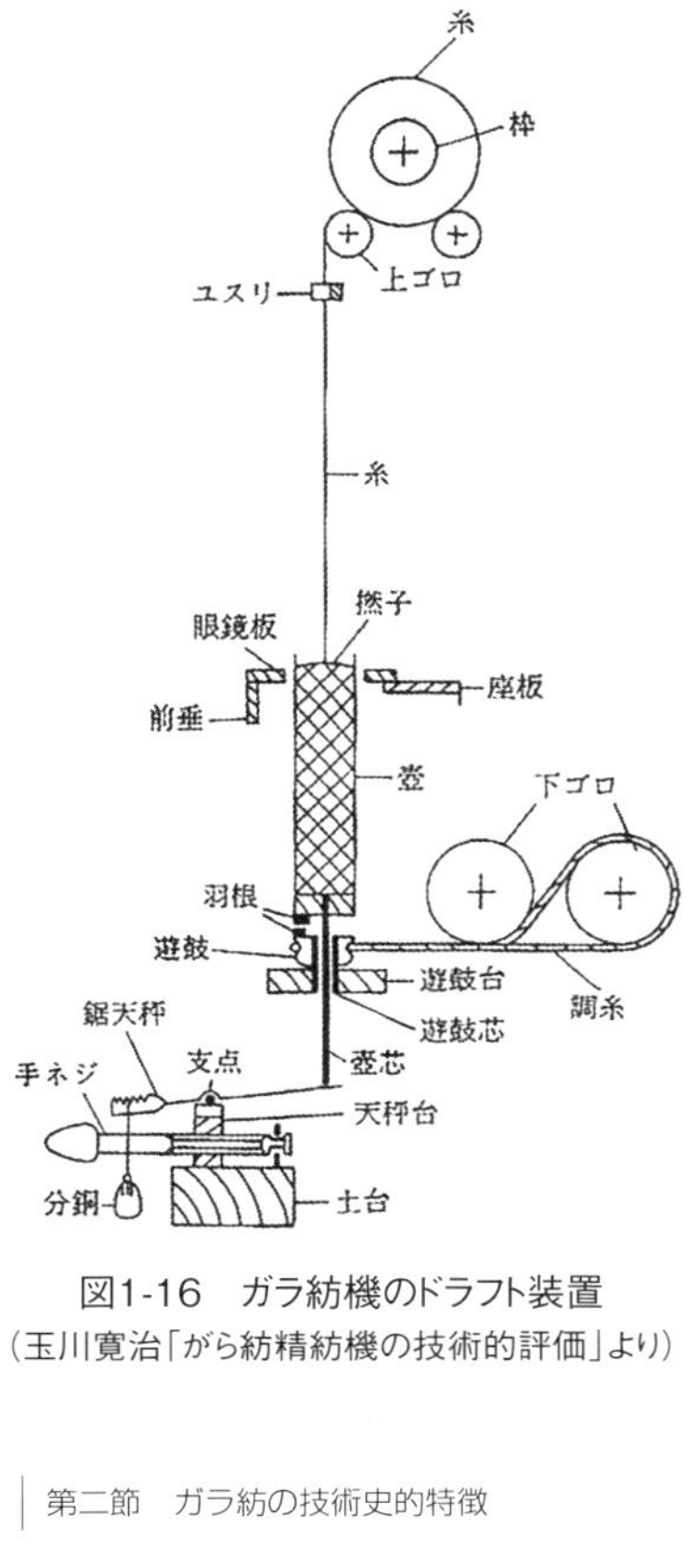

図1-16　ガラ紡機のドラフト装置
（玉川寛治「がら紡精紡機の技術的評価」より）

壺芯の下端を天秤で支持する。この天

秤は帯鋼製で、天秤台上の支点で撚子の詰込まれた壺と、分銅と呼ぶ重錘のバランスをとる。針金を張って作った支点は天秤の感度を鋭敏にする。壺から糸を紡出して巻取る直径三寸五分（約一一センチメートル）、幅一寸七分（三・五センチメートル）ほどのボビンを枠と呼ぶ。この枠は松か杉の丸太を輪切りにしたもので、割損防止と運搬の便のために芯抜きする。枠は上ゴロと呼ぶ一対二本の巻取りローラの上に置き、それとの摩擦で連れ回る。

枠に糸を均一に巻取るためにユスリと呼ぶ糸ガイドを設ける。

ガラ紡機の紡績方式

七〜一〇匁（二六〜三八グラム）ほどの撚子を、壺の中で少しも動くことがないようにしっかりと壺に詰める。紡出糸張力が零のとき壺側がやや下がり、壺底と遊子の羽根が接触するように天秤のバランスを調節する。枠に巻かれた糸を少し巻戻し、回転している壺に詰込まれた撚子の表面にその糸端を接着すると、糸端と撚子表面の繊維が継ながり、紡出が開始される。枠が回転し糸を巻取るにしたがい、撚子の表面から繊維がつぎつぎに引き出され（スピンドルドラフト）、壺の回転で加撚されて糸が紡出されていく。壺に回転を与える遊子の回転速度は紡出糸に規定の撚数を与えるよりも意識的に大きく設定されている。したがって時間の経過とともに撚子と枠の間にある紡出糸の撚数は漸増する。これにともない紡出糸が撚子表面の繊維を撚込む本数が多くなり、そのため紡出糸張力が増大し、天秤のバランスが破れ、壺は徐々に吊上げられ、ついには壺底と遊子の羽根は接触を断ち、壺は回転を停止するにいたる。壺が停止している間も、繊維は枠によって撚子表面から引き抜きされ続けるから、紡出糸の撚数が漸減する結果、紡出張力が低下し、壺は下降し、最後に、壺底と遊子の羽根が再び接触し、初期状態に復帰する。壺が回転を停止し、紡出糸の撚数が減少している間に、紡出糸自身の張力によって糸はドラフトされ、紡出糸に細さむらが生じた場合、よりは細い部分に集中する。紡出糸のよりが甘くて、張力を加えても構成繊維の切断を生じない状態の紡出糸に張力が加わると、太い部分が容易にドラフトされて細くなり、糸むらの自己減衰化が行われる。こうした壺の回転・停止のサイクルを規則正しく繰り返しながら紡出糸張力によって糸むらを矯正するのがガラ紡機の自動ドラフト制御動作である。

なお紡績機械にフィードバック自動制御機構が採用されたのは、自動ミュール精紡機のストラッピングモーションが最初である。スカッチャの給綿量を自動調節するピアノモーションがこれにつぎ、ガラ紡機の天秤機構が三番目のものといえるだろう。練条機のローラドラフト装置に自動制御機構が本格的に採用されたのは一九六〇年代であり、精紡機のドラフト自動制御はいまなお成功していないことを考えるとき、臥雲の発明はわが国の自動制御技術史上すぐれて画期的なものであったといわなければならない。荒川新一郎がこれを「賠償《レギュレートル》の措置」*2といって、自動制御機構と評しているのは注目に値する。

紡出の進行にともない撚子重量が漸減し、天秤のバランスが初期設定値とかけ離れる結果、紡出糸はだんだん撚の甘い細い糸になっていく。撚子重量の減少を相殺して天秤のバランスを初期状態に保つ方法は、分銅を吊るす位置を変えることである。

紡出糸の番手は、天秤のバランスの他に、撚子を構成する繊維の種類・繊維長・繊度・水分率・撚子の固さ・上ゴロの巻取り速度・壺と上ゴロの距離などさまざまな要因に依存する。

ガラ紡機の技術的評価

ガラ紡以前の全ての精紡法は、紡出糸を巻取る紡錘を回転させて、加撚している。ガラ紡機は従来の方法と全く逆に紡出すべき繊維を回転し、そこから糸を引き出すことにしたので、機械の構造がミュール精紡機やリング精紡機（「洋式」）に比していちじるしく単純化された。この独得な精紡法は、紡出糸張力を検知し、糸むらを修正する天秤機構というフィードバック・オンオフ・ドラフト自動制御機構の発明によってはじめて実現したものである。糸むらが自己滅表するスピンドルドラフトに天秤機構を結合したガラ紡機は数千倍におよぶ驚異的な超高ドラフトを可能とした。ローラドラフトの「洋式」精紡機は糸むらの発生を避けるために、一〇倍程度の低ドラフトとならざるを得ず、混打綿機・梳綿機・練条機・始紡機・間紡機・練紡機に順次通して粗糸を作る長い前紡工程がどうしても必要である。これに対してガラ紡機は超高ドラフトであるから、撚子より直ちに精紡できる。これが在来の手紡ぎ綿糸の生産体系を大きく変更することなく、紡錘紡車からガラ紡精紡機への転換を可能にした最大の技術的要因であった。

ガラ紡糸はジェニー精紡機の糸と同様スピンドルドラフトのみによって精紡されるから、糸の性格はきわめて類似していたものと推測される。もっとも、天秤機構を有するガラ紡機の糸のほうが格段に細くて均一であったことは疑いないところである。ジェニー糸がファスチアンのよこ糸として使われたように、輸入綿糸や「洋式」紡綿糸を経糸にガラ紡糸を緯糸に使ったいわゆる半唐木綿が広く作られたことは、両者の糸の類似性を物語るものといえよう。イギリスとわが国の産業革命初期に果した両者の役割がきわめて類似することは興味深いところである。

イギリスやインドでもすでにリング精紡機が普及しつつあった時期に、第三の精紡機であるガラ紡機が導入初期のわが国の「洋式」綿紡とよく競合し得た主体的条件は次のようにまとめることができるであろう。

(一) 天秤機構というドラフト自動制御装置の採用で、数千倍という超高ドラフトを実現し、「洋式」綿紡では欠かせない多数の前紡工程が省略され、撚子から直接精紡できたこと。

(二) スピンドルドラフトによったので、ミュール精紡機やリング精紡機で紡績できない短かい繊維でも容易に紡績することができたこと。

(三) ミュール精紡機では、ドラフト・加撚と巻取りを交互に行う間欠精紡が不可避であったが、ガラ紡機は、ドラフト・加撚と巻取りが連続化されたこと。さらにリング精紡機では欠かせなかったリング・トラベラ機構のような差速巻取りが不要となったので、機械構造がいちじるしく単純化されるとともに、糸継ぎなどの精紡作業が容易になったこと。

(四) 前項との関連で、機械のフレームや部品の多くは木製でも実用に耐えたから、機械が安価で、あったこと。

ガラ紡機技術の限界

ガラ紡機の技術的限界を列記する。

(一) 天秤機構は、高速応答性が悪く、重量が大で高速回転する壺の回転をオンオフしてドラフト制御を行うため、リング精紡機の二〇分の一以下のスピンドル回転数しか得られず、機械の低生産性が致命的欠陥となった。

(二) 天秤機構がオンオフ制御であったから、周期的な糸むらの発生が避けられなかったこと。

(三) 撚子表面におけるドラフトを人間の指のように積極的に制御できなかったので、むらの多い糸しか作れなかったこと。

(四) 強撚の糸を作るのがむつかしいため、甘撚の引張り強度の小さい糸しか精紡できなかったこと。ちなみに繭糸織物陶漆器共進会に出品されたがら紡糸の強度は、国産「洋式」紡糸に比して六割弱、輸入糸の四割強に過ぎなかった[*3]。

参考文献

＊1 玉川寛治「がら紡精紡機の技術的評価」、『技術と文明』第三巻第一号、一九八六年。
＊2 農務局・工務局『繭糸織物陶漆器共進会審査報告』有隣堂、一八八五年、一七九頁。
＊3 繭糸織物陶漆器共進会編「綿絲集談会紀事」『繭糸織物陶漆器共進会』有隣堂、一八八五年。

(3) ガラ紡関連技術、関連機械の開発

天野 武弘

洋式紡績と違い綿から直接糸に紡げるのがガラ紡の特徴とされる。しかし産業として所望の糸を安定的に紡ぎ出すには、ガラ紡といえども精紡機となるガラ紡機の他にも最小限の機械は必要となる。具体的に前工程では、原料綿となる落綿や反毛綿をほぐす「ふぐい」と呼ばれる混綿も兼ねる機械、次に夾雑物を除いて綿を薄いシート状に仕上げる「打綿機」、シート状の綿を円筒状に巻いて綿筒に詰めるヨリコ（撚子）を作る「撚《より》子《こ》巻機《まきき》」である。また後工程では、必要に応じてガラ紡でつくった糸を二本または三本に合わせる「合糸機」、合わせた糸に撚りをかける「撚糸機」である。これらの機械開発は早いものでは一八八〇年代末期頃から始まっている。

臥雲辰致によってガラ紡機が発明された当初は、綿をほぐすには在来の綿打ち弓が使われたであろう。円筒状に巻いてヨリコにするのも一本ずつ人手によっていたであろう。しかし量産が求められるようになるとそれでは間に合わない。ガラ紡が産業として岡崎の地に根付き始めた頃の一八八八年に、大阪から木製の打綿機が三河に移入される*1。するとその年には地元岡崎の機《はた》大工中條勇次郎が水車式の三ツ《みつ》行灯《あんどん》式打綿機を創始する。これによって打綿能率が四～五倍に高まり、ガラ紡機の増錘にもつながり六〇錘であったものが百錘～三〇〇種となり*2量産に応えていくことになる。

ガラ紡が洋式紡績との競合をやめ洋式紡績の落綿使用を始めた一八九二年に、額田紡績組を立ち上げ理事長となっていた甲村瀧三郎が考案した撚掛機を、機大工として頭角を現し始めていた鈴木次三郎が製作を担当する。ガラ紡糸はその糸質から一本では洋式紡績糸に太刀打ちできない。そこで一八八五年に三本の糸を撚り合わせて三《み》子《こ》撚《より》糸として足袋底[*3]など太物製品用に道を開いたが、その量産が求められたことによる考案、製作であった。それはまた洋式紡績の落綿使用による太糸生産を後押しすることにもなった。三子撚糸は綿毛布や紋《もん》羽《ぱ》の緯糸にも使用され、翌一八九三年に創始された二本撚り合わせた二子撚糸（双糸）は綿毛布や緞通などの緯糸に使用されていく。

こうした機械の開発はさらに新たな機械考案を呼び起こす。撚掛機製作から二年後の一八九四年に再び甲村瀧三郎と鈴木次三郎とで混綿機（ふぐい）が考案、製作される。さらに一八九八年には地元岡崎の近藤角三郎が三ツ行灯式打綿機を改良した七ツ行灯式打綿機及び、綿を円筒形に巻いてヨリコをつくる撚子巻機を開発する。撚子巻機はその後三河紡績組の組合員野村福太郎により改良が加えられ、一九〇七年に打綿機に連結することによって打綿工程の人員を一人で足りる役割をもたらすことになる[*4]。

図1-17　三ツ行灯式打綿機
（博物館明治村所蔵、2012年7月16日天野武弘撮影）

打綿機の改良も逐次行われていくが、七ツ行灯式打綿機を開発した近藤角三郎は、それまでの往復式の打綿機から今日の打綿機につながる回転式の廻切機《まわしぎりき》の開発に取りかかる。しかし熱中しすぎて急逝。遺児の将来を考え、これを受け継いだ鈴木次三郎と岡崎大平の某の二人が遺児とともに研究開発に取りかかり、一九一二年に完成させるというエピソードも残っている*5。

鈴木次三郎はこの打綿機研究が一つの契機になったと思われるが、二年後の一九一四年には回切式打綿機の実用新案を取得している。さらに二代目鈴木次三郎の時代の一九二七年に、名称を製綿機と変えて新たに実用新案（第七五七六号）を得ている。ただし、三河ガラ紡の産地では以前から使われていた打綿機の名称がその後も長く使われていく。

これらの機械開発と並行して、一九〇二年頃からは、当初は弾綿機と呼ばれていた反毛機の研究が始まる。この実用化にもやはり一〇年の歳月を要し一九一二年に完成するが、これを待っていたかのように、太糸の需要が増大し、反毛綿利用の機運が増していく*6。裁断屑や糸屑、古着や古綿などを反毛機にかけて作った再生綿はその後、一九三〇年代の戦時体制以後大きくその利用範囲を拡大し、一九四〇～五〇年代の戦後好景気の時代の主要原料としてその地位を築いていく。

図1-18　鈴木次三郎商会製作の打綿機（同商会提供）

表1-2　三河のガラ紡工場の機械設備台数と錘数*8
（1985年10月調査より天野武弘作成）

No.	工場	ふぐい	打綿機	ガラ紡機（錘数）	合糸機（錘数）	撚糸機（錘数）
1	oks	1	1	1(480)	2(10)	1(120)
2	iyh	1	1	2(1024)	1(5)	1(154)
3	sis	1	1	2(1024)	1	1(72)
4	std	1	1	2(1024)	2(12)	1(192)
5	ohr	1	1	2(1152)	2(12)	1(192)
6	osi	1	1	2(896)	1(7)	1(168)
7	ksi	1	1	3(1344)	2(11)	1(192)
8	sum	1	1	2(768)	3(14)	1(192)
9	ahd	1	1	2(1024)	2(11)	1(168)
10	oht	1	1	2(1152)	2	1(192)
11	kmt	1	1	3(1280)	3(14)	1(168)
12	ski	1	1	2(768)	1(5)	1(120)
13	tsk	1	1	1(512)	1(2)	1(32)
14	ssk	1	1	2(640)	1(5)	1(168)
15	nsj	1	1	2(1088)	2(14)	1(168)
16	hkj	1	1	1(512)	1	1(120)
17	hki	1	1	1(512)	1(7)	1(96)
18	kkz	1	1	2(704)	1(5)	1(120)
19	kkn	0	0	2(640)	4(20)	2(252)
20	kkb	1	1	5(1792)	2(12)	2(240)
21	ktk	1	1	2(808)	2(10)	1(120)

ガラ紡工場では一九四〇年頃には、製綿機（打綿機）、混綿機（ふぐい）、撚子巻機（打綿機連結）が各一台、精紡機（ガラ紡機）は長さ八間、五一二錘が二台、綛揚《かせあげ》機《き》が二台、これらが標準設備として設置*7されるまでになる。撚糸機は別の撚糸企業の欄に小枠糸巻機とともに記されているように、三河では小規模経営が多かったことから、合糸と撚糸もまた反毛もそれぞれ専門業者との分業体制がとられていたことがうかがえる。なおその後一般的に使われるようになる自動合糸機は一九四〇年に実用新案（第四〇〇七一二号）がとられ、これ以後ガラ紡工場にも普及する。

一九八五年十月に愛知の産業遺跡・遺物調査保存研究会が調査した記録によると、表1-2にみられるように三河で稼働中のガラ紡工場二一か所の機械設置状況では、一工場のみふぐいと打綿機の記録がないが、あとはすべての機械が一台から数台となっている*8。三河ガラ紡終盤の一九六〇年代には、こうした一連の機械設備を持つところが一般的であった。

参考文献

＊1　柴田公夫編「ガラ紡績」愛知ガラ紡協会、一九五五年十二月、四〜八頁の「ガラ紡の沿革」より。以下、ガラ紡の機械考案、製作に関わる年代は、注や断りのない限りこの沿革による。
＊2　鈴木明「ガラ紡機之沿革」昭和十七年十月、七頁。
＊3　「三河紡績糸」三河紡績同業組合、大正十年十一月、七頁。
＊4　臨時産業調査局「三河水車紡績業に関する調査（大正六年九月調査）」大正八年三月、一〇頁。前掲＊2の二〇頁には、野村福太郎に加え蜂須賀初造、中根芳松の三名の改良ともある。
＊5　前掲＊2、一七〜二〇頁。大平の某とは、鈴木次三郎商会三代目によれば、大平町の近藤和一と思われるという。
＊6　前掲＊4、五五頁。鈴木次三郎商会三代目によれば、初代次三郎もこの弾綿機開発にも関わっていたという。
＊7　和田進「三河のガラ紡」『愛知県特殊産業の由来 上巻』愛知県実業教育振興会、昭和十六年三月、四三四頁。
＊8　愛知の産業遺跡・遺物調査保存研究会編『愛知の産業遺跡・遺物に関する調査報告』一九八七年十月、七二〜七七頁。

第三節　明治のアントレプレナー臥雲辰致の再発見

崔　裕眞

はじめに　臥雲はアントレプレナーか

臥雲を視る既存研究の視点は主に発明家としての臥雲、技術者としての臥雲の議論・解釈に置かれている。発明家としての臥雲という目線では元僧侶出身という背景を筆頭に、臥雲の独特なキャラクターや彼の身の上の物語に置かれることが多い[*1]。技術の視座からは当然ながらガラ紡を中心に、斬新な農具から謎めいた計算機モジュールまで数多くの発明品からみえる技術的独創性が検証され、臥雲の天才性が明らかになっている[*2]。

臥雲の代表的発明品のガラ紡は日本人の生産活動において飛躍的な生産性の向上をもたらした技術のブレークスルーであり、またその技術の枠を超えて地域社会経済の構造的変革をもたらすイノベーションを導出していた[*3]。さらに、伝統的手紡だけに頼っていた当時の国内紡績技術的力量において初めて非連続的躍進も成し遂げたことで、欧米技術水準には至らなかったとはいえ、シュムペーターの定義でいう新技術による生産性の急激な向上への「創造的破壊」も実現された。

このように歴史上で、特に経済史・技術史の視点において顕著な「跳躍」を成し遂げるか、または財の生産体制における非連続性をもたらした人物はアントレプレナーと呼ばれている。その功績は人類の物心両面においてより豊かな生活と発展に関わることから、時代を構わず今日においても国内外至るところでアントレプレナーが求められている。僧侶・発明家・技術者という既存の分析枠を超えるアントレプレナーという概念から臥雲の再発見・再吟味が本章の目的である。「幕末在来技術の申し子」の歴史的有意性について考察することは、欧米事例主導・主流のアントレプレナー研究と学術的理論化に「小さな一石を投じる」試みになるかも知れない。明治工業化の成功は欧米の科学技術主導による生産体制の革新・創新のみによって成し遂げられたかについて今後新たな学術的考察を試みる際に臥雲とガラ紡は既存の評価を遥かに超える重要性を持つと推察する。

イノベーション：シュムペーターとカーズナーの視点から

シュムペーターによるイノベーションの定義に伴う「創造的破壊」という表現は、既存の仕組みの否定、ないしは、排除という意味としての誤解の余地がある。創造的破壊とは既存の組合せ構造を一旦分解し、時には既存の諸要素だけで、あるいは既存のものに新たな要素を導入しての新たな組合せを意味する。これをシュムペーターは「新結合」と呼び、技術革新と経済成長に必須となる活動とした*4。臥雲のガラ紡はその構造と素材から幕末江戸に内在する技術要素を集結させた発明品である。その紡績仕組みは臥雲の閃きと才能に基づく新要素として地元の木材を筆頭とする既存の国内大工素材と見事に新結合が具現化されたイノベーションである。

カーズナーはイノベーションを異なる視座から定義している。既存の経済活動・生産体制の仕組みが一旦創造的破壊に移行する文脈に主眼が置かれたシュムペーターの見方とは異なるのである。すなわち、カーズナーは不均衡な経済要素、例えば新たな市場需要によって不可避的に既存の生産体制へ加わる「圧力」により改善されるべき要素、または改善可能な要素を素早く探索・適用していく企業家の活動によって不均衡状態から次の均衡へ向かうプロセスにイノベーションの真髄を発見している*5。

ガラ紡の目的は在来紡績部門の生産性の向上を達成するための臥雲の叡智と国内在来資源の組み合わせによる技術的革新であり、これは当時の紡織部門の綿糸需要激増による在来紡績部門への圧迫をある程度緩和し、在来紡績・紡織部門の間の不均衡を解消するための内在的イノベーションとみてよい。カーズナーのイノベーション論の視座からも、幕末と明治初期にかけて国内外からの急激な市場経済の変化に対して主体的に状況把握・察知をし、かつ技術革新という形で積極的に対応するアントレプレナーとして臥雲の面貌を確認することが出来るのである。

企業者活動、アントレプレナーシップ：コールと中川の視点から

企業家と起業家の概念は異なるものとされている。前者は事業を運営し、成長させ、経営管理する人物全般を示すとし、後者は新たな経済価値創出活動を通して新事業または企業組織を立ち上げることに関わる*6。

ガラ紡の発明からその後続く臥雲の諸活動が後者の概念に該当するのであれば、技術発明家や機械開発者という既存の説明の枠をすでに越えていることになる。

ここで、古典的ではあるがコールのアントレプレナーシップの定義についての洞察は臥雲の発明とガラ紡による経済活動の意義の再考察に大いに役立つ。臥雲が技術発明家だけに止まっていなかったことは連綿社が実証している。新たな紡績機械の製造広報販売から修理まで関わっていた連綿社は、「経済的財貨および用役の生産と分配とを目的とする利益志向的企業を創始し、維持し、あるいは拡大しようとして、個人または共同する個人の集団が営むところの一連の統合化された意思決定が含まれる合目的活動」を目的としていたに他ならない。すなわち、コールの定義から臥雲はアントレプレナーシップの普遍的要素を具現化していた[*7]。

さらに、今日の技術経営論（Technology & Innovation Management）の視点からも、技術開発能力において非凡さ・卓越さをもって自らの発明から企業家活動を実現していた臥雲はテクノ・アントレプレナーとして明治初期のモデル像を示しているといえよう。日本の近代的産業部門胎動と経済成長の歴史おいてテクノ・アントレプレナーは多数存在し、多用な領域でイノベーションを促していたが、技術的仕組み上異なるとはいえ、同じ繊維機械開発・製造部門においての戦後の例は電子制御横編機と世界唯一無二の無縫製ニット技術開発の主役で発明家である島精機製作所創立者の島正博がいる。時代は異なるとはいえ、臥雲と島は日本型テクノ・アントレプレナーの良きモデルとして今後比較分析を試みる学術研究も期待出来る。

明治アントレプレナーの起源：ヒルシュマイヤーの視点から

明治期の企業家活動の学術的分類を試みた重要な先行研究として欠かせないものがヒルシュマイヤーの分析である。幕末の商人による内在的な資本蓄積が如何に明治初期の企業家活動の資金源として転換されたかについての議論をはじめ、武士の企業家活動、そして明治政府の殖産興業政策による近代的企業へのイニシアチブ、さらに財閥の前身になる私営企業経営者の群像まで網羅的に扱われている。しかし、本章のテーマに合致する最も重要な視点は「地方における企業家活動（Rural Entrepreneurship）」である*8。ここでいう地方とは農業資本主導を意味し、在来の農業技術を基盤とするアントレプレナーシップの舞台でもある。「アントレプレナー臥雲」の理解には地方発の企業家活動という視座が必須となる。

幕末・明治初期において地方の農業技術を含む農業資本基盤の事業は江戸時代からの連続性が必然的に顕著になるが、臥雲とガラ紡もその例外ではない。ガラ紡の技術的分析とその技術史上の意味を解釈した先行研究では、素材レベルから紡績仕組みまで、至るところに江戸の遺産・蓄積が実証されるながらも、当時の限界を克服する構想上の斬新性と技術的飛躍が臥雲という個人の非凡な才能から生まれたことが検証されている*9。ヒルシュマイヤーの研究事例では臥雲が登場せず、「地方からのアントレプレナーシップ」の分析の主眼は農業資本、すなわち米や地方の副業部門から生産される地方特産品の貿易販売による商人による資本蓄積活動におかれている*10。

特に注目に値する彼の議論部分は、明治初期の地方主導の経済活動の近代化と工業化における絶対多数の不成功の理由のひとつとして技術的後進性が取り上げられているところである[*11]。当時の欧米諸国の科学技術の先進性は否めないものであり、相対的に国内の殆どの在来技術に内在していた顕著な後進性は不可避なものであった。ガラ紡が面白い理由はまさにここにある。ヒルシュマイヤーの体系的な分類モデルの正規分布枠から明らかに外れて突出しているアウトライヤー（Outlier）または逸脱例であるからである。一八九〇年代以降、国内洋式紡績部門の急成長により表舞台から降りることになっても、ガラ紡部門は存続し、技術的進化も成し遂げながら、需要創出も続けている。既存の欧米中心の視座に基づいての歴史研究の限界を示す良き例として、内生型テクノ・アントレプレナー臥雲辰致の今後のさらなる深層分析は明治の経済経営史と技術史領域を豊かにするに違いない。

工業化の内在的諸要因：トマス・C・スミスの視点から

明治の工業化の理解には、すでに蓄積済み伝統的要素と、欧米から導入された先進制度・科学技術のような近代的要素の配合プロセスが注目されてきた。明治期洋式紡績部門の形成においての英国の紡績機械の導入と技術選択の経路が検証研究は典型的例である。国内内在要素として豊かで安い労働力を筆頭とする当時の国内経済要素や、市場需要のストライクゾーン（Critical Mass Pointともいう）に適合する近代的要素としての先進紡績技術が選択・導入された結果が洋式紡績部門の成功方程式という見方だ[*12]。明治の工業化だけでなく、二〇世紀前半のロシアや後半の韓国の近代化を含む多くの後発工業国の歴史的研究の主流は同様のロジックが検証されている[*13]。

先進制度と技術、外資など意図的導入された外来要素そのものを明らかにすることは比較的に容易である。しかし、その近代的要素と配合・融合され化学反応を起こしてイノベーション創出の基盤になった特定の伝統的要素を別途切り離してピンポイントすることは難しい。ここでスミスの明治工業化を内在的（伝統的）諸要因の視点から、しかも江戸中期の一七五〇年からの時間軸上での研究からその難題の解答を求めている。スミスの近代織維産業の成長についての議論は、「前近代成長の期間に既に内在化されてきた、専門的技能、精神的態度、行動様式、資本蓄積、商業慣習よって可能になった」という展開をしている[*14]。

ここで注視するところは、専門的技能と精神的態度の二つの要素の決定的役割を力説している点である。そして、スミスはヨーロッパの後発工業化の例としてドイツとロシアのモデルを説明したガーシェンクロン理論で主張される後発工業化で決定的役割を果たす要因として後発性の程度を視るアプローチが明治工業化の説明には適しないことを指摘している[*15]。日本のケースでは「後進性の文化的変種」、すなわち江戸時代から内在的に育成され、根ざしていた価値観、精神的態度と農業に関わる伝統的技能が工業化の成功に寄与している歴史的経路への注目を喚起しているのである。

しかし、スミスの洞察力豊かな研究の中に臥雲は入っていなかった。他先行研究の中では臥雲を取り巻く後進性の文化的変種の解明を、まだ導入的レベルで試みたものはすでにあるいとはいえ、ガラ紡の今後の持続的学術研究は明治工業化の歴史の中で異色を放つ唯一無二のテクノ・アントレプレナーとしての臥雲の固有性と独創性を更に明らかにするであろう。同時に、臥雲と彼の発明品、技術開発主導の企業家活動を通して当時の地方に蓄積されていた内生的イノベーションと工業化の潜在力を検証することも可能になる。

アントレプレナーに内在する逸脱性と主体性：米倉の視点から

イノベーションとアントレプレナーを切り離せない概念とし、その本質の学術的探究を学際的に行う学問を紹介する秀逸な論文として米倉誠一郎の「経営史学への招待」と「経営史学の方法論」がある*16。この両論文が今も輝きを失わない理由は、企業家活動を含む多様な経済生産活動において、それを主導する人間に内在する主体性や自律性の決定的重要性を喚起し、主観性を持つ個人の既存慣行や常識からの「逸脱」による不規則性の発生プロセスこそがイノベーションの本質であるという明快な洞察を示しているからである。

米倉の経営史学理論で力説される不規則性・逸脱性の発見とその因果説明がイノベーションの歴史的実証研究の主軸であるという視座は特に注目に値する*17。前節のスミスの研究対象とされた大蔵永常を筆頭とする江戸時代の農業技術開発・研究者たちの「最大公約数的」特質は、臥雲辰致も当てはまる部分が極めて多い*18。要素技術開発における新技術テーマの発見先が農業関連に徹底していることや、新紡機技術の適用による新たな紡績部門と関連事業の生成過程において江戸時代の内生的副業体制（Putting-Out System）から殆ど変わっていなかったという史実はすでに検証されている*19。では、臥雲はどこで逸脱し、何を以って歴史的不連続性、あるいは既存生産体制と技術に不規則性をもたらしたのか。

今後もさらに高度な国際的・学際的研究の呼びかけを可能にする臥雲辰致の分析対象としての魅力は、幕末と明治初期にかけての内生的テクノ・アントレプレナーとしての彼の「稀さ（Rarity）」を今後も多様な視点から実証出来るか否かによって決まるであろう。これは臥雲の人物像としての独自性から紡績技術開発における独創性、すなわちガラ紡という、前近代的・内在的要素を基盤としているが故に連続性の多い（しかし当時としては極めて稀な）技術革新から連鎖反応的に生成された各地の和式紡績工場まで、テーマは非常に豊かである。いずれの分析アプローチも重要であるが、試作機とプロトタイプ発明の一八七〇年代中盤から亡くなる一九〇〇年までの四半世紀の間、絶え間無く発明と技術開発に渾身的に一意専心した臥雲の超人的主体性の解明はアントレプレナー研究の国際学界から注目を集めることに間違いない。

結び　イノベーション研究における臥雲の再発見と展望

本章では企業家活動「アントレプレナーシップ」についての複数の学術的視点から、簡略ではあるが、臥雲辰致とガラ紡の歴史的有意性を再考した。次の三点からなる今後の学術研究の展望を提示することで本章の結びとしたい。

第一に、国内のテクノ・アントレプレナーとの比較分析である。ここでは、時間軸を越えて日本人発明家が共有する特質として歴史的連続性の探究という学術的意図を踏まえて、臥雲と同時期の人物に限定する必要はない。実践的農業技術研究者としての江戸中期の大蔵永常でもよければ、明治から大正期に発明と新技術開発の基盤を創り上げた松下幸之助でも、さらに戦後であれば、有機化学素材研究から企業家活動を展開し今日の京セラを築いた稲盛和夫でも、そして近似した領域の繊維機械発明であれば島精機製作所の島正博でも、臥雲の再発見には大いに貢献をする筈である。

第二は海外の事例との比較研究である。ここでは発明と企業家活動時期の選別が必要になり比較対象の人物群の限定が不可避となる。臥雲が活躍した明治初期の社会経済的、そして内在的技術開発力の水準を含む諸要因・条件・背景において合わせて比較可能な対象の探索が必須である。新市場需要の急増や外圧などによる既存生産体制の部門間不均衡が増幅する時期に活躍したテクノ・アントレプレナーに絞る必要がある。機械発明・開発によって顕著な生産性の向上を実現した近代的生産体制の萌芽期に注目すると、やはり興味深いところはイギリスになる。ウォーターフレーム紡機のリチャード・アークライト（Richard Arkwright 一七三二〜一七九二）や力織機のエドモンド・カートライト（Edmund Cartwright 一七四三〜一八二三）[*20]などが試されるべき比較対象とみている。

欧米ではないアジアにおける近代的後発工業化の初期モデルとして明治日本はキャッチアップの典型的成功例としてみられていて、そこには本章で取り上げているヒルシュマイヤーやスミスの研究での主義論のように、外来導入的な科学先進技術や欧米制度と伝統的農業技術を軸とする独自の工業化の内在的諸要因が有機的に噛み合った結果として検証されている。もし既存欧米主導の研究で明治期のアジアは近代的工業化において受動的であったとの解釈がまだ主流であるとすると、その技術的・経済的影響力は国内市場や特定地域に限定されるとはいえ、臥雲とガラ紡は明らかに「逸脱例、逸脱性と主体性の歴史」を示している。

日本とアジア諸国工業化の中の地域企業家活動、とくに内生的テクノ・アントレプレナーの歴史的事例を今後丹念に探索し、相互比較分析しながらアジア各地研究蓄積を実行する必要がある。これが第三の展望である。そして日本を含むアジアからの歴史的文脈からイギリスの産業革命と工業化に内在する特殊性を学術的に検証していくことが人類史におけるイノベーションの研究においてこれから主流的展望になると認識している。この展望において臥雲辰致とガラ紡の今後の研究がさらに重要になってくることは言うまでもない。

参考文献

＊1　村瀬正章『臥雲辰致』吉川弘文館・人物叢書125（一九六五）、宮下一男『臥雲辰致』郷土出版社（一九九三）、北野進『臥雲辰致とガラ紡機』アグネ技術センター（一九九四）

＊2　玉川寛治「がら紡精紡機の技術的評価」、『技術と文明』第三巻第一号（一九八六）、天野武弘「愛大保存ガラ紡績機の歴史的価値の検証―ガラ紡績機の評価法の試み―」『年報　中部の経済と社会　二〇一五年版』愛知大学（二〇一六）

＊3　Choi, Eugene K. "Another Spinning Innovation: The Case of the Rattling Spindle, Garabo, in the Development of the Japanese Spinning Industry", Australian Economic History Review, Vol.51, No.1 (March 2011), 22-45.

＊4　シュムペーター・ジョセフ・A『経済発展の理論』岩波書店（一九七七）

＊5　Kirzner, Israel M. Discovery and the Capitalist Process, The University of Chicago Press, Chicago & London, 1985.

＊6　宮本又郎・加護野忠男／企業家研究フォーラム（編集）『企業家学のすすめ』有斐閣（二〇一四）

＊7　コール・A・H（中河敬一郎訳）企業者史序説：経営と社会（Business Enterprise in its Social Setting）ダ

イヤモンド社（一九六五）

＊8 Hirschmeier, Johannes, S.V.D., The Origins of Entrepreneurship in Meiji Japan, Harvard University Press, Camnridge: MA, 1964. III Rural Entrepreneurship: Rural Entrepreneurship in Tokugawa Japan, The Rural Manufacturers after the Restoration, 69-110.

＊9 玉川寛治「がら紡精紡機の技術的評価」

＊10 Hirschmeier, Johannes, S.V.D., The Origins of Entrepreneurship in Meiji Japan, 79-90.

＊11 前掲書 89-90.

＊12 Choi, Eugene K. "Entrepreneurial Leadership in the Meiji Cotton Spinners' Early Conceptualisation of Global Competition", Business History, Vol.51, No.6 (November 2009), 927-958.

＊13 Choi, Eugene "Formation of Industrial Complexes in South Korea in the 1960s and 1970s: Reconsidering Entrepreneurial State in Asia", Rivista di Politica Economica, CONFINDUSTRIA, Vol.15, No.7 (April 2016), 187-207.

＊14 スミス、トーマス・C（大島真理夫訳）「日本社会史における伝統と創造—工業化の内在的諸要因 1750-1920年」、ミネルヴァ書房（二〇〇二）

＊15 前掲書 37-41.

＊16 米倉誠一郎「経営史学への招待：歴史学は面白い」『一橋論叢』第百十一巻第四号（一九九四）635-646. 米倉誠一郎「経営史学の方法論：逸脱・不規則性・主観性」『一橋論叢』第百二十巻第五号（一九九八）678-692.

＊17 前掲論文「経営史学の方法論」689-690.

＊18 前掲書 スミス「日本社会史における伝統と創造」第八章大蔵永常と技術者たち、184-210を参照。

＊19 前掲論文 Choi, Eugene K. "Another Spinning Innovation", Australian Economic History Review, Vol.51,

No.1 (March 2011) 特に 36-40頁を参照。地方経済の生成と発展における商業的農業の発達と江戸期に高度化した副業体制が資本と技術蓄積に寄与したことを次の研究書で明らかにしている。Saito, Osamu. The Rural Economy: Commercial Agriculture, By-Employment, and Wage-Work, in Jansen, M.B. and G. RO man (eds.) Japan in Transition: From Tokugawa to Meiji. Princeton, NJ: Princeton University Press 1986. Francks, Penelope. Rural Economic Development in Japan: From Nineteenth Century to the Pacific War. London Routledge, 2006. さらに前近代的要素、近代的要素が混迷・混在する工業化以前工業化の理論「プロト工業化」がある。詳細は次を参照せよ。斎藤修「プロト工業化の時代―西欧と日本の比較史」岩波現代文庫(二〇一三)。

＊20 臥雲とエドモンド・カートライト比較分析から洞察出来る新たな学術的課題のひとつは宗教的価値観とテクノ・アントレプレナーによる企業家活動の動機における関連性とみている。スミスが力説した「精神的態度と専門的技能」の連関性を再考察・究明する良き事例になるからである。すなわち、元僧侶の臥雲は日本の仏教であり、カートライト技術者・発明家であると同時に英国国教会の牧師であった。

第四節　一大産業となったガラ紡

天野武弘

三河ガラ紡の盛衰

一八七七年（明治十）の第一回内国勧業博覧会で「本会第一の好発明」として最高賞を得たガラ紡機が、閉会直後の十二月に愛知県の三河地方に導入された。宮島清蔵が今の岡崎市滝町の矢作川支流の青木川にかかる野村茂平次の水車を借りてガラ紡業を開始。続いて、後にガラ紡の最初の紡績組合を組織して長く組合長として業界をリードした甲村瀧三郎も、一八七八年に地元現豊田市高岡町で四〇錘の手回しガラ紡機を導入した。しかしうまくいかず、翌一八七九年に三河ガラ紡発祥の地滝町に移って、六〇錘の水車動力のガラ紡機を据え付け、運転を始めることになる*1。これらの成功がその後、矢作川流域の今の岡崎市、豊田市、西尾市など西三河一帯がガラ紡の一大産地に発展する嚆矢となった。

一方、ガラ紡のもう一つの操業形態である船紡績が、

図1-19　ガラ紡水車
（岡崎市桜井寺町、2001年3月天野武弘撮影）

内国勧業博覧会翌年の一八七八年（明治十一）秋に現西尾市吉良町の鈴木六三郎によって開始される。川辺に係留した古船の両側に水車を取り付け、船内にはガラ紡機を設置し、川の流れを利用して水車を回して動力を得る方式であった。鈴木六三郎はガラ紡機発明者の臥雲辰致から四〇日間の技術指導を受けて設置しているが、四年後の一八八二年には矢作川下流部に六一艘ものガラ紡船が並ぶ広がりを見せた。しかしこちらは洪水による被災や護岸工事もあって一九三四年（昭和九）には三河から姿を消すことになる[*2]。

ガラ紡は、一八八〇年代になると台頭してきた洋式紡績との競合にさらされるが、量産の点で太刀打ちできるものではなかった。転機となったのは、洋式紡績に比べガラ紡の糸質に劣位の判定がくだった一八八五年であった[*3]。この年以降、徐々に洋式紡績との競合をやめ、ガラ紡糸を三本合糸した三子撚り糸の製造開始を行うなど、太糸生産にシフトしていくことになる。その用途は、足袋底、敷布、帆布、後に帯芯、前掛け、毛布、敷物などが加わっていく。

そして、原料として一八九三年（明治二十六）に始まる落綿利用が、より太糸への方向性をはっきりさせていく。落綿とは、洋式紡績で屑綿として除かれる繊維長の短い綿のことで、太糸用か布団用の綿などが主要な用途であった。これをガラ紡の原料としたことである。

図1-20　船紡績
（西尾市中畑の矢作川、片山幸衛提供）

さらに、原料面でもう一歩進めたのが反毛綿の利用であった。反毛綿とは、古着や裁断くずなどをもう一度綿に戻した、いわばリサイクル綿であるが、これが一九三〇年代から戦後のガラ紡最盛期を迎えた一九五〇年代に至るまで主要原料となって、ガラ紡を大きく発展させることになる。図1-21の一九三〇年代以降の急激な生産高の伸びは、戦時体制下の国策にも合うとしてリサイクル綿が歓迎されたことを示し、一九四〇年代後半以降の伸びは、戦後の衣料不足をガラ紡が補ったことをあらわしているが、その主要原料はやはり反毛綿であった。

三河ガラ紡の最盛期は二〇〇万錘近くを記録した一九五〇年代で、愛知県内には、と言ってもその多くは現在の岡崎市、豊田市、西尾市を中心とする西三河地方であったが、一九五五年(昭和三十)には一九八九のガラ紡工場*4が林立する活況を呈していた。

しかし一九六〇年代以降は洋式紡績の復旧もあって、急激にガラ紡が衰退していく。明治から昭和の時代に至るまで地場産業として隆盛を誇ったガラ紡産業も、二〇一六年（平成二十八）現在三河で常時操業するのは一工場、愛知県内でも三工場*5に激減、

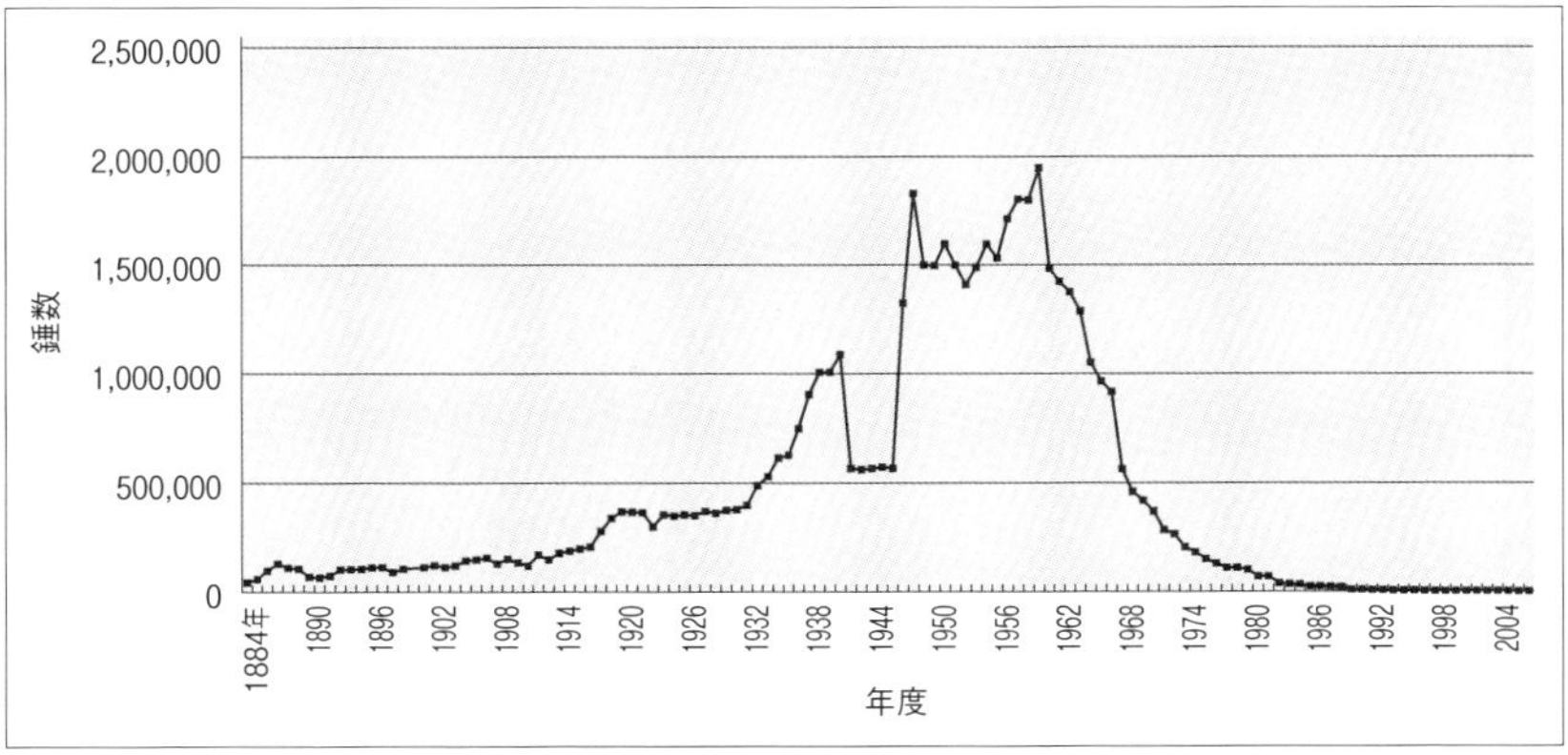

図1-21　ガラ紡設備錘数
（日本和紡績工業組合（三河紡績同業組合、三河紡績組合）資料より天野武弘作成）

まさに風前の灯火である。

しかしこうした中ではあるが、後でも述べるように、今また新たな息吹も見え始めている。

ガラ紡、全国に普及

第一回内国勧業博覧会で一躍有名になったガラ紡は、三河だけでなく全国にも導入が進むことになる。博覧会の二年余り後の一八八〇年（明治十三）二月に大阪で開催された「明治十三年綿糖共進会報告」によれば、東京府下では少なくも一五〇か所より下らず、大阪の堺に五名、岸和田に一〇名余、河内・泉州地方に数十名のガラ紡を営むものがいる*6、と記されている。

その四年後の一八八四年（明治十七）には三河のガラ紡業者を束ねた「額田紡績組」が組織され、組合員は二六四名*7と、三河では急速に産地形成されている様子を見て取れる。しかしこれ以後は、先に述べたガラ紡紡糸の劣位判定や、急速に伸張する洋式紡績の台頭もあって、またそれまで使っていた在来綿（和綿）栽培が洪水被害による壊滅状態もあって、ガラ紡の不況の時代に入り、全国に伸び始めたガラ紡産業も急速にしぼんでしまう。

ガラ紡がその後全国的な広がりを見せるのは、昭和の時代に入ってからである。とくに戦時体制に入った一九三八年（昭和十三）に原料綿糸の配給統制規制が公布されるが、このときガラ紡は反毛綿を主要原料に使っていたこともあって規制の対象外となる。これが拍車となり三河では翌三九年にそれまでで最高の一〇

○万錘を突破する。全国でもこの公布をきっかけに、一九四〇年には愛知の一二八万錘を筆頭に、大阪に一五万錘、岐阜の六万錘、静岡、茨城、岡山などにも広がっていく[*8]。しかし一九四一年の企業整備によって愛知県では五七万錘と半減する試練を受ける。

戦後はその反動もあって、一九四七年（昭和二十二）には全国都道府県に爆発的に拡大して三〇〇万錘を超え[*9]、さらに一九四九年には全国で四〇六万錘[*10]という空前の活況となる。機械を回せば万の金が稼げる「ガラ万」と呼ばれる時代をつくり出すことになる。

しかし一時の熱が冷めると、次第に三河地方に再び収束されていくことになる。一九五五年（昭和三十）には全国のガラ紡登録設備錘数の八八パーセントとなる一六〇万錘ほどが愛知県に[*11]、また一九六〇年には全国比九七パーセントの一九五万錘が愛知県[*12]に集中する状況となっていく。それは長年培ったガラ紡組合、原料綿の供給と糸の販売を一手に担う問屋、賃加工のガラ紡業者という紡績生産システムが整っていること、言い換えればこうしたシステムが育っている地域でなければ長続きしないということでもあった。そしてこれを支えた機大工と部品製造業者の存在も大きかった。

ガラ紡の機大工

ガラ紡が産業として発展するためには、それを生産するガラ紡機や関連する機械の製造、またその量産が不可欠である。三河ガラ紡の明治中期の最盛期となる一八八七年（明治二十）には、当時組織されていた「額田紡績組」の組合員は四八三名、ガラ紡機の錘数は一三万一五三〇錘となっている[*13]。単純計算すれば一組合員当たり約二三〇錘である。これは一八八四年から八五年の頃の水車を動力とするガラ紡機が、三河では一間（約一・八メートル）五〇錘立て（一八九二年以後は一間当たり六四錘が多くなる）を二間つなげたもの[*14]とあり、これをとれば一組合員当たり約二・三台となる。ただし、第一回内国勧業博覧会前後に臥雲辰致が作った五八五台[*15]のガラ紡機のうちの何台かは三河で購入されていたであろうから、長さ一間ないし二間のガラ紡機が、すでにこのときには少なくとも一三〇〇台を下らない数が設置されていたと推測される。

当時としては相当の量産である。特許制度が確立されていない中、模造品が大量につくられていたことになる。発明者の臥雲辰致にとっては不幸なことであったが、これを担ったのが地元三河在住の機大工であった。

三河では、一八八〇年代初期頃にはガラ紡機を製造する機大工の名前が文献に登場する。岡崎康生（現康生町）の橋本（大阪の綿業倶楽部が所蔵展示する手回しガラ紡機に「東京橋本製」「堺

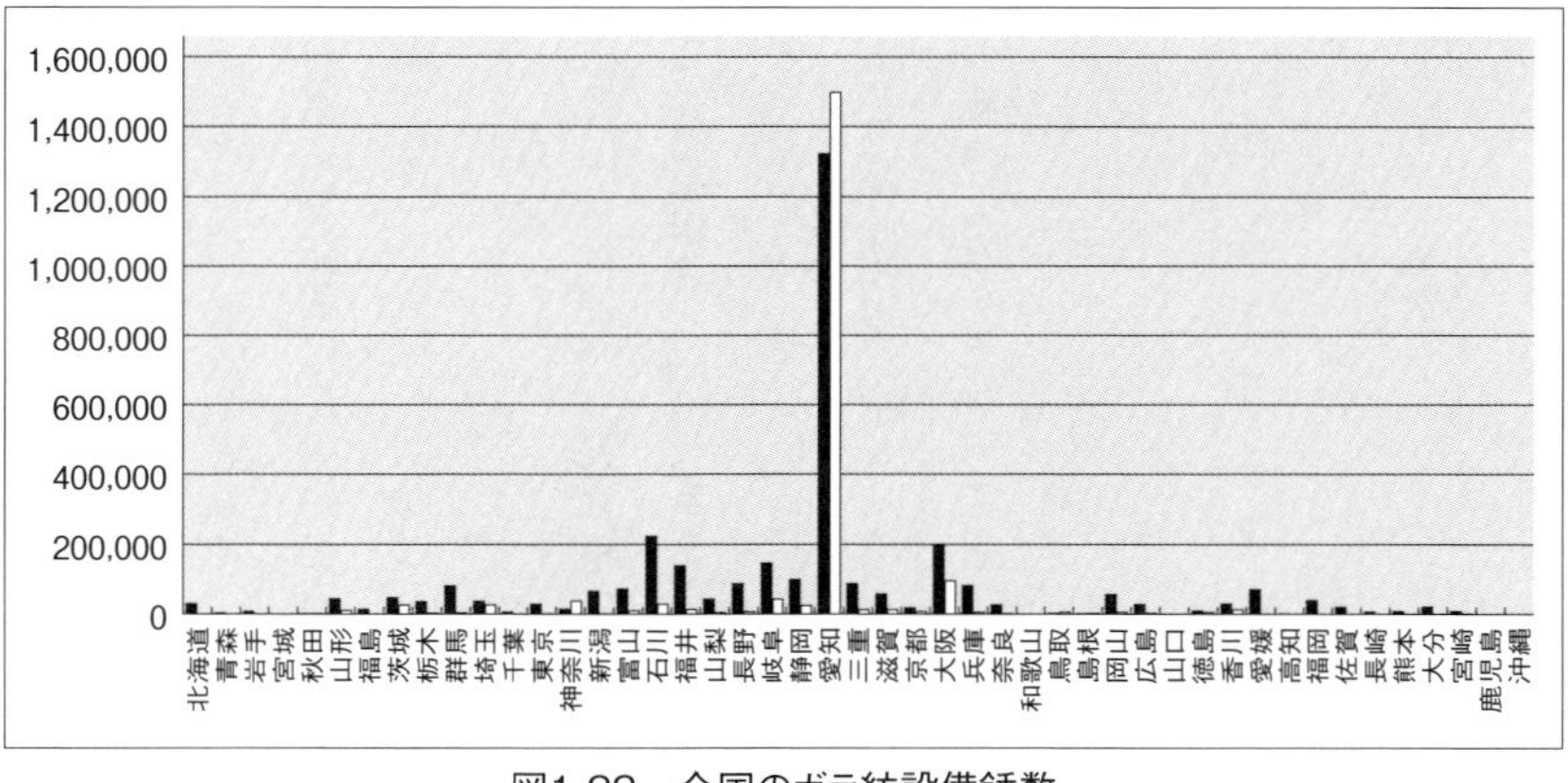

図1-22 全国のガラ紡設備錘数
（柴田公夫『ガラ紡績』愛知ガラ紡協会、1955年12月より天野武弘作成）

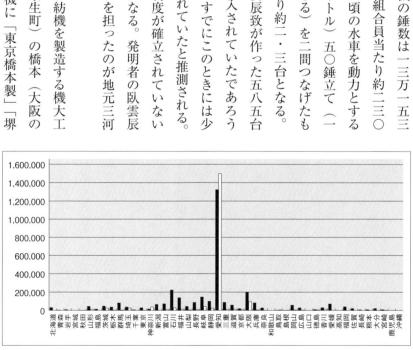

支店」の焼判。東京橋本製とは東京から購入したことをもって名付ける）と、碧海郡堤村（現豊田市堤町）の中野清六、中野の弟子で伊賀村（現岡崎市伊賀町）の伊藤磯右衛門の三人で、一八八四年頃には小野三五郎が中野清六に弟子入りする[16]。

しかしこうした機械の急増では一方で粗悪品も作られたであろう。それに対処するため、早くも一八八五年に伊藤磯右衛門ほか岡崎町の石川英治、加藤文治郎、玉泉堂、高橋、伊賀村の林の六名でもって「六名懇親社」を結成して対策にあたっている[17]。

それから間もない一八八八年（明治二十一）に、その後明治から大正の時代にかけて機大工として名を馳せた鈴木次三郎が小野三五郎に弟子入りする[18]。

鈴木次三郎は岡崎地方の機械製造業者中一頭地を抜く人物だったようで、弟子入りした四年後の一八九二年には、撚掛機を考案製作してガラ紡糸三本を撚り合わせる三子撚《みこより》糸の創始に関わったのをはじめ、九四年には回転運動による混綿機を考案製作、一九〇三年に綿ロープ製造用の鞠巻機、一九一二年に廻切機《まわしぎりき》（打綿機）の改良、さらに大正時代には製綿機や打綿機の実用新案取得[19]など、後のガラ紡発展にとって重要な開発、製造を担っていく。また一九一八年（大正七）には岡崎和紡諸機械製造組合を立ち上げ、後に四〇名以上となる組合員を率いる理事長として、三河ガラ紡の機械製造の業界をリードしている。

二代目鈴木次三郎も初代が立ち上げた鈴木次三郎商会を継ぎ、一九三〇年代終わり頃から海外輸出にも関わることになる。三代続いた鈴木次三郎商会の創業者宅には、ガラ紡の機械製造事業に関する七五〇点ほどの資料や写真が保管されている。このうち一九三八年から一九四三年の戦時統制前までの機械設置に関する資料には、中国や満州、韓国、平壌などの海外四か所を含めた全国二〇か所に設置したと思われるガラ紡機一三〇台ほどが掲載されている。この頃に広く採用されている五一二錘（八間）のガラ紡機の他、ガラ紡工場に必要となる混綿機（ふぐい）、打綿機、合糸機、撚糸機などの機械も合計三〇〇台を超える数がリストに上がっている。また当時国策に合うとして広く使われた反毛綿を作る弾綿機（反毛機）も、ほとんどの設置工場に計五〇台ほどが記されている[*20]。おそらく鈴木次三郎商会がまとめ役となって、三河のガラ紡機械製造業者の協力のもとに設置した数と思われる。

こうした機械製造は、さらに戦後の一九四〇年代から五〇年代にかけて、全国的にも設置数が大幅に伸びている。全国で四〇〇万錘を超える数を記録した前年の一九四八年（昭和二十三）八月には全国で六九〇〇台、三二二万錘（一台当たり平均四六七錘、一間当たり六四錘とすると一台七・三間の長さに相当）のガラ紡機が設備[*21]されていたが、その大半が岡崎を中心とする愛知県で作られていたと思われる。

ガラ紡機ではブリキ製の綿筒（ツボと呼ばれる）、天秤装置や重り、ツボに動力を伝える遊子《ゆうご》と呼ばれる小プーリー、糸枠や下ゴロ、上ゴロと呼ばれる駆動軸など、ガラ紡専用の特注的な部品が多い。こうした部品は、機大工とは別に、三河ではこれらを作

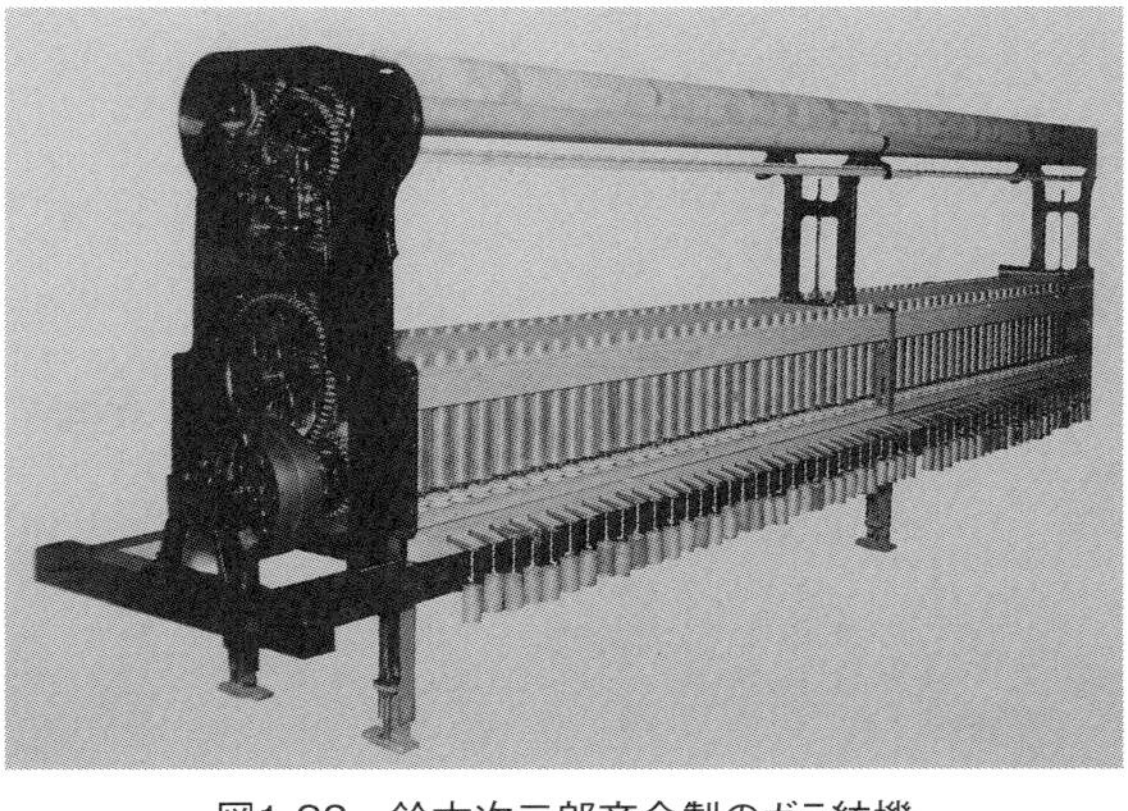

図1-23　鈴木次三郎商会製のガラ紡機
（1940年頃製造の輸出向けと思われる鉄製フレームのもの、同商会提供）

る専門業者がそれぞれ何軒も店を構えていた。歯車やフレームなどの鋳鉄製部品をつくる鋳物屋も必要となる。新規ガラ紡機製作の終盤時期となる一九六〇年頃にも、岡崎の街中にはツボ屋が三軒、天秤屋が三～四軒、木地屋が四～五軒ほど残っていたことが知られている[*22]。ガラ紡機製作ではこうした関連業種との連携があってはじめて成り立つ仕事でもある。これは一朝一夕ではできない、明治以降地域で培われた生産システムがあってこそできる仕事でもあった。

ガラ紡の織物

三河を中心に作られたガラ紡糸は、織物などの最終製品の材料となる糸である。ではどのような製品に使われたであろうか。じつは意外と知られていない。

明治の半ば頃となる一八九〇年代頃から洋式紡績との競合をやめ、太物製品（太糸を使用する製品）に特化することで生き延びてきた経緯はすでに述べたが、この頃は足袋底、帆布、緞通の緯糸、紋羽（起毛した綿織物で足袋裏などに使用）の緯糸、綿毛布、腰掛張、鞠糸（綿ロープ）などの太物製品に使われた[*23]。一九一〇年代以降の大正期になると反毛綿の使用も始まり、着物の帯の帯芯の緯糸、作業衣の緯糸、毛布、堺緞通の緯糸などに用途が広がっていく。

昭和の戦時体制に入った一九三〇年代後半以降は、とくに反毛綿（裁断屑、古着、布団綿などの古綿などを原料）が原料全体の八割[*24]となるほどに重用され、戦後の一九六〇年代以降は、全国各地の太物産地に移出され、特有の産地形成にも貢献する。

例えば、愛知県内では、西尾や安城、碧南の綿毛布、幡豆の帯芯、一宮の帯芯やネル、椅子張地、蒲郡の服地やネル、帯芯、豊橋の帆前掛け。県外では、岐阜の帯芯や電線被覆、大阪泉南地区の絨毯（緞通）や紋羽、綿毛布、岡山の緞通や学生服、福井方面のカーテンや椅子張地、関東方面の足袋底や帯芯、米沢方面の綿毛布や帯芯などである[*25]。

そして販路としては、海外輸出も盛んに行われ、アメリカに緞通、東南アジアやインド、アフリカに綿毛布などが主要な輸出先であった[*26]。

これらの製品をみると衣料というより圧倒的にそれ以外のいわゆる太物製品であることが分かる。綿製品では衣料以外にかなり用途が広がっていることを見て取れるが、こうした太物製品に特化したガラ紡はじつに賢明の策であった。ただ、三河木綿の産地蒲郡地区において服地にも使われたとあるように、戦後の衣料不足を補う一面も見られたが、このとき一方では反毛綿という屑綿を使ったことが重なって、ガラ紡イコール安物のイメージを与えてしまうことにもなった。ガラ紡が洋式紡績の復活とともに急速に廃れていく一因ともなったが、しかし今、柔らかさと風合いのある糸質が見直され、静かなブームも作り出されている。ガラ紡復活の兆しが見えはじめてもいる。

参考文献

＊1　『愛知県史　上巻　第十編工業』愛知県、一九一四年、一〇ノ二頁。

＊2　榊原金之助『ガラ紡績業の始祖　臥雲辰致翁伝記』愛知県ガラ紡績工業会、一九四九年四月、二九～三〇頁。
＊3　繭糸織物陶漆器共進会編『繭糸織物陶漆器審査報告』一八八五年、一七七～一八〇頁、における比較試験結果より。
＊4　近藤長作編『ガラ紡組合史』日本和紡績工業組合、二〇一一年十二月、八九頁。
＊5　天野武弘「国内に現存する歴史的ガラ紡績機の実態」『年報／中部の経済と社会（二〇一六年版）』愛知大学中部地方産業研究所、二〇一七年三月、一〇〇頁。
＊6　「明治十三年綿糖共進会報告　第四号」『明治前期産業発達史資料　第九集』明治文献資料刊行会、一九六四年、八九頁及び九三頁。
＊7　前掲書＊4、一四頁。
＊8　前掲書＊4、四一～四二頁。
＊9　渡邊総一郎「解説ガラ紡績」紡績通信中部支社、一九四七年九月、三八～三九頁。
＊10　柴田公夫編「ガラ紡績」愛知ガラ紡協会、一九五四年十一月、一三頁。
＊11　柴田公夫編「ガラ紡績」愛知ガラ紡協会、一九五五年十二月、一一頁。
＊12　前掲書＊4、八九頁。
＊13　前掲書＊4、一四頁。
＊14　鈴木明「ガラ紡機之沿革」一九四二年十月、一頁。
＊15　太政類典「明治十五年十月十二日長野県平民臥雲辰致綿糸機械発明ニ付緑綬褒章授典」の履歴書より。
＊16　前掲書＊14、二～三頁。
＊17　前掲書＊14、三～四頁。
＊18　前掲書＊14、七頁。

＊19 天野武弘「愛大保存ガラ紡績機の歴史的価値の検証」『年報／中部の経済と社会（二〇〇九年版）』愛知大学中部地方産業研究所、二〇一〇年三月、一三八～一四〇頁。
＊20 天野武弘「鈴木次三郎商会におけるガラ紡績機の製造」『年報／中部の経済と社会（二〇〇八年版）』愛知大学中部地方産業研究所、二〇〇九年三月、一六六頁。
＊21 「全国ガラ紡機錘数一覧表」昭和二十二年八月、日本和紡績工業組合資料より。
＊22 前掲＊5、一〇七頁。
＊23 「三河紡績糸」三河紡績同業組合、大正十年十一月、二七～四〇頁。
＊24 中村精『日本ガラ紡史話』慶応出版社、昭和十七年、二六〇頁。
＊25 前掲＊11、二五頁、附図B。
＊26 前掲＊11、二五頁、附図B。

第五節　ガラ紡の現状と課題

(1)　ガラ紡産業の現状と歴史的ガラ紡機の保存状況

天野　武弘

ガラ紡工場の現状

前節で示したように、ガラ紡工場は一九六〇年（昭和三十五）頃を境に急速にその数を減らしていく。一九六〇年八月の日本和紡績工業組合の集計によると、全国のガラ紡工場は一六九六工場約一六四万錘が登録*1。うち愛知県に一六八〇工場、約一六〇万錘（全国比、工場数で約九九パーセント、錘数で九八パーセント、うち岡崎を中心とする西三河地方に一六四三工場、約九七パーセント）と圧倒的に多い。いかに愛知県にしかも西三河地方に集中していたかが分かる。愛知県以外では大阪の泉南に七工場約一万八千錘、岐阜県に六工場約九千錘、滋賀、和歌山、奈良県に各一工場のみである。

これ以後は、洋式紡績の躍進や、一九六一年の貿易自由化、六七年の特定繊維工業構造改善措置法、七三年の第一次石油ショック、七六年の中小企業事業転換対策臨時措置法の公布などにより、その都度大きく転廃業が促進され、一九八一年（昭和五十六）には一〇〇工場を切る六八工場約一一万錘に激減、平成に入った一九九〇年には九工場約一万錘にまで落ち込むことになる[*2]。二〇〇八年（平成二十）に日本和紡績工業組合の組合員はゼロとなるが、以後もアウトサイダーとして数工場が操業を続け今日に至っている。二〇一七年（平成二十九）現在ガラ紡工場として常時稼働するのは愛知県内の二工場、二二四〇錘。他に随時稼働するところとして愛知県内と岐阜県内に各一か所の計五〇八錘となっている[*3]。

このうち常時稼働する二工場の概要を述べれば以下のようである[*4]。

石田ガラ紡工場は岡崎市東部の河合地区にあり、一九二七年（昭和二）の創業である。一九四〇年代の戦時統制によって一時は閉鎖しているが、戦後の一九五〇年に現在地に工場を新築し、現在に至っている。一九七三年（昭和四十八）に現当主が親からの事業を継いだとき、それまでの木製フレームのガラ紡機から現在も使用する中古の鉄製フレームのものに更新する。また電動機一つで数台の機械を動かしていた集団運転方式から、すべての機械を電動機直結のものにしている。現在稼働するガラ紡機は二台、一〇二四錘である。ほかに前工程の機械として、ふぐい、撚子巻機付き打綿機が各一台、後工程の機械である合糸機（五錘）と撚糸機（一五四錘）も各一台ずつ設置される。ただし合糸機と撚糸機は人出の都合もあって現在は使われていない。また従前よりガラ紡業界では一般的に行われていた賃加工を親の代から踏襲し、すべての糸を、最終製品を作る問屋も兼ねる業者に渡している。

もう一か所の木玉毛織のガラ紡工場は愛知県一宮市にある。もとは毛織物工場として歴史ある企業の一つであったが、一九九〇年代前期のバブル崩壊以後、毛織物から新たな織物を目指す中でガラ紡に着目し、二

図1-24　木玉毛織のガラ紡工場
（2016年12月21日天野武弘撮影）

〇〇六年（平成十八）に新規参入したところである。ガラ紡の機械設備一式を一九九八年に豊田市内の旧ガラ紡工場から移設、借用（日清ニット）して試験操業を重ね、事業立ち上げに至った経緯を持つ。さらに二〇一五年（平成二十七）には、高まる需要に応じるため新たに二台のガラ紡機を岡崎市内の元ガラ紡工場から譲り受けて増設している。設置機械は、ガラ紡機が増設分を含め三台、計一二一六錘、ふぐい、撚子巻機付き打綿機、合糸用のワインダー（一八錘）が各一台である。撚糸機はなく外注に出している。同工場で作られたガラ紡糸は基本的に自社販売し、ガラ紡織物として製品化も行っている。

　両ガラ紡工場で稼働するガラ紡機はいずれも中古品の設置である。一九六〇年代頃まではガラ紡の機大工による新造機もかなりあったが、それでもかつてのガラ紡工場では、廃業した工場から程度の良い機械を譲り受けて更新することが頻繁に行われていた。両ガラ紡工場に設置の現役ガラ紡機は新造後五〇年以上を経過した機械ばかりである[*5]。手入れさえよければ長く使えるのもまたガラ紡機であることを示している。

　一方で新たな動きもある。木玉毛織のガラ紡工場もそうであるように、無農薬、有機栽培のオーガニックコットンを原料にしたエコ志向、さらに風合いや柔らかな肌触りなどとも相まって、衣料やストール、タオル、靴下など、ガラ紡製品に関心と人気が出始めている。こうした状況下、本書別稿でも述べるラオスでのガラ紡工場立ち上げのほか、国内でも小規模ではあるが数か所でガラ紡工場の準備が進められている。ガラ紡の新たな活路への兆しも感じるところである。

全国に保存される歴史的ガラ紡機

現役稼働といってもガラ紡機はやはり歴史的機械の部類に入る。近年、小型ガラ紡機の製造や復元機の製作もされているが、ここでいう歴史的ガラ紡機とは、その新造が終わる一九六〇年代までに製造されたものを指している。

ガラ紡が衰退期に入る一九六〇年代以降、歴史的ガラ紡機の博物館への収集、保存が始まる。明治期には現在地に保管されていたと伝わる日本綿業倶楽部と羽黒山正善院の二台の手回し式は別として、歴史的産業遺産に位置づけて収集、保存されたのは、一九六四年の博物館明治村が最初であった。今も同館に展示される手回し式と水車式のガラ紡機の二台である。

以後、一九七〇年代の愛知大学の生活産業資料館（「産業館」）への収蔵と続くが、収集、保存の数が多くなるのは、一九八〇年代に入ってからである。ガラ紡工場が急速に廃業する時期と重なっているが、この年代に七か所の博物館などの施設に各一台の七台、九〇年代に五施設に五台、二〇〇〇年代に入って五施設に五台が収集、保存されている[*6]。最も新しいのは二〇一三年と二〇一五年に収集、保存された新規発見の明治期製造と推測される手回し式のガラ紡機である[*7]。その保存状況を表1-3に示す。

表からも見られるように、二〇一七年二月現在、全国一九施設に二二台のガラ紡機の保存が確認されてい

表1-3　全国に保存される歴史的ガラ紡機(2017年2月現在)[*6]

機台No.	使用、保存施設	所在地	現状	現錘数	1間の錘数×間数	製造年(推測年)	設置・移設・収蔵年
1	愛知大学「産業館」	愛知県豊橋市	動態展示	228	76×3	不明(〜1920年代)	1970年代収蔵
2	石川繊維資料館	愛知県豊橋市	動態展示	64	64×1	不明(〜1920年代)	1985年頃収蔵
3			保存(手回式)	60	60×1	1887年	2013年収蔵
4	トヨタ産業技術記念館	名古屋市西区	動態展示	128	64×2	1931年	1993年収蔵
5	豊田市近代の産業とくらし発見館	愛知県豊田市	動態展示	64	64×1	不明(〜1930年代)	2004年収蔵
6	日本和紡績工業組合	愛知県岡崎市	展示	64	64×1	1921年	1987年収蔵
7	博物館明治村	愛知県犬山市	展示(手回式)	60	60×1	不明(1880年代)	1964年収蔵
8			展示(水車式)	60	60×1	不明(〜1910年代)	1964年収蔵
9	一宮市博物館	愛知県一宮市	保存	64	64×1	不明(〜1930年代)	1987年収蔵
10	安城市歴史博物館	愛知県安城市	保存	64	64×1	不明(〜1920年代)	1994年収蔵
11	宮石八幡宮	愛知県岡崎市	保存	64	64×1	不明(〜1960年代)	1997年収蔵
12	岡崎市美術博物館	愛知県岡崎市	分解保管	448	(64×7)	不明(〜1930年代)	2002年収蔵
13	東京農工大学科学博物館	東京都小金井市	動態展示	64	64×1	不明(〜1930年代)	1985年収蔵
14	信州大学繊維学部	長野県上田市	研究用(運転可)	64	64×1	不明(〜1920年代)	1989年収蔵
15	旧堀金村歴史民俗資料館	長野県安曇野市	展示(運転可)	64	64×1	不明(〜1920年代)	1991年収蔵
16			展示	64	64×1	不明(〜1930年代)	1980年収蔵
17	天鷺村亀田織物織機展示館	秋田県由利本荘市	展示	64	64×1	不明(〜1960年代)	1996年頃収蔵
18	北海道博物館	北海道札幌市	展示	128	64×2	不明(〜1930年代)	2006年収蔵
19	浜松市博物館	静岡県浜松市	保存	64	64×1	不明(〜1920年代)	1980年頃収蔵
20	日本綿業倶楽部	大阪市中央区	展示(手回式)	30	30×1	不明(1880年代)	明治期
21	羽黒山正善院	山形県鶴岡市	保存(手回式)	20	20×1	1880年	明治期
22	遠州織物工業協同組合	静岡県浜松市	保存(手回式)	60	60×1	不明(1880年代)	2015年収蔵

※天野武弘作成

る。このうち一〇施設に一二台が愛知県に集中しているのはうなずけるが、九施設の一〇台が愛知県以外の六都道府県にある点は注目される。

このほか、特徴的なことを挙げれば次のことがいえる*8。

動力別では、二二台のうち手回し式が計五台となっているが、早くから知られている日本綿業倶楽部と博物館明治村の二台のほか、先に触れた三台がここ数年の間の新規発見であることが特筆される。水車式は博物館明治村の一台のみで、あとは一部の五台に設置当初は水車や石油発動機での運転もあったが、収集時はこれを含め一六台すべてが電動機動力のものである。

大きさを示す間数と錘数では、二二台のうち、もともと一間（約一・八メートル）に作られた手回し式五台を除いて、一二台が一間の長さに切断して保存されている。ガラ紡機は一間の長さが単位となって二間、三間と連結できるところに特徴があり、三河では八間、九間の長さのものが標準設備されていた。一間もの以外では、愛知大学の長さ三間が最大で、トヨタ産業技術記念館の二間がこれに次いでいる。なお七間ものが分解状態で保管されているところが一か所ある。一間当たりの錘数は、手回し式の二〇～六〇錘を除けば、愛知大学の七六錘のほかはすべて六四錘である。愛知大学のガラ紡機は細糸用の特殊な機台と推察されている*9。

図1-25　博物館明治村の手回しガラ紡機
（2014年12月24日天野武弘撮影）

保存されるガラ紡機の製造年代が分かるのは二二台のうち四台のみである。手回し式の一台に「明治十三年」の焼判、もう一台の手回し式には部品の糸枠に「明治二十年に来る」と判読できる墨書、あとの動力式の二台は元工場主からの聞き取り及び記録によっている。ほかの一八台は銘板などもなく不明であるが、機台の形状や、ツボと呼ばれるブリキ製の綿筒の長さ、部材にある痕跡などからおよその製造年代を推測している[*10]。推測によると、手回し式の残りの二台はその形状から一八八〇年代、水車式は一九一〇年以前、手ねじによる天秤調整装置の痕跡などを持つ六台は一九二〇年代以前と考えられている。また歴史的ガラ紡機の新造が終わる頃の一九六〇年代頃製造と思われるものも二台あるが、これも機台形状や綿筒の長さ、聞き取りなどによって判断がされている。

図1-26　トヨタ産業技術記念館のガラ紡機
（2016年12月15日天野武弘撮影）

ガラ紡機を動態保存するところは、愛知県内のトヨタ産業技術記念館、愛知大学豊橋校舎の生活産業資料館、豊田市近代の産業とくらし発見館、日本和紡績工業組合の四か所四台と、東京の東京農工大学科学博物館の一か所一台である[*11]。いずれも糸を紡ぐ実演を見学者の希望に応じて行っているが、なかでもトヨタ産業技術記念館では開館中は頻繁に稼働して見学者に見せている。また愛知大学ではガラ紡機のほかに合糸機、撚糸機の動態展示も合わせて行っている。三台ともに公開実演を可能としているのは全国でも唯一ここだけである。また公開はされていないが、実験用に供されている信州大学所蔵の一台も運転が可能である。いずれも電動機を直結させて運転可能な状態に整備されている。このほか旧堀金村歴史民俗資料館など一部のガラ紡機には運転可能な状態のものもあるが、担当者がいないなどの理由で動態展示にまでは至っていない。

動態保存にはこれに異を唱える文化財行政側の考えもあるが、機械は動くこと、動かして仕事することが本来の役目と考えている。また機械は整備しながら使い続けることが長持ちさせる最も重要な要件でもある。こうした観点から、収蔵庫などに眠っているガラ紡機も、これまでに見てきた経緯から判断すれば整備すれば運転可能なものが多い。この点は付記しておきたい。

参考文献

＊1　「和紡式精紡機登録一覧表（登録年月日　昭和三十五年五月十五日）」日本和紡績工業組合、一～七六頁。
＊2　近藤長作編『ガラ紡績組合史』、日本和紡績工業組合、平成二十三年十二月、一六六～一六七頁。
＊3　天野武弘「国内に現存する歴史的ガラ紡績機の実態」『年報／中部の経済と社会（二〇一六年版）』愛知大学中部地方産業研究所、二〇一七年三月、一〇〇頁。
＊4　前掲＊3、一〇九頁及び筆者調査による。
＊5　前掲＊3、一〇〇頁及び一〇八頁。
＊6　前掲＊3、一〇〇頁の表2より一部転載、追加。
＊7　天野武弘「新発見の手回しガラ紡績機―現存同型機種との比較―」『年報／中部の経済と社会（二〇一四年

版）』愛知大学中部地方産業研究所、二〇一五年三月、八三〜九六頁。新規発見の手回し式ガラ紡績機は二〇一三年〜一七年にかけて発見され、二〇一三年発見のもの以外は現在調査継続中。

＊8　前掲＊3、一〇一〜一〇九頁。

＊9　天野武弘「愛大保存ガラ紡績機の歴史的価値の検証―ガラ紡績機の評価法の試み―」『年報／中部の経済と社会（二〇〇九年版）』愛知大学中部地方産業研究所、二〇一〇年三月、一四九〜一五一頁。

＊10　前掲＊3、一〇七〜一〇八頁。

＊11　前掲＊3、一〇〇〜一〇一頁。

(2) 木玉毛織・ガラ紡生産における現状と課題
—ガラ紡に出会って—

木全 元隆

私共（木玉毛織株式会社）とガラ紡の出会いは一五、六年ほど前になります。

ガラ紡機発明の歴史から見ればごく最近の事であり、誠に不思議な御縁であると感じております。

毛織からガラ紡への模索

我社の置かれた業界は毛織物で有名な〝尾州産地〟であり、尾州の毛織物は世界でも冠たる産地として一時代を築いて来ました。

その業界の中にあってテキスタイルメーカー（機屋《はたや》）として歴史を刻んで来たのでありますが、平成の時代になってバブルが崩壊し大量生産、大量消費の時代から多様化個性化の時代に大きく変化し、さらに中国の追い上げにより価格競争の渦に巻き込まれ、産地は厳しい状況が続く事に成ったのであります。

そんな中で価格競争に巻き込まれない特徴のある物創りはどうあるべきかと悩んでおりました。

それまでガラ紡については詳しく知らなかったのですが、ムラのある〝糸〟が引けて、織物にすると紬風の生地が出来るのではないかと思い、ガラ紡の機械を見てみようと、近くの機械に詳しい日清ニットの林さんと一緒に、岡崎のガラ紡糸を生産している工場を見学に行ったのです。

そこで初めてガラ紡に出会いました。

次に行った工場がたまたまもう廃業する所で、ガラ紡の機械は処分する予定だとの事、それなら分けてほしいと日清ニットの林さんが買われたのです。

広い場所が必要な為、私共の工場に空いた場所がありましたので、一緒に研究しましょうと弊社に移動設置しました。

ガラ紡業への試行錯誤

毛織物の産地である尾州であれば当然ウールのガラ紡を作りたいと研究に取り組み始めましたが、当時弊社の業績は低迷し事業の継続が厳しい状況に置かれており、ガラ紡の開発は片手間でしか進められませんでした。

丁度一一年前、これ以上機屋を続ける事は無理であると判断し、テキスタイル部門を閉鎖し業務内容を大巾縮小しましたが、ガラ紡だけは残して研究を続ける事に致しました。

暫らくしてウールでのガラ紡生産には目途がついたのですが、品質の問題もあり、販売期間の短いウールを諦め、やっぱりガラ紡は綿が合っていると原点に戻り取り組み直す事に致しました。

綿に集中するのに当たり、取り組むのはオーガニックコットンにしたらどうかと、以前からお付き合いのあった大正紡績㈱の近藤部長に相談し、繊維長が短いものの方が良いのであれば、紡績工程の原料選別の際に、繊維長の長いものと短いものにカードで選別された短い方の「落綿」はどうかと勧められ、テストの結果、機械との相性が非常に良く、原料はオーガニックコットンの「落綿」を大正紡績さんから分けて頂く事になりました。

当時すでにエコ商品の要望が多くなりつつあり、エコを謳える有機栽培綿は時代の要請に叶った商品として注目されつつありました。

大正紡績から取り寄せた落綿は、ガラ紡にマッチしその特徴を引き出す何とも言えないソフトな風合いを生みだしてくれ、〝肌にやさしく・地球にも優しい〟とのキャッチフレーズを謳って打ちだす事が出来たのです。

こうして〝オーガニックコットンガラ紡〟一本に絞って今日まで続けて来る事が出来ました。

ガラ紡コンサート、ガラ紡「展示会」との出会い

今から丁度三年前（平成二十六年）、ガラ紡機発明者の臥雲辰致翁のお孫さんである臥雲弘安氏がガラ紡の調査の為、弊社へ訪ねて来られました。その後、何度かお会いし弘安様の話をお聞きしている内に、お爺様の功績であるガラ紡の事を地元の方々に知って頂く為の企画第一弾として、〝ガラ紡コンサート〟開催の構想を聞かせて頂きました。

そのお話の通り、地元松本でガラ紡についての講演会と弦楽三重湊を組み合わせた〝ガラ紡コンサート〟

が平成二十七年五月二十七日に開催されました。

そしてその一年半後、地元の人や、世間の方々に臥雲辰致翁の功績をもっと知って頂く為にと規模も大きくし内容も充実させ、松本市の蔵シック館を一か月間貸し切り、〝臥雲辰致「ガラ紡」展示会〟が開催されたのであります。此処に来ればガラ紡の全てが分かると言うような、本当に素晴らしい展示会でありました。

この間、近くで接し拝見していて感じた事は、臥雲辰致翁の魂が、弘安氏を突き動かしこの展示会を実現されたのではないかと云う事でした。そして何より、お爺様の功績を何とか形にして残して行こうとの弘安氏の篤い想いが、関係者の皆さんにも伝わり多くの方々の協力が得られ、この展示会を成功に導いたものと強く感じております。


始めは紬風の織物が作れないか、沢山出来ないもので出来るだけ手作り感覚のものが欲しい。という想いだけでガラ紡機と出会ったのですが、実際に機械と向き合うようになり、機械の仕組みやガラ紡の歴史について少しずつ学ばせて頂きました。更に弘安氏と出会い、コンサートや展示会に参加させて頂き、ガラ紡機は西洋の技術とは根本的な違いがあること、当時の日本にとって素晴らしい発明であり、偉大な功績を残したものである事も更に知る事が出来、一段とガラ紡を誇りに思うと共に、続ける事に使命を感じる機会となりました。

現在、国内では毎日生産を行っている所は我社以外ではほとんど無く、この先、何時まで続ける事が出来るのか心配される所でありますが、歴史上大変な評価を得た日本独自の紡績機であるガラ紡を、少しでも長く生産を続け、後世に残して行く為に、私共としても使命感を持って取り組んで行く覚悟でおります。

これから先も、先人の功績を残し伝えると共に、時代に合った商品を提供できるよう努力して行こうと思っております。

ガラ紡生産の現状

弊社、木玉毛織は毛織物の産地「尾州」にあって長年毛織物を扱って来ましたが、平成の時代となり新規分野の開拓を目指し、ガラ紡に着目して一九九八年（平成十）ガラ紡の機械一式を豊田市内のガラ紡工場から移設借用（機械は日清ニット所有）し、試験操業を開始しました。

その後、二〇〇六年にテキスタイル業を閉鎖しましたが、ガラ紡の試験操業は続け、間もなく（二〇〇七年）オーガニックコットンに絞り込み、ガラ紡工場として本格的に生産を開始しました。

生産設備としては、打綿機一式（撚子《よりこ》作成の為の綿打ち機）とガラ紡機三〇〇錘（五間×二列）であり、フル操業しても生

図1-27　木玉毛織のガラ紡操業風景
（2016年12月天野武弘撮影）

産量は月産、約二〇〇キログラム程度でありました。

二〇一五年九月に愛知大学天野武弘氏の紹介により、岡崎市の元ガラ紡工場、大野俊雄氏より紡績機二台を譲り受け増設を行いました。

現状、フル生産には至っていませんが、生産能力としては以前の約三倍の生産力を有する事となりました。

現状（平成二十九年四月現在）、次の如く生産を行っています。

生産設備の内容

打綿機（撚子巻機付き）：一式（借用・日清ニット所有）　製造：岡崎市近藤製作所

ガラ紡機　：一台（借用）三〇錘×五間×両側＝三〇〇錘（日清ニット所有）

ツボ直径：四二mm

ツボ長さ：三六三mm

：二台（増設）三二錘×五間×両側＝三二〇錘（自社所有）

三二錘×九間×両側＝五七六錘　小計八九六錘（自社所有）

ツボ直径：四二mm

ツボ長さ：三三四mm

ワインダー機：　一台（自社所有）

現在、常時稼働錘数：四〇〇〜五〇〇錘
生産数量　：月産、約三〇〇〜四〇〇キログラム

ガラ紡生産における課題

現役ガラ紡工場として常時生産を行っていますが、弊社は、もともとガラ紡に携わっていたもので無く、たまたま一五、六年前からガラ紡に係わったのであり、それほど専門的な知識は持ち合わせていません。

ガラ紡最盛期に生きた人たちが少なくなり、整備の出来る人が限られた今後を考える時、どうしてこの技術を受け継ぎ次代に残して行くのかが大きなテーマであります。併せて部品の確保補充についても、如何に手配する体制を整えて行くかが重要な課題であります。

ここ数年ガラ紡の風合いの良さが注目されて来ています。

ガラ紡糸を使用した織物、編み物による製品は、その柔らかさ肌触りの良さが、人の優しさを取り戻すような感覚があり〝肌にやさしく地球にも優しい〟と評判になっているようです。

弊社は、ガラ紡製品をもっともっと進化させ、時代に合った商品を創り出す努力を続けて行こうと考えています。

これまでもいろんな方々にお世話になって今日まで来ましたが、諸先輩の方々には、この貴重なガラ紡遺産を後世に伝えて行く為に、以前にも増してご指導頂きたいと願っているところであります。

第六節　臥雲辰致とガラ紡に学ぶ

中沢　賢

欧米の東洋への進出

臥雲辰致は天保十三年（一八四二）、長野県安曇郡堀金村に生まれた。幼名は榮弥といった。一二歳のとき、ペリーが浦賀に来航した。イギリス、フランスも東洋への進出を窺っていた時代である。西洋は産業革命を経て、綿糸を紡ぐ紡績機械は革命的な進歩を遂げていた。細くて強い高品質の糸を、水力や蒸気動力を使って安価で大量に生産できるようになった。西洋諸国は生産性の高い機械で作った大量の綿製品の売り先を東洋に求めた。

島津藩主島津斎彬は西洋技術をいち早く取り入れた先見の明ある藩主であったが、豪商浜崎太平次の献上した唐糸（西洋の綿糸）を見て「このもの将来必ず、我等の膏血《こうけつ》（苦労して得た収益や財産）を絞らん！」と嘆いた。後に洋式の紡績会社、大阪紡績を創設した山辺丈夫は「今にしてこれを救治する策を講じなければ、内地産綿の業、総て滅び、唐糸の怒濤の流入留まるところを知らず、日本中が衣料を外国に頼らざるを得なくなる」と警告した。

インドは、主要な伝統産業であった綿織物業が、イギリスの力ずくの政策により、壊滅状態に追い込まれ、綿製品の一大輸入国となり、大量の失業者が生まれた。経済破局から一八五八年にはイギリスの植民地となってしまった。

危機意識と発明

臥雲の実家は足袋底織りの問屋であり、三河、遠江から取り寄せた綿を近隣の農家に紡ぎ車で糸に紡がせていた。信州産の足袋底は石底などと呼ばれ、丈夫で評判がよかった。もし輸入綿糸に押されで国産の綿糸が駆逐されると、どうなるか。少年榮弥は輸入糸と洋式紡績機の脅威を、人一倍強く感じたことであろう。彼は子供心にも何とかせねばと考え、綿糸を効率的に紡ぐ機械の開発に取り組んだ。こうした強い動機がなければガラ紡機は発明されなかったであろう。まさに「必要は発明の母」である。

気が狂ったように発明に没頭する少年の姿を見て、その将来を案じた両親は、彼が二〇歳になると、出家僧として安楽寺に入れた。彼は二六歳で臥雲山孤峰院の住職となるが、運命のいたずらか、明治政府の廃仏毀釈令により、寺は廃寺となり、明治四年（一八七一）、三〇歳で還俗（僧職を離れ俗世に戻る）し、再び娑婆で研究を続けることになった。

明治政府は、殖産興業の観点から発明や起業を奨励し、博覧会を開いて優れた発明を顕彰した。明治十年、内国勧業博覧会に、臥雲は後に「ガラ紡」と呼ばれるようになる紡績機械を出品し、最高の鳳紋賞を授与された。その後も改良を重ね多くの賞を得ている。彼はガラ紡を発明するまで、洋式の紡績機の知識はほとんどなかったと思う。もし西洋の紡績機械を見たり、学んだりしていれば、膨大な知識と技術に圧倒され、開発を諦めたであろう。先入観がなかったから、意欲が強烈であったから、世界に類を見ない独創的な機械が発明できたのである。

ガラ紡の自動制御

明治十年から二十五年頃までの間、臥雲の発明したガラ紡機は、西洋の精緻な綿糸や綿製品の急激な流入に抵抗し、日本の綿の地場産業を支えた。ガラ紡機が、構造が簡単であるにもかかわらず良好な糸が紡げるのは、この紡機には、糸が太過ぎたら細く、細すぎたら太くなるように自動的に調整する、いわゆる自動制御（正確には自力制御）の機能が備わっているからである。

西洋ではジェームスワットが産業革命の中で、蒸気機関の運転速度を早過ぎれば遅く、遅すぎれば早く、自動的に調整するスピードガバナーを発明した。これが自動制御の始まりと言われるが、臥雲辰致のガラ紡の糸の太さの調整機構は設計思想で、これに匹敵するものである。

特許と貧困

彼は多くの栄誉を得たが、しかし財は得られず生活は生涯楽ではなかった。西洋における産業革命の始まりは綿を紡ぐ機械の開発であり、ハーグリーブス（一七四五〜一七七八）はジェニー紡績機を、クロンプトン（一七五三〜一八二七）はミュール紡績機を発明した。二人は発明家として後世に名が残る栄誉を得たが、経済的には恵まれなかった。洋の東西の優れた紡績機械開発の先駆者が、共に貧乏暮らしを強いられた原因は何か。洋の東西で時のずれはあるが、それぞれが活躍した時代には共に特許制度が完備していなかったことが挙げられよう。発明者は貧困に苦しんだが、その代わりこれを利用した企業家は巨万の財を得ている。

日本における特許法の始まりは明治十八年七月に発布された「専売特許令」である。臥雲は早速この年に新しい特許を出願しているが、過去の発明には適用されない。臥雲辰致より二五年後に生まれた豊田佐吉は明治二十三年（一八九〇）、二四歳のとき、豊田式人力織機を発明し翌年早速特許を得ている。大正七年に発表された『当世百番付』の中の発明家の番付では、臥雲は東の前頭筆頭であるのに対し、豊田佐吉はまだ前頭一七枚目であった。しかし彼は昭和四年（一九二九）に自動杼替装置付の織機の特許をイギリスプラット社に売り、それを次世代の自動車開発の資金としている。

ガラ紡の役割の変遷と今後の発展

わが国の明治元年から十年までの輸入では、綿製品が最も多く、総額の三六%を占めていた。わが国はその輸入超過に苦しんだが、官民の努力により、西洋式の紡機を揃え、技術を修得し、ついに明治三十年には綿糸輸出額が輸入額を超え、綿糸輸出国に転じた。最早、西洋の糸に対抗してガラ紡で糸を作る必要がなくなった。明治二十六年頃からはガラ紡は洋式紡績に対抗する役目を終え、毛足の短い繊維も紡げる特長を生かし、洋式紡績の落綿の紡績に活路を見いだした。太平洋戦争後の物資不足の時代には、糸や布をほぐした繊維の紡績に奮闘し、最近は繊維のリサイクルの観点から見直しが進められている。

今もし臥雲辰致が生きていれば、きっと現代の機器と技術によりガラ紡機を改良し、新しい可能性を探すことであろう。若い人の夢のある取り組みを期待したい。

参考文献

中村精『日本ガラ紡史話』慶応出版社、昭和十七年(一九四二)。

日本和紡協会編『和紡』一九四九年。

中山秀太郎、星野芳郎『物理技術史(2)—機械の科学技術—』中教出版、一九五三年。

村瀬正章『臥雲辰致』吉川弘文館、一九六四年。

玉川寛治「ガラ紡精紡機の技術的評価」『技術と文明』第4冊3巻1号、一九八六年。

北野進『臥雲辰致とガラ紡機』アグネ技術センター、一九九四年。

天野武弘『歴史を飾った機械技術』オーム社、一九九六年。

北野進『信州独創の軌跡』信濃毎日新聞社、二〇〇三年。

第七節　臥雲辰致とガラ紡の今後

小松　芳郎

本のなかの臥雲辰致

臥雲辰致は、『国史大辞典』第三巻（吉川弘文館、一九八三年二月発行）では、次のように紹介されている（一二三頁）。

がうんたっち　臥雲辰致　一八四二～一九〇〇

明治時代の発明家。天保十三年（一八四二）八月十五日信濃国安曇郡田多井村（長野県南安曇郡堀金村三田）横山儀十郎・なみの次男として生まれた。幼名を栄弥（えいや）という。足袋底織の家業を手伝ううち、発明にこって岩原村（堀金村）の安楽寺に入れられたが、二十六歳にして臥雲山孤峰院の住持となる。明治四年（一八七一）廃寺のため還俗、臥雲辰致を名乗る。以後再び発明に専念し、同六年最初の綿糸紡績機（臥雲紡績機）をつくりあげた。一般にガラ紡機とよばれる。十年第一回内国勧業博覧会に出品して、最高の鳳紋賞牌を受けてから世人の注目をひき、各地に普及したが、模造品が続出して辰致は発明の利を得られず、貧窮のうちに改良を重ねた。同十五年発明に対して藍綬褒章を受章した。

二十一年額田紡績組合に招かれて愛知県三河地方に赴き、技術指導を行う。翌二十二年待望の特許を得たが、報いられるものは少なかった。三十三年六月二十九日、五十九歳で東筑摩郡波多村で病没、同村上波多にある妻の実家川澄家の墓地に葬られた。法名真解脱釈臥雲工敏清居士。

【参考文献】村瀬正章『臥雲辰致』（『人物叢書』一二五）、内国勧業陣覧会事務局編『明治十年内国勧業博覧会報告書』（村瀬正章）

また、地元長野県では、『長野県歴史人物大事典』（郷土出版社　一九八九年七月発行）に、次のように書かれている（一七四、一七五頁）。

臥雲辰致　がうん・たっち

ガラ紡機の発明者。一八四二（天保一三）～一九〇〇年（明治三三）。安曇郡小田多井（こだたい）村（現堀金村）の足袋底織の問屋に生まれる。幼名は栄弥。実用には至らなかったが一四歳の時から手紡ぎの機械を作る。機械に夢中の栄弥を心配した親は一八六一年（文久一）岩原村（現堀金村）の宝隆山安楽寺に弟子に出す。法名は智栄。六七年（慶応三）には末寺の臥雲山孤峰院の住持となるが、明治の排仏毀釈のため還俗し、臥雲辰致と名乗り岩原村に居住。再び紡機の発明に精進した。七三年（明治六）ガラ紡機と呼ばれる太糸紡績機を発明。七五年には東筑摩郡波多村（現波田町）に移住。細糸製造にも成功して、松本の開産社内に連綿社をつくり器械製造を開始した。翌年には水車を使用したガラ紡機を運転。第一回の内国勧業博覧会で鳳紋賞牌を授与される。連綿社解散後は臥雲商会を興して九〇年（明治二三）に綿紡績の特許を受けた。ガラ紡機械は県内で普及しなかったが、三河地方などの綿作地帯に移入され、水車紡績、舟紡績として発展した。蚕網織機、七桁計算機、土地測量機なども考案し、生前から修身の教科書などに辰致の伝記が掲載された。

［参考文献］村瀬正章著『臥雲辰致』（小松芳郎）

辰致ゆかりの地の自治体誌では、『波田町誌』歴史現代編（波田町教育委員会　一九八七年三月発行）と、『松本市史』第二巻歴史編Ⅲ近代（松本市、一九九五年十一月発行）が、多くのページをさいて記述している。いっぱんに、臥雲辰致を調べるとなると、著書や信州の関係する自治体誌がまず参考とされるが、興味のある人が読む程度で、多くの人が目にすることはない。

たっち、ときむね

臥雲辰致の名を何と読むか。北野進氏はその著書『発明の文化遺産　臥雲辰致とガラ紡機─和紡糸・和布の謎を探る』（産業考古学シリーズ四、一九九四年七月発行）のなかで、「辰致」は「ときむね」が正しいとして、次のように記している。

明治十年第一回内国勧業博覧会の英文の出品目録の五ページの中段「NAGANO・KEN」の項に一一

人の名前が列記されている。その六番目に「6．GAUN TOKIMUNE」と記されている。英文で公表した名前が国際的に通用するのであり、長野県の堀金村や波田町だけの問題ではなく、インターナショナルな史実であることを無視することはできないと、北野氏は述べる。

さらに、北野氏は名前の呼び方の変遷を考察している。一八八五年（明治十八）の「繭糸織物陶漆器共進会」の際に発刊された『共進會大意』には一九ページに「明治十年信濃の人臥雲辰致というもの」と記され、「ぐわうんときむね」とルビされている。一九四九年（昭和二十四）発行の榊原金之助著『ガラ紡績業の始祖 臥雲辰致翁傳記』には「トキムネ」とルビが書かれている。愛知県岡崎市役所の名誉市民の台帳にも「トキムネ」とルビが記されている。『信濃人物誌』は「がうんときむね」とルビ、日本放送協会編『光を掲げた人々』も「ときむね」であった。

それが、一九六五年（昭和四十）二月二十日発行の村瀬正章著『臥雲辰致』（吉川弘文館「人物叢書」一二五）では「たっち」が正しい、とした。

北野氏は、村瀬氏の述べる理由を次のように引用している。

「平凡社刊『大人名辞典』（昭和二十八年）は「たっち」と読み、村沢武夫編『信濃人物誌』は「ときむね」、信濃史談会編『信濃の人』は「しんち」、『日本歴史大辞典』（河出書房新社刊）は「たつむね」、また浜島書店刊の『資料歴史年表』では「たつとも」と読むなど、はなはだまちまちである。しかし最近まで現存していた辰致の末子臥雲紫朗氏はじめ辰致の子孫の者、および安楽寺の檀徒総代であり岩原村の庄屋であった山口吉人氏の長男清三氏の語るところは、みな「たっち」と呼んでいたということである。紫朗氏の語るところによると、明治年代に発行された高等小学校用の修身書などに辰致の事蹟が掲載された時、各種の読み方をしたのが混乱のもとであろうということである。」と。

そのうえで、北野氏は「臥雲辰致の二男・家佐雄（のちに須山家を継いだ）が「ときむね」と呼んでいた事実に何も触れていない。須山家佐雄の長男・須山惟慶氏から筆者は直接聞いたことがある。極めて不十分な調査によって断定してしまったのである。それが間違いのもとであったと筆者は思っている」とする。

北野氏によると、発行された書籍で前掲書の影響を受けていないものには、一九八六年十二月に日本評論社発行の『講座　日本技術の社会史　別巻二　人物篇』のなかの石川清之氏の論考「臥雲辰致―ガラ紡の発明」で「がうんときむね」、一九八六年の『技術と文明』（第四冊　三巻一号）に掲載の玉川寛治氏の論文「がら紡精紡機の技術的評価」のなかで「ガウントキムネ」としていることは注目に価する、としている。

それ以外のもので、北野氏は、『長野県百科事典』（昭和四十九年一月発行、信濃毎日新聞社）、『岡崎の人物史』（昭和五十四年一月発行）、『波田町誌』（昭和六十二年三月発行、波田町教育委員会）、『堀金村誌』（平成四年三月発行、堀金村教育委員会）、『日本の創造力（第四巻）』（平成五年四月発行、NHK出版）、宮下一男著『臥雲辰致』（平成五年六月発行、郷土出版社）なども同様で「たっち」としているとする。

報道と講演

地元では、新聞に臥雲辰致のことが連載されたことがある。ひとつは、上原榮吉「ガラ紡機の発明　松本

平産業物語　臥雲辰致覚書（一）から（一二）」（『信濃毎日新聞』連載　時期不明）、ひとつが、倉科平「ガラ紡発明の功績者　臥雲辰致（一）～（三〇）」（『市民タイムス』一九八九年十月二十九日～十二月二日まで連載）である。とくに後者は、辰致の生涯をわかりやすくまとめている。

私（小松芳郎）も、まえまえから辰致に興味を抱いてきていて、講演依頼など機会があるたびに、話をしてきた。そのおもなものをあげる。

「地域に貢献した人びと　臥雲辰致」（二〇一〇年二月十日、ふるさと歴史講座　史料で語る波田の四〇〇年、波田町公民館）

「臥雲辰致」（松本市北部公民館・北史会講演、二〇一〇年二月二十四日）

「臥雲辰致」（二〇一〇年度松本市文書館講座、七月二十一日、松本市文書館）

「臥雲辰致と波田」（波田公民館講座、二〇一四年八月二十八日　波田公民館）

「ガラ紡を発明した臥雲辰致」（松本市芳川後期シニア短期大学、二〇一六年一月二十一日、芳川公民館）

それぞれ九十分間の話ではあるが、多くの地元の人たちに知ってほしいという願いをこめてのことである。同じ思いで、私が地元の新聞に掲載したものに、「臥雲辰致」「脚光　歴史を彩った郷土の人々十三」（『市民タイムス』二〇一〇年九月十九日）がある。

臥雲辰致を学び顕彰する会

二〇一五年（平成二十七）三月、辰致の生まれた安曇野市で「信州・堀金村が生んだ発明家　臥雲辰致を学び顕彰する会」が設立された。その趣意書を次に掲げる。

安曇野市（堀金村小多井）に生まれたガラ紡機の発明家・臥雲辰致（天保十三年・一八四二年～明治三十三年・一九〇〇年）の生涯をかけて残した業績を再評価して、世界的にも独創的な紡績技術を後世に正しく伝える方策、ガラ紡機の動態保存などを検討する時期が到来しています。

（中略）

臥雲辰致没後の大正十年（一九二一）には岡崎綿糸商組合・三河紡績同業組合の組合員が、臥雲辰致の徳を慕いその業績を永久に伝えるために、岡崎市郷土館前の庭に臥雲辰致の顕彰碑・記念碑「澤永在（澤の水が永遠に万物へ恵みを与える）」が高さ六十センチの台座の上に高さ三メートル、幅一メートルの大きな記念碑が建立されました。また、岡崎市では昭和三十六年（一九六一）に名誉市民の称号を贈っています。さらに安城市歴史博物館には、平成六年に臥雲辰致が明治十年の第一回内国勧業博覧会に出品のものを史料に基づいて復元展示するなど顕彰が継続されています。

愛知県のそれらと比較して、臥雲辰致の生まれた旧堀金村では、平成四年（一九九二）十月二十一日から三日間にわたって宮下一男先生の企画・立案の臥雲辰致生誕百五十年記念事業が開催された。その際、穂高町有明の細川勝次氏より寄贈されたガラ紡機の運転・見学できるように展示されました。また、信州大学教授・上条宏之氏の演題「日本の繊維産業の発展と臥雲辰致の功績」の講演も開かれ顕彰されました。

これ以後、穂高町・豊科町・明科町・堀金村・三郷村の五町村合併で安曇野市となってからは、歴史民俗資料館に訪れる人も少なく、現在は閉館状態となって安曇野から忘れ去られてしまいました。現在、資料館には、世界に誇れる産業技術遺産のガラ紡機二台と貴重な臥雲辰致の関係資料が保存展示されており、市民はもとより県内外の方々に知って頂く事も大切な課題である。このことにより、全国に向かって臥雲辰致の偉業を発信するとともに、地域文化に密接な関係をもつ史実や業績などを研究検討し、後世に伝えることが最も重要であるとの思いから、臥雲辰致を学び顕彰する会を設立しました。なにとぞ多くのみなさんのご理解とご協力により、波瀾万丈の生涯を閉じた臥雲辰致にふさわしい顕彰会に御賛同を賜りますよう心からお願い申し上げます。

この会の会規では、「日本が誇る発明家（故）臥雲辰致翁の業績を後世に伝えるを以て目的と」し、「臥雲辰致の業績を学ぶ勉強会を開き顕彰」し、「岡崎市（臥雲辰致の功績による一大産業地として発展）との交流を深め、臥雲辰致の偉業を安曇野市から全国に向けて情報を発信する。」としている。

すでに、臥雲辰致を学び顕彰する会主催「臥雲辰致を学ぶ講演会！」として、小松芳郎「臥雲辰致と蚕網織機」（二〇一五年一一月八日、安曇野市堀金公民館）、武居利忠「臥雲辰致（がうんときむね）とガラ紡機」

（二〇一六年一〇月九日、安曇野市堀金公民館）がおこなわれている。

「ガラ紡を学ぶ会」の取り組み

臥雲弘安氏が、二〇一五年（平成二十七）に、まつもと市民・芸術館で、「ガラ紡コンサート」を開催した。「ガラ紡を学ぶ会」（臥雲弘安）の主催で、協賛・木玉毛織株式会社、後援・松本市、松本市教育委員会であった。ロビーでガラ紡製品展示即売会がおこなわれ、「お肌洗い」「食器洗い」「ガラ紡双糸三色セット」「ストール」などが販売された。

あわせて、次のような講演もおこなわれた。

天野武弘「三河で栄えたガラ紡、そして新たな試み」、石田正治「臥雲辰致―人と技術―」、小松芳郎「臥雲辰致と松本」、崔裕眞「ANOTHER　SPINNING　INNOVATION」。

ガラ紡に関心を持つ人の交流会もおこなわれた。

そして、二〇一六年（平成二十八）九月三十日から十月三十日までの一か月間のながきにわたって、松本市中町の蔵シック館で、「ガラ紡を学ぶ会」主催で、〝臥雲辰致「ガラ紡」展示会〟（臥雲辰致・日本独創の技術者―「その遺伝子を受継ぐ」―）が開催された。後援は、松本市、松本市教育委員会、松本商工会議所であった。

中町は、臥雲辰致が、連綿社を設立した女鳥羽川沿の六九《ろっく》町にほど近い場所にあり、多くの人たちに知ってもらうには、最適の場所での開催であった。

一二回の講演と座談会、ミニコンサートが開かれ、ガラ紡機の運転も何回かおこなわれた。出展の協力は、堀金歴史民俗資料館（安曇野市豊科郷土博物館）、安城市歴史博物館、岡崎市美術博物館、西尾市教育委員会、斎藤吾朗アトリエ、泉南市教育委員会、信州大学、愛知大学中部地方産業研究所、愛知大学学生、名古屋学芸大学学生、工房木輪、手織り教室「尾州工房手しごと日和」、NPOガラ紡愛好会（浜松）などの団体、臥雲家をはじめ多くの個人であった。

手紡ぎ手織り実演及び出展協力は、三河手織場、尾張木綿伝承会、松阪もめん手織り伝承グループゆうづる会。ガラ紡製品の出展は、木玉毛織株式会社、アンドウ株式会社、有限会社ファナビスなどであった。

課　題

今後考えていきたいことをいくつかあげる。

①臥雲辰致のこれまでの調査・研究をまとめること、
②臥雲辰致の新たな資料（モノ・文書等々）を発掘していくこと、
③現在の資料館・博物館の辰致関係のモノを、それぞれの場で生かしていくこと、
④臥雲辰致関係の記念館を新たにつくり、関係資料を収集、保存、整理、展示していくこと、
⑤臥雲辰致の最寄りの地それぞれに案内表示を示すこと、

⑥信州と三河地域の交流をはかること、
⑦学習会・講演会などを、それぞれのゆかりの地で適宜開催すること、
⑧子ども達にもわかるような臥雲辰致の評伝をまとめること、
⑨地元の小中学校で、臥雲辰致を学習する機会をつくること。

参考文献

『国史大辞典』第三巻（吉川弘文館、一九八三年二月発行）
『波田町誌』歴史現代編（波田町教育委員会　一九八七年三月発行）
『長野県歴史人物大事典』（郷土出版社　一九八九年七月発行）
北野進氏著『発明の文化遺産　臥雲辰致とガラ紡機―和紡糸・和布の謎を探る』（産業考古学シリーズ四、一九九四年七月発行）
『松本市史』第二巻歴史編Ⅲ近代（松本市、一九九五年十一月発行）

第Ⅱ部　臥雲辰致「ガラ紡」展示会

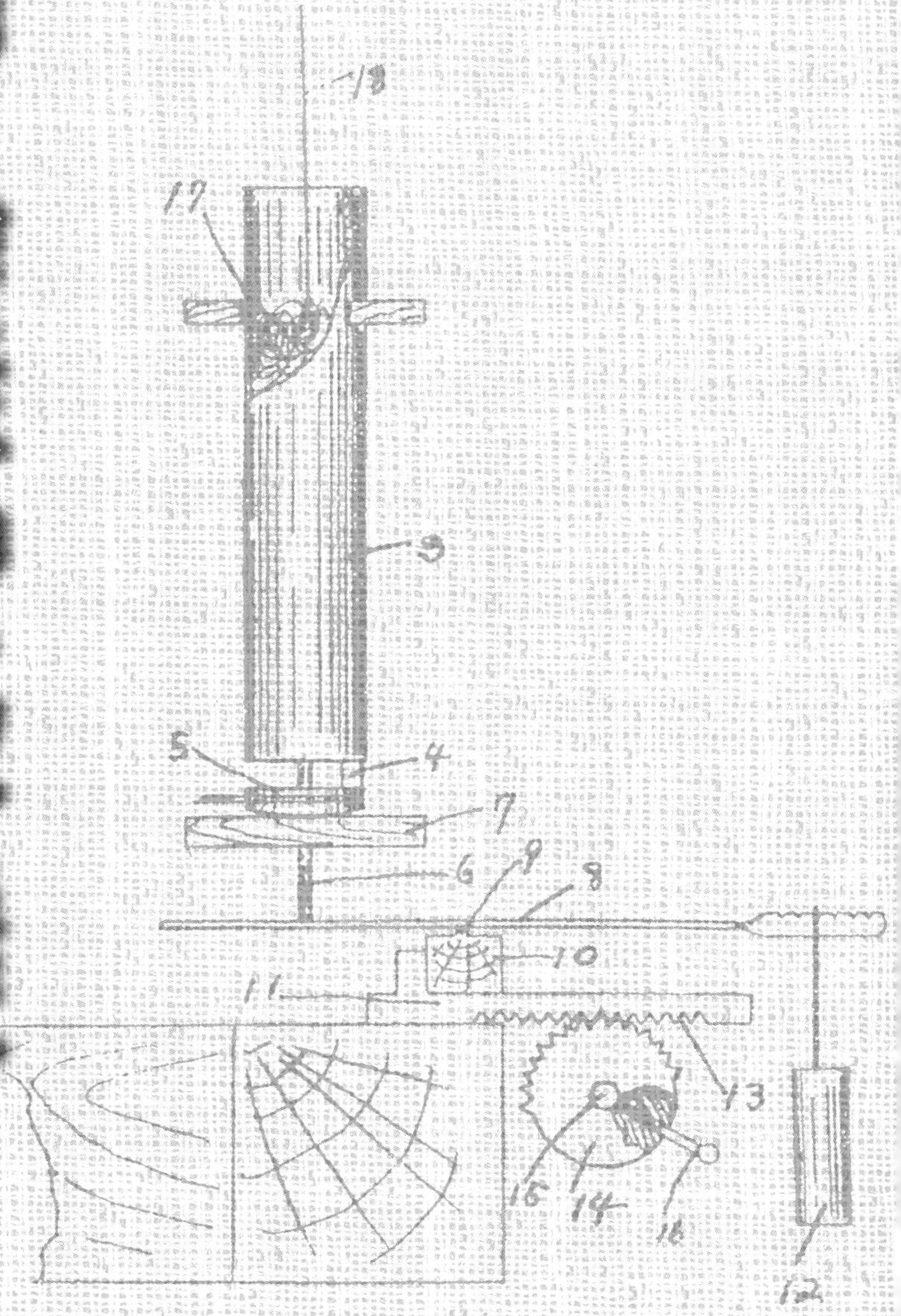

「特許第6001号　和紡機番手調整装置」明細書（大正12年）より

第一節 〝臥雲辰致「ガラ紡」展示会〟講演録

講演録要旨掲載にあたって

ガラ紡機の発明者臥雲辰致の生誕地松本市の「中町・蔵シック館」を全館借りきっての一か月にわたる長期のガラ紡展示会では、展示に合わせてさまざまな催しが行われた。その中でも主要な催しの一つが講演会で、期間中の土日を中心に計一〇名の講師から一二件のテーマにわたって講演があった。講演者は、主催した「ガラ紡を学ぶ会」のメンバーを含みながら、次に述べるように、ガラ紡に関する先達の方々をお招きすることができた。

ガラ紡の発明者臥雲辰致及びガラ紡の歴史や技術的観点、あるいは世界史的観点に関わって研究している方。世界の繊維や織物を幅広く踏査しながら調査研究している方。かつてガラ紡の主要製品の一つであった堺緞通を研究している方。産業遺産の観点から現地調査を主に調査研究を進めている方。メカトロガラ紡という新たな角度からガラ紡の可能性を研究している方。そしてガラ紡の風合いや肌触りの良さなどに関心を持ち商品開発を進めている方などである。

その講演内容については、本来であれば詳細に掲載すべきところであるが、紙数の関係からここでは要旨のみにせざるをえなかった。そのため、焦点を絞っての執筆、また補足なども行われたが、基本的には当日の講演内容を講演者自身の観点からまとめて頂いた。

以下、期間中の講演者と講演テーマを記し（実際の講演テーマと違うもの、掲載タイトルと違うものもあるが、案内チラシに掲載されたものを掲げる）、講演順に要旨を掲載する。

なお、十月二日講演の小松芳郎「ガラ紡の話題」及び、玉川寛治「臥雲辰致の画期的発明（ガラ紡）」の二講演録は、第I部に掲載した内容と重なるとの両講師の申し出から割愛した。また十月二十二日の中村晶子「堺緞通の歴史とガラ紡」の講演も割愛となった。（天野武弘）

講師	月日（二〇一六年）	講演テーマ
小松芳郎	十月 二日(日)	ガラ紡の話題
玉川寛治	十月 二日(日)	臥雲辰致の画期的発明（ガラ紡）
野村佳照	十月 八日(土)	ガラボウソックス商品化
西村和弘	十月 八日(土)	愛知豊橋の伝統帆前掛けとガラ紡
石田正治	十月 九日(日)	第一回内国勧業博覧会出品の綿紡機
中沢 賢	十月 十五日(土)	臥雲辰致とガラ紡
天野武弘	十月 十六日(日)	三河ガラ紡の歴史・愛知大学ガラ紡動態展示
崔 裕眞	十月 十九日(水)	ANOTHER SPINNING INNOVATION
天野武弘	十月 十九日(水)	ガラ紡技術移転（ラオス）
吉本 忍	十月二十二日(土)	蚕網織機（もじり網織機）とその周辺
中村晶子	十月二十二日(土)	堺緞通の歴史とガラ紡
小松芳郎	十月二十三日(日)	蚕網織機の話題
座談会	十月二十九日(土)	今に受け継ぐ臥雲辰致の画期的発明―ガラ紡の歴史的意義とこれから―

Lecture record
講演録

ガラボウソックス製品化とガラ紡の魅力

講演者○野村佳照

ガラ紡の糸で作った「ガラボウソックス」が、二〇一五年、「The Wonder 500」に選定されました。The Wonder 500とは経済産業省の地方活性化推進事業として〝日本が誇るべき優れた地方産品を選定し、世界に広く伝えてゆくプロジェクト〟のことで、「作り手の思いやこだわりが込められているもの」、「日本固有のものづくり、サービスを支えている伝統的な価値観を組み合わせた、革新性のあるもの」が選定基準となっています。「ものづくり」、「食」、「観光」のカテゴリーで合計五〇〇の商材が、目利きといわれるプロフェッショナルのプロデューサーおよび選定委員により全国四七都道府県から発掘・選定されています。

弊社がガラ紡の糸を使い靴下の取組みを始めたのは平成二十年のことで、当時、まだガラ紡の知識は持ち合わせていませんでした。その靴下がThe Wonder 500に選ばれるなど、ガラボウソッ

図2-1　ガラボウソックス
（ヤマヤ株式会社製）

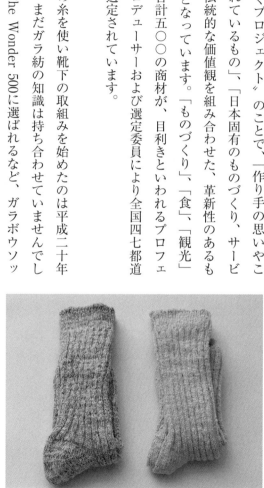

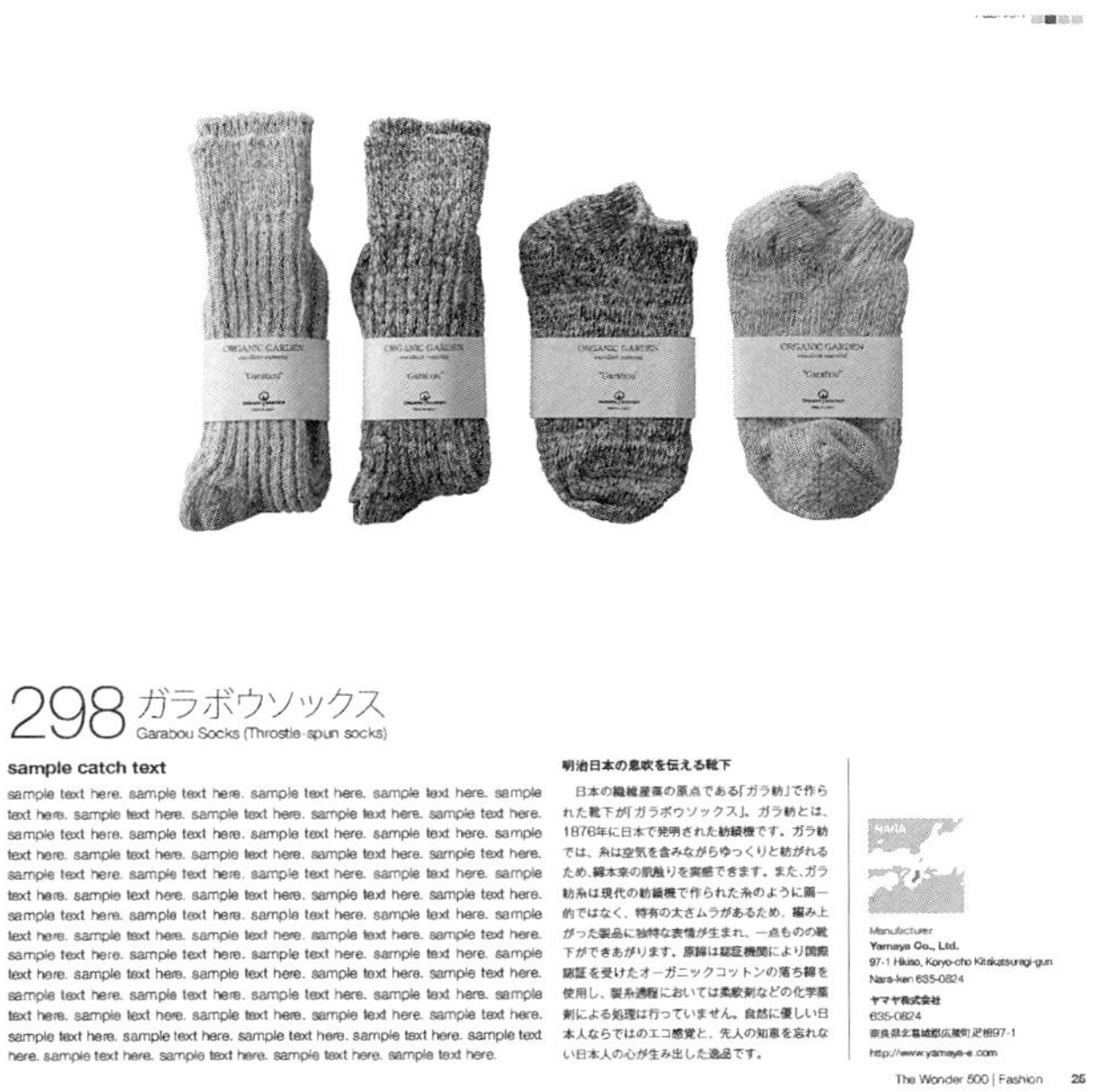

298 ガラボウソックス
Garabou Socks (Throstle-spun socks)

sample catch text

sample text here. sample text here.

明治日本の息吹を伝える靴下

日本の繊維産業の原点である「ガラ紡」で作られた靴下が「ガラボウソックス」。ガラ紡とは、1876年に日本で発明された紡績機です。ガラ紡では、糸は空気を含みながらゆっくりと紡がれるため、綿本来の肌触りを実感できます。また、ガラ紡糸は現代の紡績機で作られた糸のように画一的ではなく、特有の太さムラがあるため、編み上がった製品に独特な表情が生まれ、一点ものの靴下ができあがります。原綿は認証機関により国際認証を受けたオーガニックコットンの落ち綿を使用し、製糸過程においては柔軟剤などの化学薬剤による処理は行っていません。自然に優しい日本人ならではのエコ感覚と、先人の知恵を忘れない日本人の心が生み出した逸品です。

NARA

Manufacturer
Yamaya Co., Ltd.
97-1 Hikiso, Koryo-cho Kitakatsuragi-gun
Nara-ken 635-0824
ヤマヤ株式会社
635-0824
奈良県北葛城郡広陵町疋相97-1
http://www.yamaya-e.com

The Wonder 500 | Fashion 25

図2-2 The Wonder 500に選ばれたガラボウソックス
（「THE WONDER 500 STORYBOOK 2015年 11月発行」より）

クスに高い関心が寄せられています。ガラボウソックスのできるまでを靴下業界のことにも触れながら、思うところのガラ紡の魅力について話したいと思います。

弊社は「靴下の町」と言われる奈良県広陵町にあります。奈良県は全国一の靴下産地として知られていますが、奈良県で靴下の製造が始まったのは明治四十三年のことです。当時は手回しの編み機により製造を行っていましたが、戦後、ウーリーナイロン糸が靴下素材として普及し、ヨーロッパの進化した編み機の積極的な導入などにより、奈良県の靴下産業は飛躍的に発展しました。大きく発展はしたものの、ほとんどが問屋や大手アパレルメーカーなどの下請けで、バブル経済崩壊による大不況と中国からの歯止めのない輸入により、様相は大きく変わり、現在は全国一の靴下産地には変わりないものの、工場の数、生産数量とも最盛期の五分の一程度にまで縮小しています。

下請け体質から脱するべく、弊社では、自社の製品を開発し自社で販売する自立企業を目指してまいりましたが、その中でオーガニックコットンとの出会いがありました。オーガニックコットンとは農薬や化学肥料を使用せずに栽培する有機栽培綿のことで、地球環境破壊や天然資源枯渇という社会問題を抱える現在、これからのものづくりを考えたとき、欠くことのできない素材としてオーガニックコットンとの取り組みを始めました。有機農法は環境に与えるダメージを抑える栽培方法ですが、それは綿の特性を遺憾なく発揮させる栽培方法でもあり、その綿で作られた糸は、夏にも冬にも適した素材として、風合いや肌触りの良い製品に仕上がります。そのオーガニックコットンでより風合い良くボリューム感を出せる糸を作りたいと紡績会社に相談し生まれたのがオーガニックコットンのガラ紡の糸でした。

でき上がった糸は、太く野性味のある糸で、通常の編み機では編み立て不可能な太い糸でしたが、以前に、ある工場が閉鎖されるときに引き取っていた特殊な編み機を持ち合わせており、その編み機を用いて何とか靴下の形にすることができました。出来上がったばかりのガラ紡の靴下を東京の展示会で展示しましたが、ほどなく、人気のある服飾ブランドを展開するデザイナーの目に留まりました。引き続きガラ紡の靴下に対しての注目度は高く、製品についての説明は特別にしてはいないのにもかかわらず人を引き付ける力には不思議にさえ感じました。

その後、その関心に応えるべくガラ紡の糸を使って本格的に製品化に取り組むことになるのですが、通常あり得ない不均一な糸は楽々と編めるようなものでもなく困難を極めました。現場からは機械が潰れてしまうなど不満の声も上がってきます。〝ガラ紡の糸をニットとして編むのは無理かもしれない〟と思ったこともありましたが、なんとか製品化したいという思いから、紡績会社にも編みやすい糸に仕上がるように研究・工夫していただき、社内でも工夫を重ね、何とか流通可能な商品に仕立てることができました。ガラボウソックスの人気は高く、ガラボウソックスを扱いたいというショップからの申し出が相次ぎ、そして、経済産業省のThe Wonder 500に選定されることになります。The Wonder 500のプロジェクトでは、パリで展示販売するアイテムの中にもはまり、ロンドン発信の世界的情報誌『MONOCLE』にThe Wonder 500の記事が掲載された時には見出しにガラボウソックスが紹介されました。

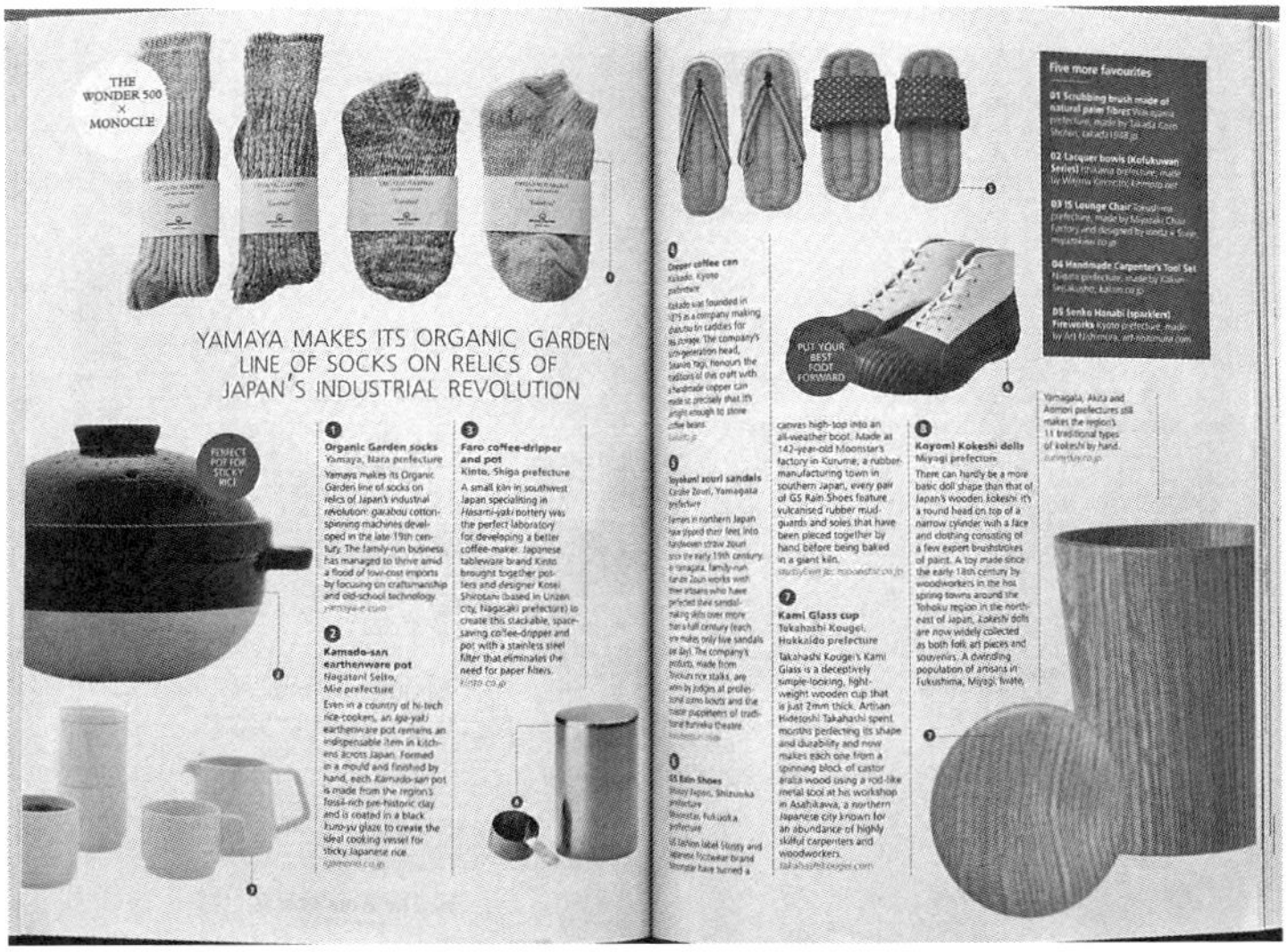

図2-3　ガラボウソックスの掲載記事
（情報誌『MONOCLE』2015年11月発行より）

　ガラボウソックスは特にデザインを意識して工夫を凝らしたということでもなく、ガラ紡の糸の特徴を最

図2-4　講演する野村佳照氏
（2016年10月8日E･V･S唐沢紀彦撮影）

大限活かすことを考えながら製品化したにすぎません。ガラ紡の一番の魅力は、かつて欠点視された製造上生じる太さムラが、ガラ紡を知らない人には特徴ある糸・製品として新鮮に映ったのだと思うのですが、ゆっくりガラガラと音を立てながら紡いでゆくガラ紡の糸には、高速で仕上げる現在の紡績機では真似のできない優しさまで一緒に紡がれていている気がします。

ガラボウソックスはいろんなことを教えてくれました。デザインとは何か。売れる商品とは何か。また、ものづくりに対する自信も与えてくれました。ガラ紡が産業遺産的価値のある紡績機という意味合いだけでなく、現在の魅力ある糸を作り出す紡績機としてこれからも活躍してほしく思います。

Lecture record
講演録

日本伝統の前掛けと、ガラ紡の関係

講演者◯西村 和弘

「前掛け」の企画製造会社エニシングの代表をしております、西村和弘と申します。弊社は東京の会社なのですが、後継者のいない愛知県豊橋の前掛け工場「芳賀織布」の芳賀氏の技術を習い継承するため、二〇一三年から弊社の若手社員を豊橋へ送りこみ、現在若手三名を中心に製造を行っています。

今回は、私が豊橋の前掛け製造に関わる中で学んだ「前掛け」とその原料となっていた「ガラ紡」についてこの場を借りてお話しできればと思います。

図2-5　講演する西村和弘氏
（2016年10月8日E･V･S唐沢紀彦撮影）

私と豊橋との出会い

最初に、私自身のプロフィールから簡単に説明させていただきますと、東京の大学卒業後、食品メーカー勤務を経て、平成十二年（二〇〇〇年）に東京でTシャツの企画販売会社を起業しました。二〇〇四年に「前掛け」を東京の繊維問屋で見つけ、新商品としてテスト販売したのが、弊社前掛けビジネスの始まりです。

注文が少しずつですが増えていく中で、産地はどこなのだろう？直接訪問して前掛けの製造方法など知りたい、と探し始めましたが、最初の半年間は全く見つかりませんでした。

そんな中、京都でTシャツの染め職人の友人で「手染め屋」という工房ショップを営む青木氏から「前掛けを織っている人を知っている。彼は日本で〝ガラ紡〟の前掛けを織っている最後の職人だよ。」との話を聞き、同時に連絡先も聞きました。

私の前掛けの産地、豊橋との出会いはそこから始まりました。ガラ紡、臥雲辰致という言葉を聞いたのも、それが最初です。紹介してくれた京都の染め職人、青木氏は「ガラ紡の糸の独特な風合いが好きなんだ」と言われていました。教えてもらった電話番号から住所を調べたところ、そこは「愛知県豊橋市」でした。すぐに電話し東京から訪ねて行きました。

それが豊橋と私との最初の出会いです。訪問初日、五〇代～七

図2-6　帆前掛け（2014年11月西村和弘撮影）

〇代の職人さんたちと出会い、前掛けを見せてもらったところ、なんと、その場に、我々エニシングの前掛けの型紙があったのです。

聞くと、豊橋が前掛けの日本一の産地である一方で、職人の高齢化、需要の激減から後継者はおらず、産地としては絶滅寸前、とのことでした。

日本の伝統が無くなる寸前の状況を目の当りにし「ぜひ自分たちで販売させてください」と毎月一〜二度の豊橋通いが始まりました。

前掛けの産地豊橋

屋号や商標が染め抜かれ、米屋や酒屋などの商人が腰に巻いていた帆布製の前掛けです。前掛けの一大産地であった、愛知県豊橋ですが、明治時代から繊維業が盛んで「蚕都・豊橋」とも呼ばれ大規模製糸工場が立ち並び、絹のみならず、綿紡績、織り、染色、縫製工場、また真田紐の製造工場などがありました。

一九六〇年代には一〇〇軒以上の前掛け関連工場があり、最盛期には一日一〇万枚を生産し、全国前掛け生産量の九割を占めていたとの記録が残っています。

現在も製造を続ける会社のひとつに、染めを行っている「完和萬染」（豊橋市中柴町）があります。

創業一二〇年を超える完和萬染には、一九六〇年〜七〇年当時の前掛けの「染めの型紙」が当時のまま多数残っており、酒屋だけでなく、肥料、たわし、バケツ、風呂釜、など全国の様々なメーカーが少なくとも一度に五〇〇枚以上は前掛けを作り、配っていたことが分かります。最多の製造枚数は皆様ご存知の醤油のキッコーマン。一年間に一〇万枚を毎年作っていたそうです。現在は約一〇軒程度の前掛け関連会社で、焼酎の二階堂や、運送会社の西濃運輸など年間数万枚作る会社から、海外のレストランからのオーダーまで様々な需要に対応し製造を続けています。

ガラ紡と前掛け

前掛けの話が長くなりましたが、続いてガラ紡の話をさせていただきます。ご存知の通り、三河地方は「ガラ紡」に代表される紡績業が盛んな土地柄。岡崎で紡がれたガラ紡糸が豊橋の織布工場へ送られ、前掛けの原料として長く使用されてきました。一日十万枚の前掛けが豊橋周辺で作られていたことという記録も残っていますが、なぜ日本でこの豊橋が前掛けの産地になったのか、その理由のひとつに「ガラ紡」が関わっています。

前掛けの用途は大きく二つあり、仕事のときにスボンを守る「実用」として用途、そして酒蔵の銘柄など屋号が染め抜かれ年末年始に得意先に配布する「広告宣伝」としての役割。無料で配るものなので、コストは出来るだけ下げて作りたい、ただ実用としての生地に厚み、丈夫な風合いは残したい、との両方の顧客ニーズを満たすのが「ガラ紡」の糸だったのです。再生糸であるガラ紡の糸は、通常の綿糸に比べてもコストが安く抑えられますので前掛けに当時ぴったりだったのです。

豊橋のお隣、岡崎で前掛けの原料となるガラ紡が手に入る地の利があり、またそれらを織り、染めるための機械、職人、技があり、豊橋の前掛けは全国に広がって行きました。

昭和三〇～四〇年代にかけて、豊橋から全国各地へ前掛けを売り歩く販売店も増え、ガラ紡前掛けは、「製造」「営業」そして「コスト競争力」の三本柱が揃い日本一の産地となったのです。

ガラ紡の生産量の減少と共に、二〇〇五年頃から豊橋でもガラ紡での前掛けを製造することはなくなりましたが、現在も、豊橋からカンボジアに送った古い機械を参考に、現地でガラ紡機を作り製造を開始する（カンボジアコットンクラブ）活動などガラ紡の遺伝子は脈々と受け継がれており、将来、新たな形でのガラ紡前掛けが出来る日も来るかもしれません。

臥雲辰致と豊田佐吉、と前掛けとの関係

前掛け独特の分厚く柔らかい生地、を織るときに欠かせないのが「シャトル式力織機」。シャトル式力織機は一九世紀前半のイギリスで起こった産業革命から生まれ、日本には豊田佐吉らの発明家によって一九〇〇年ごろ製造され広がっていきました。

豊橋の東隣、現在の静岡県湖西市で一八六七年に生まれ織機の発明に尽力した豊田佐吉。一八四二年に生まれ紡績機の発明に尽力した臥雲辰致。

豊田佐吉の力織機と臥雲辰致のガラ紡の明治の偉人の二つの知恵が、前掛けという製品になって年間二〇

〇～二五〇万枚生産され、一九六〇～七〇年代に日本中に広がっていきました。

芳賀織布には現在約二〇台の前掛け専用に改造された織機が動いていますが、そのうち二台は豊田式の力織機です。

二〇一二年に豊田自動織機の皆様が当工場に計三日に渡って来られ、芳賀織布で現役稼働しているのはいつの時代の機械なのかを調査されました。

現在も動いている前掛けの織り機の型番は、大正三年（一九一四）に豊田佐吉によって発明された「豊田式鉄製広幅動力織機N式」に間違いない、との結論が出されました。（当工場のN式織機の製造は昭和二十四年）大正時代の豊田佐吉の知恵の詰まった豊田式織機のN式力織機で、臥雲辰致の知恵の詰まったガラ紡を使い実際に前掛けが作り続けられてきた、

この事実は大変興味深く、現在の日本に何か大切なものを教えてくれている気がしてなりません。

明治の知恵を現代に

私が帆前掛けの仕事に携わり大切だと感じることの一つが当時の人たちの想い。

独学で紡績について研究に没頭し、前例のない紡績機を完成、日本に普及させた臥雲辰致。一八世紀のイギリス産業革命時に開発された技術を参考に、日本流にアレンジしながら織機の発明を続けていった豊田佐吉。

当時の発明家、起業家、企業家は第一に豊国、資源が乏しくこれといって世界的に競争力を持たない国、ニッポンを豊かにしたい、苦労している母親を楽にさせてやり、そして周りの人々を楽にしたい、という二つのモチベーションが同居している点が非常に興味深く、今の日本にとっても大切な考え方だと思います。

現代は、自身の日々の労働が、世の中を良くすることに直結していると感じづらい、役に立っているという実感を得づらい世の中になっています。

明治から昭和にかけての日本の経済発展の歴史の中で重要な役割を果たし、国民の暮らしを支える基盤の一部を作ったという点で臥雲辰致、豊田佐吉など明治の人たちの偉大さを見つめなおす時に来ています。

これからの時代、明治の先人の知恵を学び、原点を知り、今の時代、これからの世の中に合った形で活かしていくことが求められています。

私自身、今を生きるものとして、臥雲辰致、豊田佐吉に学ぶ知恵を現代に活かしつつ、新しい価値を創造して世に役立っていければと思っております。

Lecture record
講演録

第一回内国勧業博覧会出品・臥雲辰致の綿紡機について

講演者○石田正治

はじめに

二〇一六年九月三十日から十月三十日までの期間で、松本市にて開催された〝臥雲辰致「ガラ紡」展示会〟において講演した「臥雲辰致の綿紡機・復元機について」の概要について述べる。

臥雲辰致が一八七六年（明治九）に発明した綿紡機は、今日まで続くガラ紡機の原点の機械である。綿紡機の実物は残されてないので、一九九四年、安城市歴史博物館は、企画展「日本独創の技術　ガラ紡」の展示のために、一八七七年（明治十）の内国勧業博覧会に出品された綿紡機を復元して展示することになった。筆者は、その復元機の設計を担当した経緯があり、復元機設計の視座と設計過程における諸問題につ

図2-7　綿紡機の復元機の前で講演する石田正治氏
（2016年10月9日E・V・S唐沢紀彦撮影）

いては、安城市歴史博物館編『安城市歴史博物館研究紀要　第二号』（一九九五）に「第一回内国勧業博覧会出品・臥雲辰致の綿紡機復元機の設計」（この論文は講演資料として配付）として、論文にまとめている。講演ではこの論文をもとに、その後に得た知見を加えて臥雲辰致「ガラ紡」展示会で解説した。

第一回内国勧業博覧会出品・臥雲辰致の綿紡機

一八七七年（明治十）八月二十一日から十一月三十日まで、東京の上野公園にて第一回内国勧業博覧会が開催された。その博覧会に出品された様々な機械の中で、臥雲辰致の綿紡機は本会第一の好発明と評価され、鳳紋褒賞を受章した。賞状では「綿紡機」ではなく「木綿糸機械」となっている。ちなみに博覧会への出品総数（第四区機械）は二一一点で、その内、紡織部門の出品は、六三点であった。

ところで、最優秀とされた臥雲辰致の機械はどのようなものであったのであろうか。実物は残されていないので、『明治十年内国勧業博覧会出品解説』（以下、出品解説と略記、本書資料編に収録）などの史料を手掛かりにして考察するより他はない。この場合は、可能なかぎり忠実に機械を復元してみることが肝要である。臥雲辰致の綿紡機の復元事業は、その後のガラ紡史研究に少なからぬ研究情報を提示することになった。

復元機設計の基本データ

実際に、機械を復元するためには、史実にあるデータを基本に、製作するための様々なデータを決定し、図として表現しなくてはならない。製作のデータとは、全体構造、各部品の縦・横・幅の各部の長さをはじめ、使用材料、加工方法、仕上げ方法、組み立て手順などであり、それらを決定し図面化する作業が復元設計である。設計の成果は、図面上に図となって表現され、それに基づいて復元機は製作される。製作過程においても重要な問題が含まれているが、一般には、設計過程で多くの諸問題は解決されるので、その設計過程の考察が、「綿紡機」の歴史的意義の解明に重要である。

さて、前項の内国勧業博覧会出品解説文の中から、設計の基本となるデータを採集した結果が表2-1で、出品解説から分かる基本データのすべてである。これをみて分かるように、機械全体の大きさは明記されてはいない。全体の大きさは、臥雲辰致が長野県令宛に提出した内国勧業博覧会への自費出品願に明記されている。その大きさは「高四尺六寸　長五尺八寸　横二尺二寸」であった。

復元機設計の手掛かりは、筆者の知る限り、出品解説と自費出品願のみでこれですべてである。復元機設計は、この基本データを忠実に再現することが目標となった。

表2-1に出品解説にある綿紡機の設計データを示す。表2-1のモジュールとピッチ円直径は、外径と歯数から算出したものである。

設計過程にみる綿紡機の特徴と構造

復元機設計図の左側面図と正面図を図2-10、図2-11に示す。

安城市博物館研究紀要には、特に歯車列（数個の歯車のかみあわせ）の設計について詳細に述べた。講演では、研究紀要に述べた問題点も含めて設計過程における留意点と検討事項について解説した。

ア．出品解説には、表2-1に示すように、歯車の大きさと歯車列について詳しく書かれているので、設計手順として、まずはじめに歯車列を検討した。その結果、歯の大きさを示すモジュール（歯車ピッチ円直径／歯数）は、かみ合う一組の歯車のモジュールは同一でなければならないが、中には大きく異なる歯車が存在す

表2-1　綿紡機の設計データ（石田正治作成）

No.	部品名称	モジュール m	歯　車 Z	ピッチ円直径 D_p	外　径 D_k	外径（輪径） D_k	備　考
2	歯車　ロ	7.69	37	284.61	300.0	1尺	
3	歯車　ハ	7.05	15	105.88	120.0	4寸	
4	歯車　ニ	4.50	18	81.00	90.0	3寸	
5	歯車　ホ	3.94	36	142.10	150.0	5寸	
6	歯車　ヘ	4.50	18	81.0	90.0	3寸	
7	歯車　ト	4.50	28	126.00	135.0	4寸5分	
8	歯車　チ	4.50	15	67.50	76.5	（2寸5分5）	
9	歯車　リ	4.50	36	162.00	171.0	（5寸7分）	
10	歯車　ヌ	4.50	13	72.00	81.0	（2寸7分）	
11	歯車　ル	4.50	36	58.50	67.5	（2寸2分5）	
12	歯車　オ	4.41	32	141.17	150.0	5寸	
13	歯車　ワ	4.28	26	111.42	120.0	4寸	
14	歯車　カ	4.28	26	111.42	120.0	4寸	
15	歯車　ヨ	3.85	12	46.28	54.0	1寸8分	
16	歯車　タ	3.94	17	67.10	75.0	2寸5分	
17	歯車　レ	5.14	12	61.71	72.0	2寸4分	
18	歯車　ソ	4.41	32	141.17	150.0	5寸	
19	歯車　ツ	9.23	24	221.53	240.0	8寸	
20	歯車　子	8.57	12	102.85	120.0	4寸	
21	歯車　ナ	9.00	18	162.00	180.0	6寸	
22	歯車　ラ	9.00	18	162.00	180.0	6寸	
24	綿筒　ウ				45.0	1寸5分	径1寸5分
25	絲巻　井				135.0	4寸5分	幅1寸2分

※ピッチ円直径D_p、外径D_kの単位は㎜

ることが明らかになった。
イ．モジュールが異なる場合、歯形の形状を変更し、ピッチ円直径を変更することで対処できることが判った。木製の歯車であったから形状の変更は容易であり、その差異は、歯と歯の間隙にゆとりがあれば、実用上支障のないものであった。
歯形の形状は、ガラ紡機の機大工の道具を参考にして、歯形曲線は直線とした。
ウ．歯車列の上部、糸巻を回転させる部分は、出品解説の歯車を配置すると左右対称にならず、また、歯と歯が干渉する部分が生じる。復元機においては、この点を修正した。
エ．綿紡機の歯車列は、無駄が多い。配

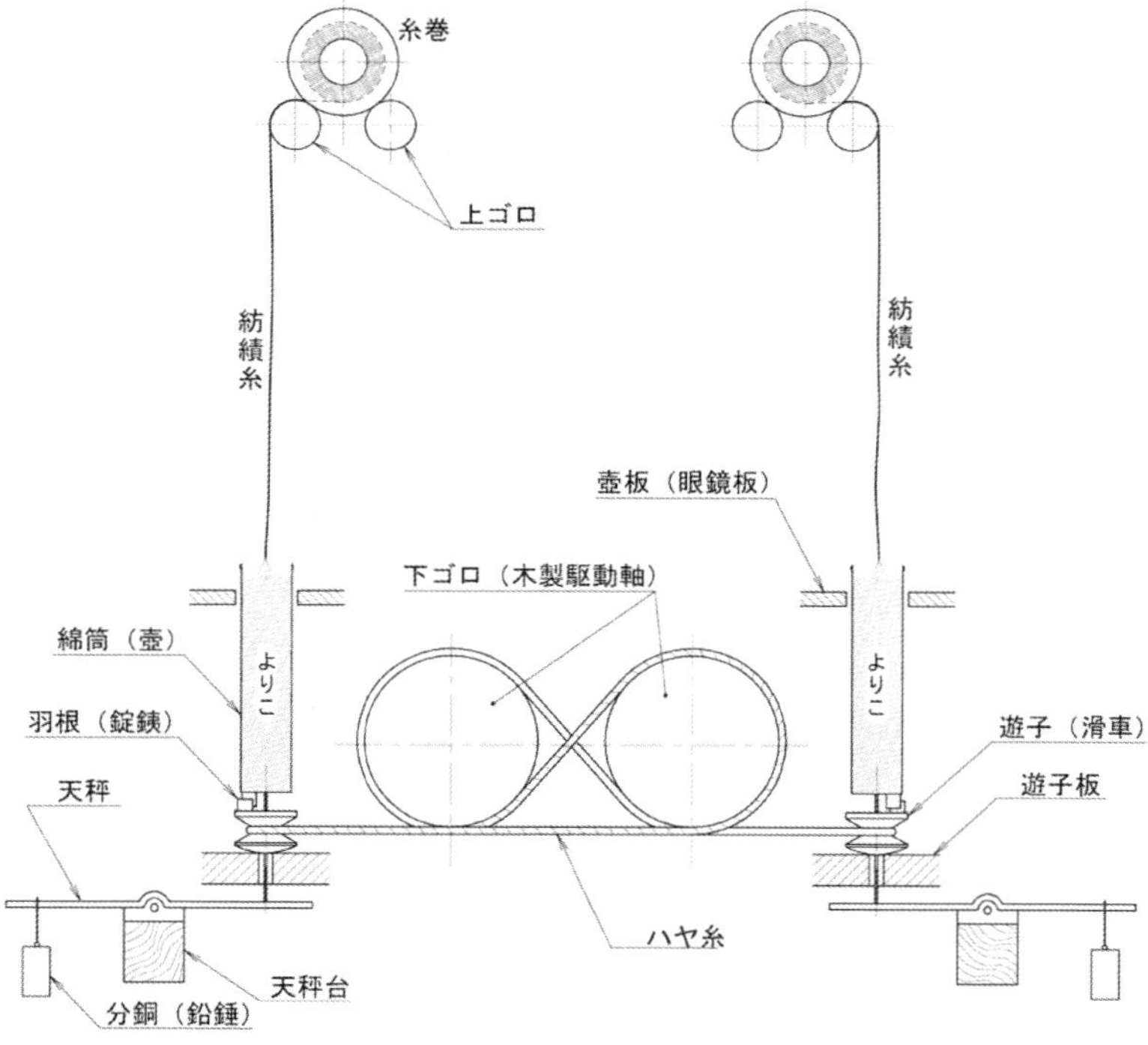

図2-8　ガラ紡機（綿紡機）の機構（石田正治作成）

置もまた合理的でない。臥雲辰致は、試行錯誤的に既存の手元にあった歯車を利用して組み立てたのではないかと考えられる。

オ．糸巻と綿筒の回転数比が糸を安定して紡ぐために極めて重要である。下ゴロと呼ばれる綿筒を回す原動軸と上ゴロと呼ばれる糸巻を回転させる軸の直径が不明で、回転数比は定まらなかった。このために、現存するガラ紡機の回転数比を調べ、比較して検討した。復元機の設計においては、実在のガラ紡機の回転数比に近づけるように努力したが、結果的に回転数比はかなり大きくならざるを得なかった。

カ．天秤による紡糸機構は、綿紡機の最も重要な部分で、臥雲辰致の独創を示すものであるが、出品解説にはこの点は述べられてない。現存するガラ紡機を参考にしたが、天秤の支点の止め方には疑問がのこる。

キ．フレームの構造はしっかりしたものとなっている。現存の手回しガラ紡機と比較するとやや複雑な部材の組み合わせとなっている。

ク．ハンドルの位置は、人間の動作を考えると、使い勝

図2-9　復元機の内部構造（2016年9月29日石田正治撮影）

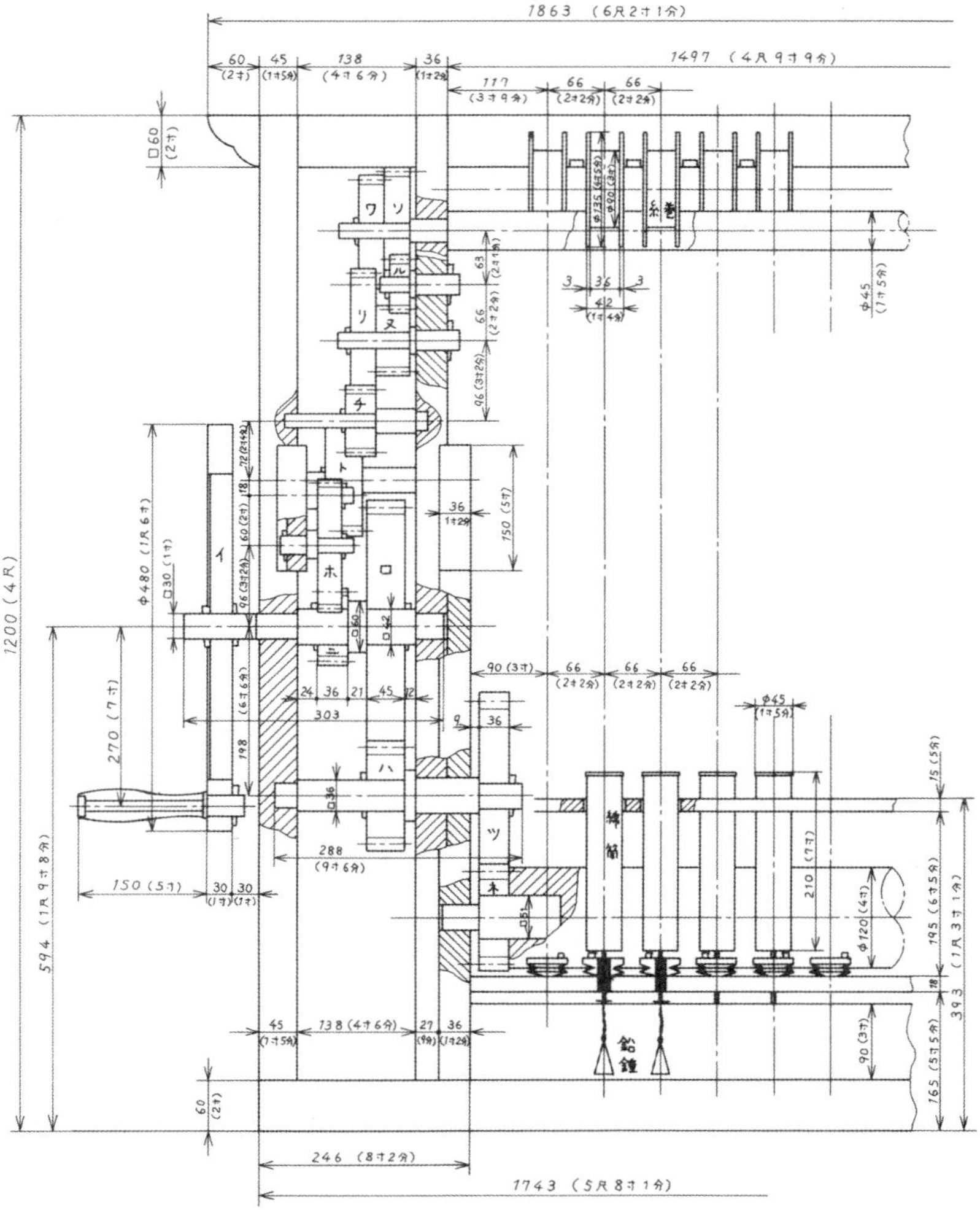

図2-10　綿紡機の復元機の正面図(部分)(石田正治設計)

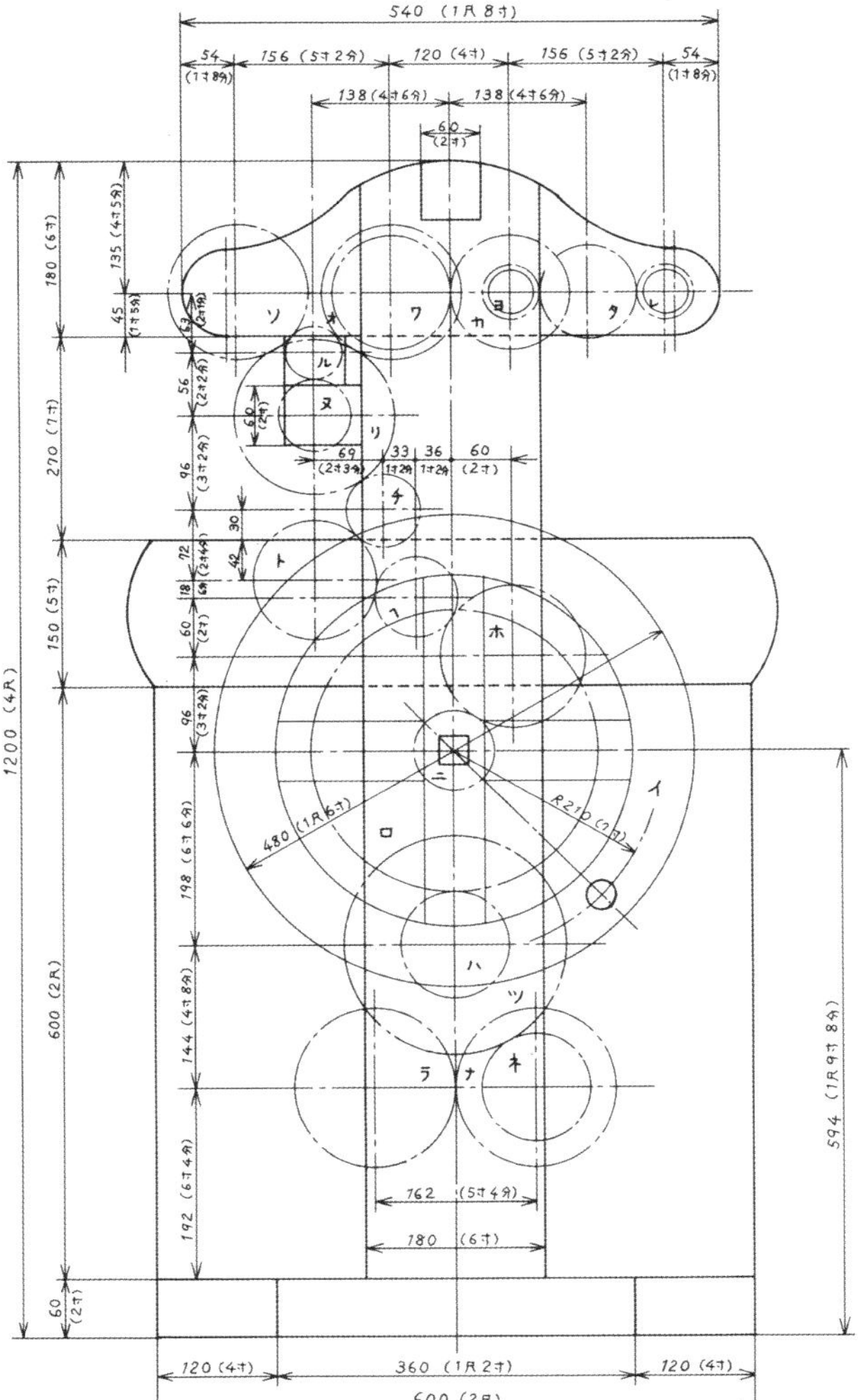

図2-11　綿紡機の復元機の左側面図（石田正治設計）

手の悪い位置にある。長時間の作業には適さないので、何らかの台の上に据え付ける必要があったと思われる。

ケ．復元機の設計は、出品解説のデータから構想し、前述の様々な検討を加えて最終の製作図へと進めた。全体の大きさはその結果として決まったのであるが、臥雲辰致の自費出品願に書かれていた大きさに概ね一致させることができた。その大きさは綿業会館所蔵の手回しガラ紡機よりひとまわり大きい。

コ．完成した復元機を運転した結果、糸を紡ぐことができることを確認した。しかしながら、ハンドルを回すのにかなりの力を要した。これは、復元機が博物館資料として保存されることになるため、軸受部に油を注すなどの潤滑を行わなかったこと、また、ハンドルから下ゴロへの回転は増速となることによる。

講演では、臥雲辰致の綿紡機の技術的特徴についても述べたが、これは、第Ⅰ部で詳説した。

また、「ガラ紡」展示会で展示された「発明家番附」(『當世百番附』一九一八)、「臥雲辰致記念碑」碑文などについても紹介したが、他の章で紹介されているのでここでは略す。

参考文献

内国勧業博覧会事務局『明治十年内国勧業博覧会報告書』一八七八年。

内国勧業博覧会事務局『明治十年内国勧業博覧会出品解説』第四区機械、一八七八年。

石田正治「第一回内国勧業博覧会出品・臥雲辰致の綿紡機復元機の設計」『安城市歴史博物館研究紀要　第二号』一九九五年。

Lecture record
講演録

ガラ紡機の制御学的な考察と展望

講演者○中沢　賢

紡績機械の中でのガラ紡機の位置づけ

現代の紡績機械は紡績原理の面から分類すると、フライヤー紡績機、リング紡績機、ミュール紡績機、オープンエンド紡績機などになる。臥雲辰致が発明したガラ紡機はそのどれとも違う独創性の極めて高い紡績機で、日本で発明された特異な機械なので「和紡」とも呼ばれる。

ガラ紡は糸の形成の加撚と延伸を同時に行う点ではミュール紡績機に似ているが、ミュール紡績機では撚り率（糸の単位長さ当たりの撚数）と延伸（ドラフト）率は定めた量を与える構造になっているのに対し、ガラ紡では糸張力の設定により撚率と糸太さが従属的に定まる構造になっている。フライヤー紡績機やリング紡績機では幾対かのローラーの速度差により、まず繊維束の延伸を行い、細い繊維束を作り、次に加撚を行っている。ガラ紡機は、短繊維の塊から直接糸を形成する点ではオープンエンド紡績機に似ているが機構原理は全く異なる。

ガラ紡機の特質

ガラ紡機の制御構造

図2-12にガラ紡機の制御学的原理図を示す。繊維が撚子（綿筒に硬く詰められた繊維塊）から上方に引き出され、綿筒の回転により撚りを加えられる。綿筒の回転はベルトで駆動される遊鼓より、上羽根、下羽根を介して与えられる。引き上げられながら撚りを掛けられ形成された糸は上部の糸枠に巻き取られる。

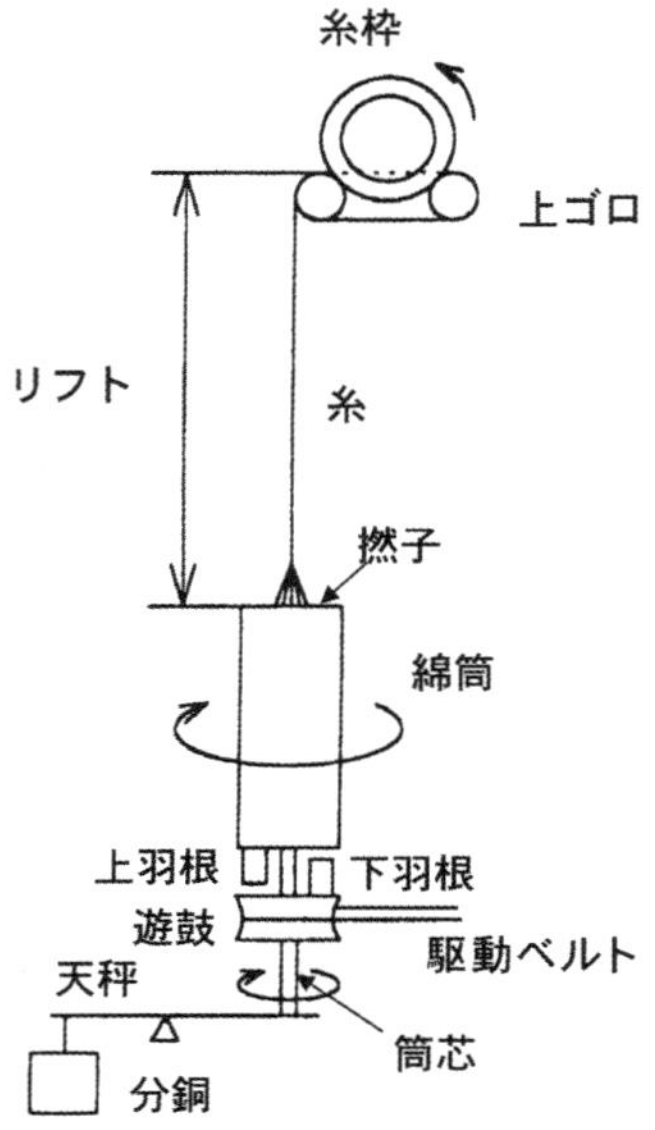

図2-12　ガラ紡機の原理図
（中沢賢作成）

この世界に類を見ない独創的な紡績機械は、明治時代後半、日本が本格的な洋式の紡績機械技術を修得するまでの間、外国綿糸の洪水的な流入を防ぐのに大きな貢献をした。高精度の加工技術で作られた鉄製の機械に対し、素朴な技術で作られた木製のガラ紡機がある程度対抗できた理由は、その設計思想の新しさにあった。その設計思想とは、自動制御の考えである。ガラ紡機には形成される糸が細くなれば、太くなるように、細くなれば太くなるように、機械自身が状況を判断して自動的に調整を行うフィードバック制御の機構が備わっている（図2-13）。

ガラ紡機ではリフトをある程度長くしている。これがガラ紡機の成功した大きな理由である。ガラ紡の制御機構を解析すると、制御のしやすさを示す制御の時定数は（リフト／巻き取り速度）となり、リフトが長いほど状態変化がゆっくりとなり制御しやすいことがわかる。このため、精度の悪い機械を、応答速度の遅い機器を使っても、なんとか洋式の機械に抵抗できたのである。制御の理論がない時代、臥雲は勘と経験からこの合理的な設計に到達している。時定数が大きく取れるため、現在も繊維長のごく短い、滑りやすい難紡性の繊維の紡績に威力を発揮している。

ガラ紡の紡糸原理とガラ紡糸の特徴　ガラ紡糸の大きな特徴は何と言ってもその柔らかさである。ガラ紡では綿筒荷重すなわち糸張力を設定し、その張力で短繊維がズリ抜けない限界の加撚を制御して行うので、設定された張力で切れない最も甘い撚りの柔らかい糸が形成される。

　現代の紡績機械では撚り率を固定的に定める構造になっている。効率の観点から高速の紡績に耐えるよう撚りは限界の撚りよりかなり強撚となっている。明治時代消防士の作業服にガラ紡糸が使われた。水をかぶって火の中をくぐり抜けるには水分を多量に含めるガラ紡糸が向いていたためである。ガラ紡を生かすことは、一つはこの限界の甘撚りを生かすことである。

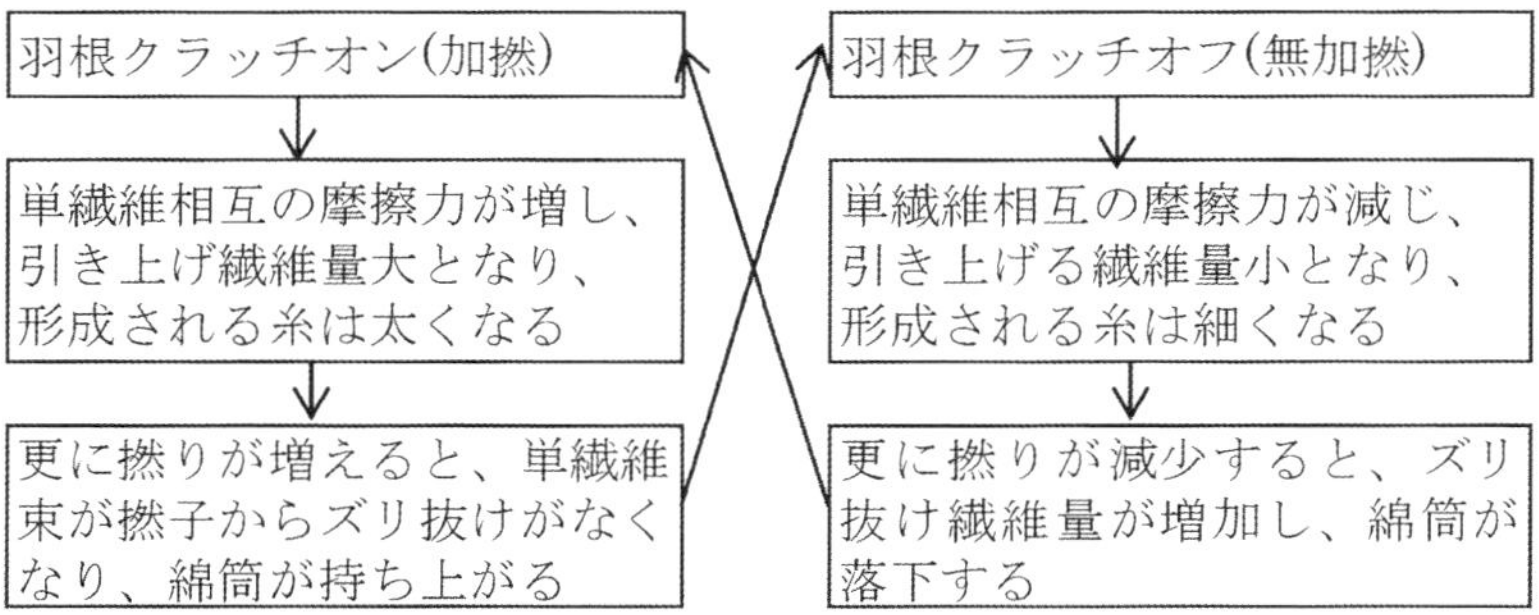
羽根クラッチオン(加撚)
単繊維相互の摩擦力が増し、引き上げ繊維量大となり、形成される糸は太くなる
更に撚りが増えると、単繊維束が撚子からズリ抜けがなくなり、綿筒が持ち上がる
羽根クラッチオフ(無加撚)
単繊維相互の摩擦力が減じ、引き上げる繊維量小となり、形成される糸は細くなる
更に撚りが減少すると、ズリ抜け繊維量が増加し、綿筒が落下する

図2-13　ガラ紡の自力制御(中沢賢作成)

メカトロガラ紡機（TDS）の試み

筆者等は、ガラ紡機の改良を図るため、ガラ紡の制御学的原理を現代のメカトロニクス技術で実現したメカトロガラ紡機（TDS：Tension Draft Spinning Machine）を製作した（図2-14参照）。羽根によるクラッチのオンオフ機構を電磁クラッチで置き換え、オンオフ切り替えの筒荷重が与える糸張力に相当する張力をリフト上端近くに設置した張力センサーで計測し、その値に応じ電磁クラッチにより綿筒回転のオンオフ制御を行った。伝統的なガラ紡機に比べると格段に均一な糸が引けた。従来のガラ紡の六倍の速度の紡績ができた。メカトロニクス化により、ガラ紡の弱点である糸の不均一性と生産性の悪さの改善が可能であることが証明できた。メカトロガラ紡機ではオンオフ制御ばかりでなく張力に対する綿筒の回転速度の比例制御も可能であるが、特段効果的とは言えない結果であった。ガラ紡では張力を一定になるよう制御して、結果として太さと撚り率の均一を得ているが、メカトロガラ紡機では太さを計測量として、加撚速度を操作量として、直接太さをフィードバック制御することも可能である。しかし一般的には張力制御の方が均一な糸が紡げることがわかった。張力制御ではリフト間のどこか

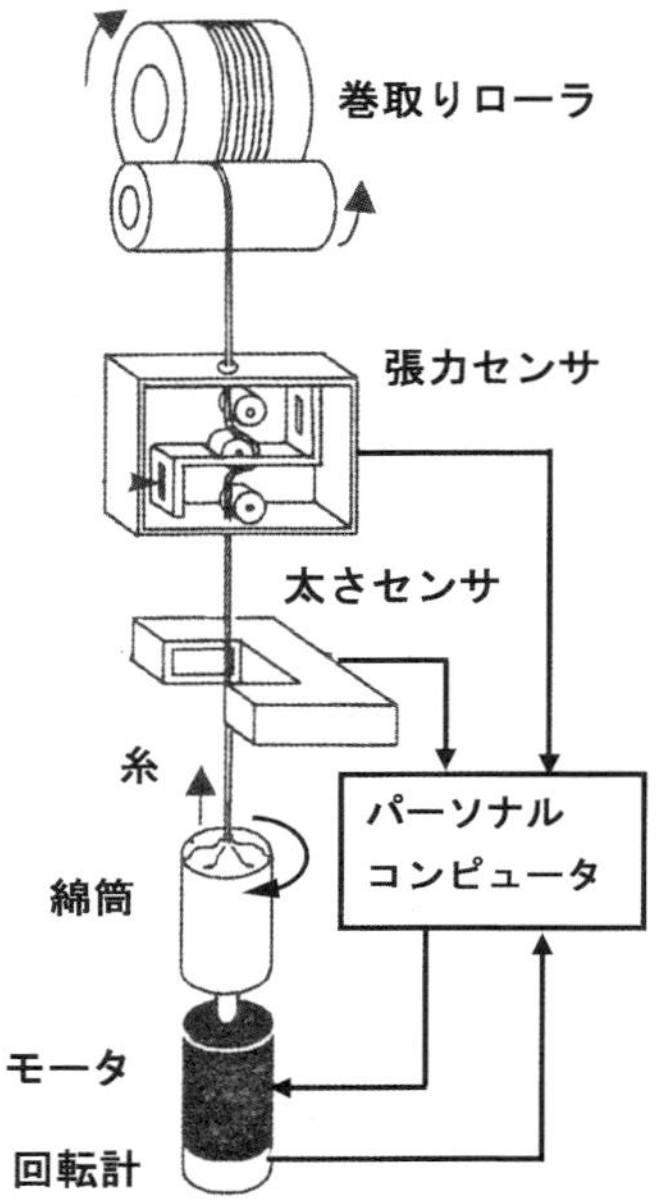

図2-14　メカトロガラ紡機（TDS）
（中沢賢作成）

図2-15　実演を交えて講演する中沢賢氏
（2016年10月15日天野武弘撮影）

で、単繊維の滑り抜けが進み、糸が細くなり、巻き上げに抵抗する糸張力が小さくなると、それに応じて撚りを加える。撚りは細い部分により多く溜まるので、単繊維相互の摩擦力が増して糸が細くなるのを防いでくれる。これに対し太さ制御ではリフトのある特定位置の太さのみを計測しており、リフトのどこかに切れそうな細い部分が生じてもそれを直ちに感知して対応できない弱点がある。ガラ紡の張力制御による紡績方式が極めて合理的であることがわかる。

ガラ紡の制御構造に関する考察

ガラ紡では、糸の張力制御により、従属的に、撚り率と太さが一定に定まる構造になっている。張力を一定になるように制御すると、なぜ、太さと撚り率が、一定になるか、その定性的な構造を解析した研究の骨子を付録および図2-16に示す。解析より、撚りのわずかな変動に対して、太さの変動がないことが安定な紡績の必要条件であることが導かれる。撚り率λと太さSを座標とする平面においては、その点を連ねた線は図2-16のA-Aのような負の勾配の線となる。これだけでは特定の撚り率と太さは定まらない。ガラ紡ではそれを定めるのに張力一定（筒荷重選定）を紡糸条件とし

付録　ガラ紡の制御構造

撚率λ、太さを支配する微分方程式は

$$\frac{d\lambda}{dt}=\frac{n}{L}-\frac{V}{L}\lambda \quad (1) \qquad \frac{ds}{dt}=\frac{V}{L}\left(G(\lambda,S)-S\right) \quad (2)$$

［記号］L：リフト長、V：巻き取り速度、T（λ、S）：張力、n（T）：綿筒の回転速度、W：筒荷重、T_0：設定張力、T＜W（またはT_0）（筒回転モード）の場合は$n = n_0$（定数）、T≧W（筒停止モード）の場合は$n = 0$とする。G（λ、S）：撚子からの引き出し太さで、簡単化のため、λとSの線形関数を仮定する。（1）、（2）より

$$\frac{ds}{d\lambda}=\frac{G(\lambda,S)-S}{n/V-\lambda} \quad (3)$$

（3）の解の定性的な形を示すと、図の曲線のようになる。矢印は時間tの流れる方向を、実線は筒回転モード、破線は筒停止モードを表す。(2) より時間の経過に対し太さ一定となる条件は $G(\lambda,S)-S=0$ （4）であり、これを満足するλ、Sの集合の形は図のA－A線（安定解曲線）のようになる。

張力T（λ,S）についてもλ、Sの線形関数と仮定して、筒荷重W（目標張力T_0）の条件を与える式　$T(\lambda,S)=T_0$　（5）
の定性的な形を図に画くとB－B線のようになる。

詳細な解説は文末の文献をご覧下さい。

て与える構造にしている。図のB-B線がそれで、両曲線の交点の値が紡出される撚りと太さになる。ガラ紡では筒荷重を増すと糸が太く、撚りが少なくなるが、図よりその理由を説明できる。すなわち、設定張力（筒荷重）を上げると、B-B線はB′-B′線のように上に移動し、紡出点はcからc′に変わり、糸は太く、撚り率は小さくなる。張力制御でなく太さの直接制御の場合はその条件線B—Bはλ、S平面ではλ軸に平行な線となり、A-A線との交点が紡出点となる。付録の解析では

綿筒への撚子の詰める硬さについては考慮してないが、筆者等の実験では、撚子の硬さを増すと設定張力を下げた場合と同様撚り率が増し、太さが減小し、糸の均一性が増す傾向が見られる。運転中に筒内の撚子の圧縮圧力を制御する研究は、信州大における手紡ぎロボット開発のヒントになった。

ガラ紡機の特質を生かす道

現代の洋式の紡績機械に比べ、ガラ紡機は精緻な糸を大量に高速に作ることには向いていないが、撚りの甘い糸の製作に向いている。また一方、ガラ紡機をメカトロニクス化すれば、紡績性の悪い反毛繊維やカーボン繊維、金属繊維などの紡績、混紡などが可能となる。メカトロニクス化により紡績条件や原料を変えることが容易となり、特殊

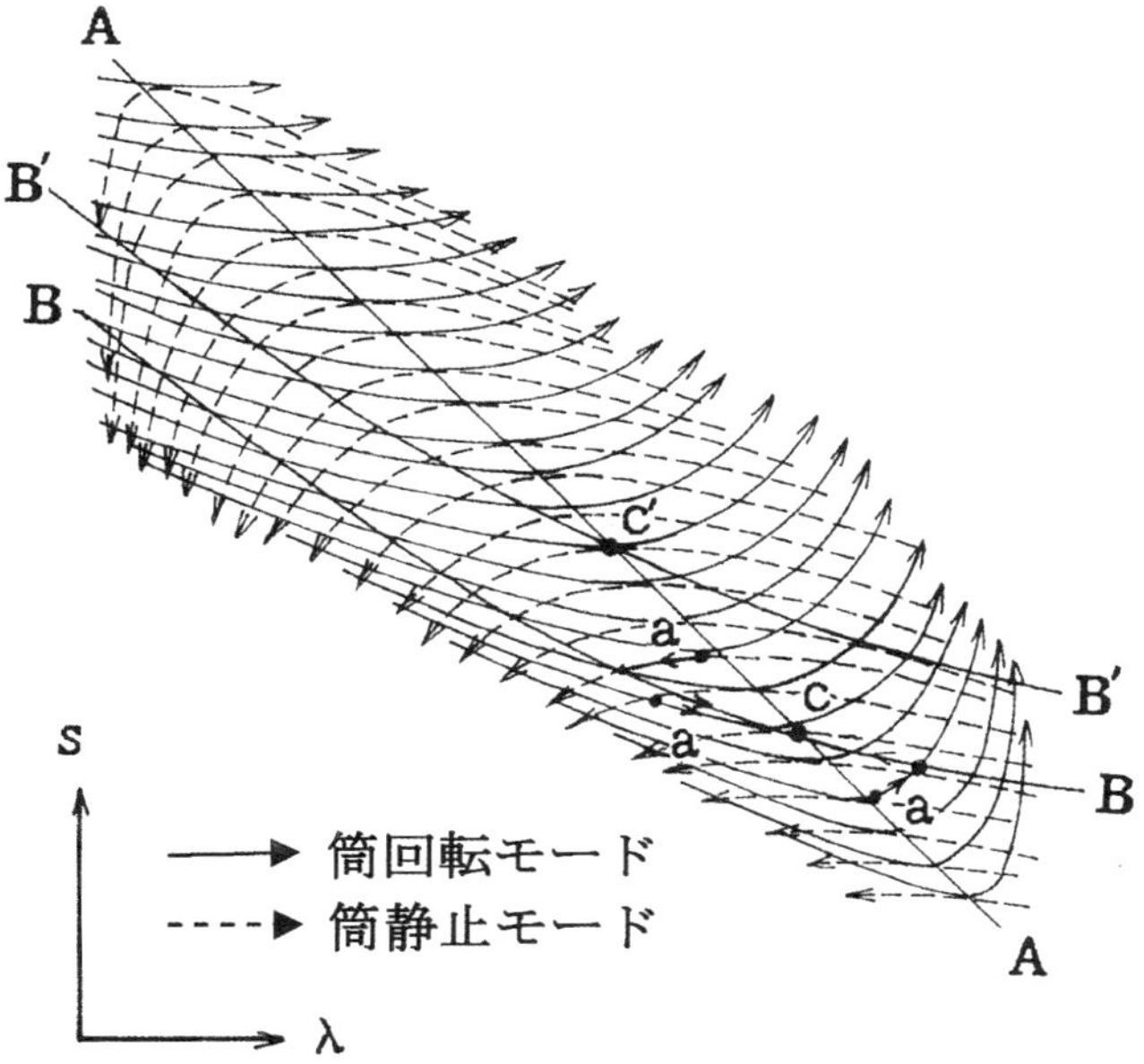

図2-16　λ、Sが定まる構造（中沢賢作成）

な意匠糸が可能であり、それらの他品種少量生産に向いている。各方面の研究と開発を期待したい。

参考文献

中沢賢 他「ガラ紡の紡出状態に関する実験と制御工学的考察」繊維機械学会誌、47（8）（1994）

M.Nakazawa, T.Kawamura, et al. : Experimental Studies and Improvement of Japanese Throstle Spinning Machine（Garabo）, The 2nd International Conference, China（1993）

中沢賢、黄更生、河村隆「ガラ紡の力学的解析と実験」繊維学会誌 54（1）（1998）

H.Takemura, M.Nakazawa, T.Kawamura : Development of Twist Draft Spinning Device for Small Amount Product, Proceedings.CISC.4.May（2000）

Lecture record
講演録

ガラ紡の新たな展開

講演者○天野武弘

松本市でのガラ紡展示会のとき筆者は「信州で生まれ三河で栄えたガラ紡、そして新たな展開」と題して一時間ほどの講演を行った。このうち前半のガラ紡の盛衰については、第Ⅰ部で述べているので重複は避け、ガラ紡の新たな展開に絞って述べることにする。また愛知大学などで行われるガラ紡機の動態展示については、当日の講演内容を補う形で触れることにした。

図2-17　講演する天野武弘氏
（2016年10月16日E・V・S唐沢紀彦撮影）

ガラ紡への関心の高まり

衰退の一途をたどったガラ紡がここしばらく前から関心を呼び起こしている。筆者がそれを感じ始めたのは、ガラ紡の「ふきん」売り出しを知った二〇〇〇年（平成十二）の初め頃であった。おそらくこれが火付け役になったと思われるが、二〇一〇年前後の頃からオーガニックコットンブームとも相まってガラ紡が衣料品にまで拡大した様子を目にし、ネット販売もされ、中には海外販売を目指しているところを聞くまでになった。筆者がそれをより実感したのは、二〇一三年（平成二十五）暮れに、ラオスでのガラ紡工場立ち上げの相談を受けたときであり（これについては本書別稿で述べる）、二〇一四年の秋に蒲郡で開催された全国コットンサミットの会場で目にした各種のガラ紡製品であった。以来、私が感じる「静かなブーム」が続いてきたと思っていたが、松本での展示会で出展されたガラ紡製品が飛ぶように売れていた様子を見たときは、それを超えたかとも思った。あとで聞くと六〇〇点近くの販売となっていたことに驚きもした。商品を手にとって、その柔らかさ、肌触りの良さを実感したことが、よりその数を増やしたのであろう。

図2-18　松本市でのガラ紡展示会におけるガラ紡製品
（2016年10月天野武弘撮影）

とはいってもガラ紡は紡績糸ほど強くはない、しなやかで繊細な織物には適さない。太くムラもあるガラ紡糸の良さを引き出すには、風合いのある糸質をどれだけ活かすかにかかっているといってよいであろう。手触り感が良い、吸水性も良い、より空気も含みやすいから暖かさもある。これに着目し、オーガニックコットンへの志向とも重なり、多様な商品が作り出され人気商品の一角を占めるまでになっているようである。

　しかし現在これに応ずるガラ紡工場は、本書別項でも述べているように数か所と限られている。ところがこれとは別に最近になって新規にガラ紡を導入したところ、増設を果たしたところもある。また導入を模索しているところもいくつか出ている。ここではそうした事例を二、三点紹介したい。

　一点目は、福島のS企業体である。オーガニックに着目して綿を栽培し、ガラ紡を企業化して震災復興支援にも役立たせたい、そうした願いを込めてのガラ紡機導入を企図してきたところである。この話が筆者に届いたのは二〇一三年の春であった。二か所にガラ紡機を導入したいとの希望を受け、少し前の調査で古いガラ紡機があるのを確認していた旧ガラ紡工場への打診を行った。幸いにも快諾が得られ、少し準備期間を経た二〇一四年二月に二台のガラ紡機の搬出作業が行われた（図2-19）。ただし搬出先のスペースなどから長さを一間に切断しての搬出であった。しかし三〇年以上放置され、部分解体されていたガラ紡機であったこと、加えて整備担当者の不慣れや人手不足などもあって、未だ操業準備中である。また当初予定していた一か所が暗礁に乗り上げ、現在

図2-19　旧ガラ紡工場からのガラ紡機の搬出
（2014年4月天野武弘撮影）

は福島に二台が設置されている。しばらく間を置いている状況ではあるが、綿づくりは順調のようであり、操業開始が待たれるところである。

二点目はKガラ紡工場である。ここは岡崎市内の旧ガラ紡工場から機械一式を移設して一五年ほど前にガラ紡工場を立ち上げたところである。二〇一五年にはさらに長さ九間のガラ紡機二台を入れて増設をはかっている。増設ガラ紡機の経緯は本書別稿でも述べているので詳細は省くが、先約者の解約によってガラ紡機の移設が実現した希な事例でもあった。Kガラ紡工場は二〇一七年現在、国内でのガラ紡製品用のガラ紡糸供給の多くを担っているガラ紡工場でもある。

三点目は、個別事例ではないが、ガラ紡機をどこで調達できるか、ガラ紡を新たな事業として起こしたいなどの声が、筆者のところに届いている事例である。その都度、ガラ紡の魅力に取り付かれた人たちの熱い気持ちが伝わってくるところであるが、実現に至るには容易でないことを伝えている。それは、一つには、かつてのガラ紡工場が姿を消し、中古ガラ紡機自体もほとんど現存していないことからである。もう一つはガラ紡を事業として新規に起こすには、ガラ紡機だけを調達してもうまくいかないからである。ガラ紡工場では、前工程のふぐいや打綿機や撚子巻機、後工程での合糸機や撚糸機を備えることが安定した生産を確保するためには必要となる。すなわちガラ紡工場は、一連の生産システムあってはじめて仕事として成り立つことからである。現在、これだけの機械設備を中古で揃えることはほとんど不可能といってよい。これに加えて、仮に生産設備を揃えたとしても、所望する糸質を安定的に生産するには技術的なノウハウがものをいう。それを伝える工場主なり技術者の存在がかなり限られる状況となっていることもある。

こうした現状であるが、いまも数は少ないものの操業を続けているガラ紡工場があるのが救いである。日本独創のガラ紡技術の伝承とともに、風合いのある織物への再認識をはかりつつも、やはりガラ紡再生のための新たな施策が今後の発展のカギともなろう。

ガラ紡機の動態保存

ガラ紡工場が姿を消していく一方、一九八〇年代前後の頃からガラ紡機が博物館等での保存の対象となっていく。価値ある歴史的機械としての位置づけからであったが、愛知県を中心に、本書別稿でも述べているが、二〇一六年(平成二十八)現在全国一八か所に二一台が保存されている。このうち筆者が教育的観点を含めて関わった二か所の事例から述べよう。

一か所は、トヨタ産業技術記念館で動態展示されるガラ紡機である。一九九四年(平成六)六月の同館オープン時から展示に供され、いまでは連日実演もされる同館の人気機械の一つともなっている。筆者にこの展示のためのガラ紡機整備の依頼があったのは、同館オープン前年の春であった。しか

図2-20　トヨタ産業技術記念館で動態展示されるガラ紡機
(2017年4月天野武弘撮影)

しそれ以前より産業遺産の観点からガラ紡の調査は行っていたものの実際の操業経験はなく、博物館展示にかなう整備ができるか不安もよぎっていた。思いついたのがこのとき勤務していた工業高校での課題研究のテーマとして取り上げ、機構や動きを調査研究しながら生徒と共に取り組むことであった。豊田市内の元ガラ紡工場からのガラ紡機の収集を皮切りに、半年かけての分解、整備、組み立てを行った。そして運転整備では収集先の元工場主から糸紡ぎのノウハウを含めた教えもあり、多くを学ぶことができ、その後のガラ紡動態保存、展示への一里塚ともなった。また生徒と共に行ったことは、機械のメカニズム研究だけでなく歴史的機械への関心を高める点でも教育的効果の大きさを知ることとなった。

もう一か所は愛知大学（豊橋校舎）の中部地方産業研究所附属生活産業資料館で動態保存されるガラ紡機である。ここのガラ紡機と筆者との関わりは二〇〇四年（平成十六）からである。それ以前にも収蔵庫に眠っている状態は拝見していたが、大学から依頼のあった二〇〇四年にガラ紡機の動態展示を提唱したのがきっかけであった。さらに一緒に保存されていたガラ紡関連機械である合糸機と撚糸機の動態展示も合わせて提案することとなった。この動態整備では、かつての

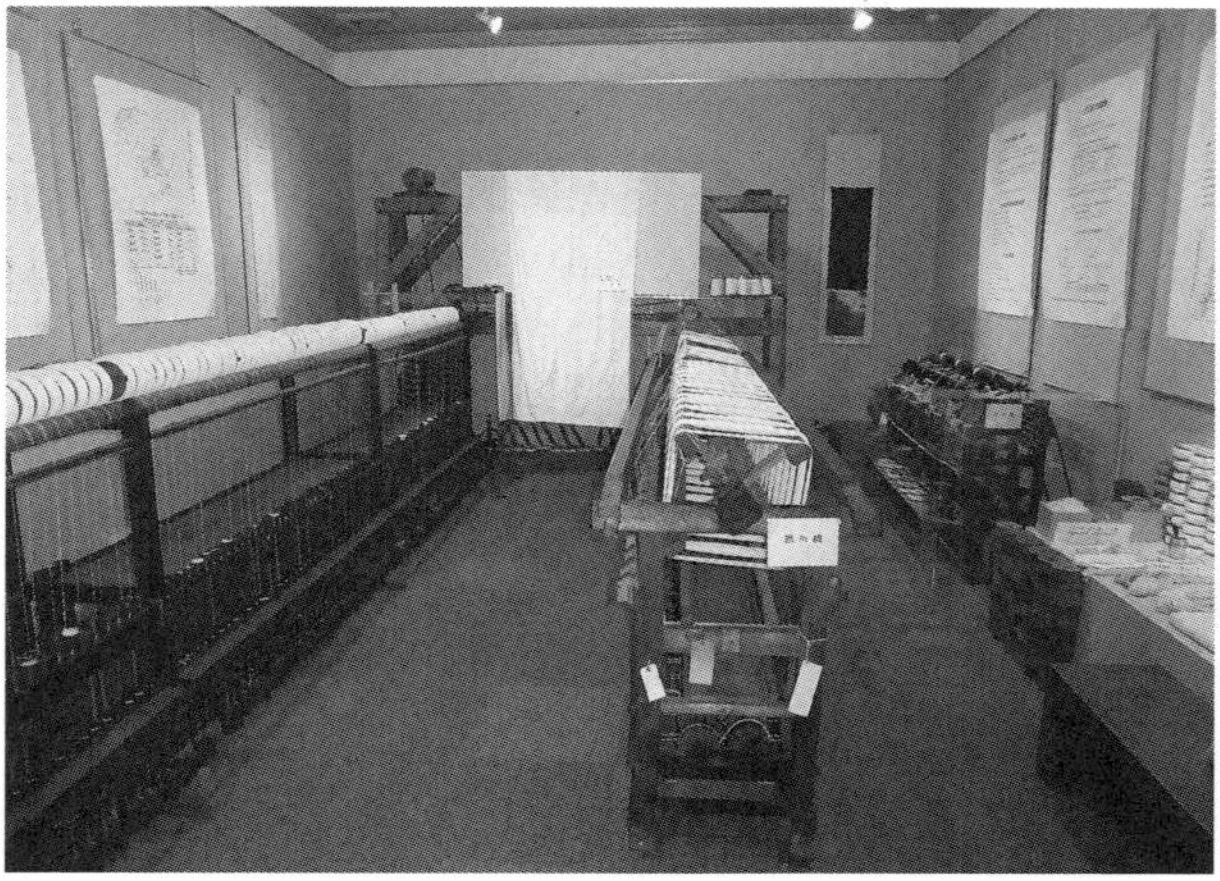

図2-21　愛知大学で動態展示されるガラ紡機（左）、合糸機（右）、撚糸機（中）（2017年4月天野武弘撮影）

ガラ紡機大工による整備作業を経て、翌二〇〇五年十月にガラ紡展示室としてオープンする。ただこの段階では一般公開にならなかったが、二〇〇七年度から筆者が直接関わるようになって週五日の一般公開と適宜の実演も可能となり今日に至ってきた。また二〇一七年度からは筆者の後任によって引き続き動態展示の体制が組まれている。この間、筆者の授業での学生の見学、実演も行ってきたが、この動態展示が認知されるにしたがって、ときにはガラ紡を始めたいという人を含め、毎年多くの見学者が訪れるようになっている。

また近年では、ガラ紡機の動態保存、展示を行う博物館等も少しずつ増えている。豊田市の近代の産業とくらし発見館や豊橋市にある石川繊維資料館、愛知県以外では東京農工大学科学博物館などである。

機械は動いてこそ意味がある。また価値も増す。ガラガラと独特な音をたてて糸を紡ぐガラ紡機のその不思議な動きは、見ればみるほどに魅了される。さらにガラ紡の新たな展開、関心が高まることを願うところである。

Lecture record
講演録

紡績技術において人類が成し遂げた第三の未完成イノベーション
―ガラ紡と日本の高等教育―

講演者○崔　裕眞

図2-22　講演する崔裕眞氏
（2016年10月19日E･V･S唐沢紀彦撮影）

世界史の中で近代的紡績技術は、英国による人類初の産業革命の花とみなされてきた。それは、一八世紀末から一九世紀中盤にかけて当時の繊維加工技術と機械工学・自動化の最先端を築いたからであり、これによって一九世紀後半各々の産業領域の進化に多大なる影響を与えたからでもある。ここで、臥雲辰致が同時期の一八七〇年代に発明したガラ紡は、極東の日本にも備わっていた内生的・自発的工業化要素の学術的検証を可能にする極めて重要な紡績技術・仕組みである。

今後は歴史学、特に技術史または経済史の視座からの学術的研究に留まることなく、大学教育のコンテンツとしても臥雲とガラ紡の可能性を探索する必要がある。一人の天才僧侶発明家による明治日本発の独創的な紡績技術という歴史としての面白さを伝えるだけではなく、世界を変革さえたイノベーションとしては「未完成のまま」の日本の技術を、今後どのような斬新な形に復活させ、今日のイノベーションへと継承させていくかについて産学連携による実践的教育プログラムの開発に大きいポテンシャルがあると推察する。アクティブ・ラーニングが国内外高等教育の主流の一つとして浮上している今日、ガラ紡のイノベーションとしての完成は、教育現場から成し遂げられるかも知れない。

Lecture record
講演録

ラオスで活躍するガラ紡 ―ガラ紡の技術移転―

講演者○天野 武弘

ラオスへのガラ紡導入の経緯と操業への試行錯誤

図2-23　講演する天野武弘氏
（2016年10月19日E･V･S唐沢紀彦撮影）

二〇一二年（平成二十四）の暮れ、二人の京都からの客が愛知大学に訪れた。京都の和装小物メーカーのアンドウ㈱の会長とラオス工場立ち上げ担当の二人であった。同社の探索によって旧ガラ紡工場を見つけた、ここにあるガラ紡機などの機械が使えるかどうかの判断をして欲しいとの調査依頼。さらに、それが可能であれば機械をラオスに運んでラオスでガラ紡を事業化したい、協力頂けないかとの申し出であった。

なぜいまガラ紡か、なぜラオスかについての筆者の質問に、和装小物品の新たな素材として風合いのあるガラ紡糸に関心を持ったこと、オーガニックを視野にしたエコ製品を求めるためにも環境汚染の少ないラオスが候補地なったこと、ラオス人女性の手先の器用さが同社の主要商品の一つであるハンドクラフト製品に向いていること、などの答えが返ってきた。さらに、工業化が遅れているラオス南部地域の産業振興にガラ紡がいくらかでも寄与できればとの考えも示された。

結果的に、旧ガラ紡工場に残されていた機械の大半が使えることが分かり、国内で整備して二〇一三年九月にガラ紡の機械一式（撚子巻機、五七六錘のガラ紡機、五錘の合糸機、一九二錘の撚糸機の各一台と、別に求めた打綿機一台）がラオスに運ばれた。ラオスの首都ビエンチャンから南方七〇〇キロメートルほど離れたラオス南部地域の中心都市パクセからさらに一七キロメートルほど離れた郊外であった。そこはパクセのあるチャムパサック県の三つの工業開発ゾーンのうち、第一ゾーンの一角にあるＶＨＡ工場であった。ＶＨＡ工場とは日本のアンドウ㈱とラオスのバリタ社との合弁会社で、この第一ゾーンにおける日本からの最初の進出企業でもあった。アンドウ㈱が生産する浴衣や絞り、帯締め、つまみかんざし、織物などを作る広い工場の一角に、ガラ紡工場の別棟が新設されていた。

筆者もガラ紡機の機械到着に合わせてラオスのＶＨＡ工場に出向き、機械組み付け、運転調整を行い、現地従業員に操業法や安全対策などの伝授を行った。この間約一週間、若干のトラブルはあったものの、ラオス人女性従業員の飲み込みの早さと

図2-24　ラオスVHA工場でのガラ紡機の組付け
（2013年9月天野武弘撮影）

手先の器用さもあって、稼働への準備段階を終えることができた。その三か月後の二〇一三年十二月にVHA工場が開業し、おそらくラオスで初めてとなるガラ紡工場がスタートすることとなった。

こうした経過の中、二〇一四年（平成二十六）度からこのガラ紡導入を契機にアンドウ㈱と愛知大学とで産学連携のラオスプロジェクトが立ち上がり、筆者を含めたメンバー四人でおよそ半年ごとにVHA工場に訪れる機会がつくられた。その初期の取り組みの一つとして、VHA工場のラオス人研修生を愛知大学で受け入れることになった。計五日間の短い期間ではあったが、大学で動態展示するガラ紡機を使って、糸質調整法、トラブル対処法などを中心に研修を行い、現役の三河地方にあるガラ紡工場や綿花畑などの見学と体験も行った。

図2-25　愛知大学でのガラ紡研修（ラオス人研修生）
（2014年4月天野武弘撮影）

ラオスのVHA工場では、ガラ紡の試験運転も回を重ね、紡いだガラ紡糸を使った手織りの織物試作品も作られるようになる。思いのほか順調なスタートを切っているが、原料綿の調達難や、糸質の不具合、ときには機械部品の損傷など、やはりさまざまな試行錯誤を繰り返している。工業化が遅れているラオスでは、日本であればすぐに調達できる機械部品も、隣国タイまで買いに行ったり、日本からの到着を待つといった状況にあり、途上国であるがゆえの苦労も垣間見ることとなる。

ガラ紡導入三年目の状況

こうした中の二〇一六年（平成二十八）八月、愛知大学の第六次ラオス調査でVHA工場に訪れたとき、思わぬ光景を目にすることとなった。原料綿を詰めるツボと呼ばれる綿筒が、長さ九間のガラ紡機の片側二八八錘のほぼすべてに、既存のブリキ製から塩ビパイプ製に付け替えられていた。鮮やかな青色の塩ビパイプ製であったため余計に目立っていたのだが、それ以上にその対応の早さに驚きもした。というのも、一年近く前に操業効率アップの相談を受け、ツボの長さを長くすることで綿の詰め替え頻度を少なくできることと、その製作方法とをガラ紡機を含めた関連機械のメンテナンスを担当する一人の男性従業員に伝えてはいた。そしてその数か月後に訪れたときには試作品を作るまでになっていた。しかしさらに半年後、片側二八八錘のほぼすべてにこれが設備され、

図2-26　試作された塩ビ製のツボ（奥一列）
（ラオスVHA工場にて、2016年8月天野武弘撮影）

稼働している姿に感動を覚えずにいられなかった。

具体的には、ツボの長さを七五ミリメートルほど長くして、綿を詰める間隔を二時間ほど延ばすことが可能となり、目的の効率アップにはなった。しかし課題もあった。詰めた綿が紡糸終盤に抜けやすくなったと、ツボを長くした分、紡いだ糸を巻き取る糸枠との距離が短くなったことで糸ムラが生じやすくなったことである。機台の鳥居と呼ばれるフレームの嵩上げが必要となるところであるが、これが行われていないこともあった。その後再び元のブリキ製のツボに戻しているとのことであるが、しかし、こうした独自の方法が現地で考案され、実際に操業に活かされた事実には、今後への楽しみな一面を見ることともなった。

操業三年目を迎えたＶＨＡ工場のガラ紡生産は、いまフル稼働の状況である。販売用のガラ紡糸とともに、同じＶＨＡ工場での高機によるガラ紡の手織り製品が日本へ輸出され、引き合いもかなりの販売業者から来ているようである。ラオスでは滅多に行われない残業も始めていると聞く。ガラ紡機の増設も視野に検討が進められている。まだ試行錯誤が続いて行くであろうが、機械増設を含めた新たな動きに目が離せないところでもある。

ラオスでのガラ紡の今後に向けて

軌道に乗り始めたラオスでのガラ紡生産であるが、これをいかに定着させるか、またＶＨＡ工場だけでなくガラ紡生産を地域にどう普及させることができるか、ここにラオスでのガラ紡の今後を占うカギが潜んで

図2-27　高機によるガラ紡の手織り
（ラオスVHA工場にて、2016年8月天野武弘撮影）

いる。

ＶＨＡ工場でのガラ紡の増産を図るには、ガラ紡機をはじめとする機械の増設が不可欠である。日本国内で遊休する中古のガラ紡機は皆無状態である。そのためラオス国内において新規製作を視野に入れた方が近道であろう。筆者の三年間のラオス調査では、この観点から木材工場、金属加工工場などのいくつかの現地工場調査を行ったが、技術的には可能であることを知るに及んでいる[*1]。ただし機械製作ではその道の熟練者による製作ノウハウが付きものである。すでに日本でのガラ紡機の製造が終わってから数十年が経つ今日、その人材をどう確保するか、どう教えを請うかが課題でもあろう。

二点目のラオス南部地域へのガラ紡普及の可能性については、現状では先が読めないというのが実感である。今回のガラ紡技術移転では当初は地場産業的な発展につながればと思ってはいた。だが、その可能性を実現するには、日本など海外でのガラ紡製品の大幅な需要拡大が望めること、それは衣料に限らず、各種のインテリア用品など幅広い分野での商品開発が不可欠であろう。またラオス国内でもガラ紡製品への好感度をいかに作り出していくかにもかかっていよう。地域の産業として発展するためには、地元でどれだけガラ紡製品に愛着を持って接することができるか、これがカギを握るとも思う。

ガラ紡機は電動機を別にすればまったくのアナログ的機械である。どの機構も部品も目で確認できる。紡糸技術も初心者であっても直に体得できる。不具合も目で追えるし、修理や部品交換もそれほど難しいところはない。これらはＶＨＡ工場での操業状況からも実証できている。ガラ紡機は途上国への技術移転には格好の技術であり機械である。

地場産業として地域に根付くかどうかは、地元でのガラ紡機製作の可否と、ガラ紡製品への愛着と好感度をいかに熟成させていくかにかかっているともいえよう。

参考文献

＊1　樋口義治、駒木伸比古、天野武弘、高木秀和『ラオス南部地域の社会と産業そして人』愛知大学中部地方産業研究所、九七〜一一二頁。

Lecture record
講演録

臥雲辰致が発明した綟織機

講演者○吉本 忍

図2-28 講演する吉本忍氏
（2016年10月22日天野武弘撮影）

ガラ紡の発明で知られる臥雲辰致は、一八七三年（明治六）にガラ紡機を発明したのちも、さまざまな発明をしている。そうした発明のひとつに綟織機《もじりおりき》（図2-29、2-30）がある。

綟織機は蚕網《さんもう》（図2-31、2-32）と呼ばれる網状の織物を織るための専用の織機で、それは養蚕のさいにカイコがクワの葉を食べて排泄する糞や食べかすを取り除くために使われてきた。一八九〇年（明治二十三）に臥雲辰致が発明したこの織機は、同年の第三回内国勧業博覧会に出品し三等有功賞を受けており、その後の一八九八年（明治三十一）には「綟織機」として特許（第三一五五號）を取得している。

綟織機が発明されるまでの蚕網は、おもに和服の反物や帯を織るために使われていた高機を利用して、木綿や苧麻の糸で平織組織（図2-33）の粗い織物を織り、その後に糊付けをほどこして網状の織目がズレないようにしたものであった。しかし、糊付けをした程度では目の粗い平織組織のタテ糸とヨコ糸の交叉部分をしっかりと固定することはできず、

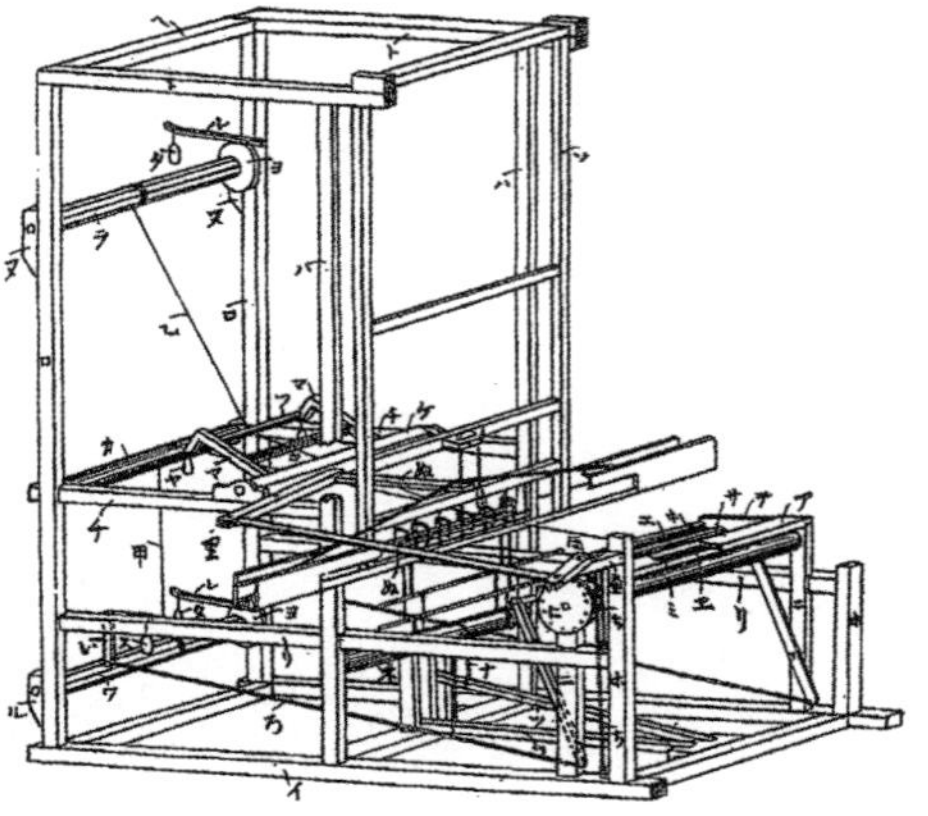

第一圖

図2-29　「綟織機」特許證明細書所収の機構図（第一図）

図2-31　長野県諏訪郡で使用されていた蚕網（国立民族学博物館蔵）

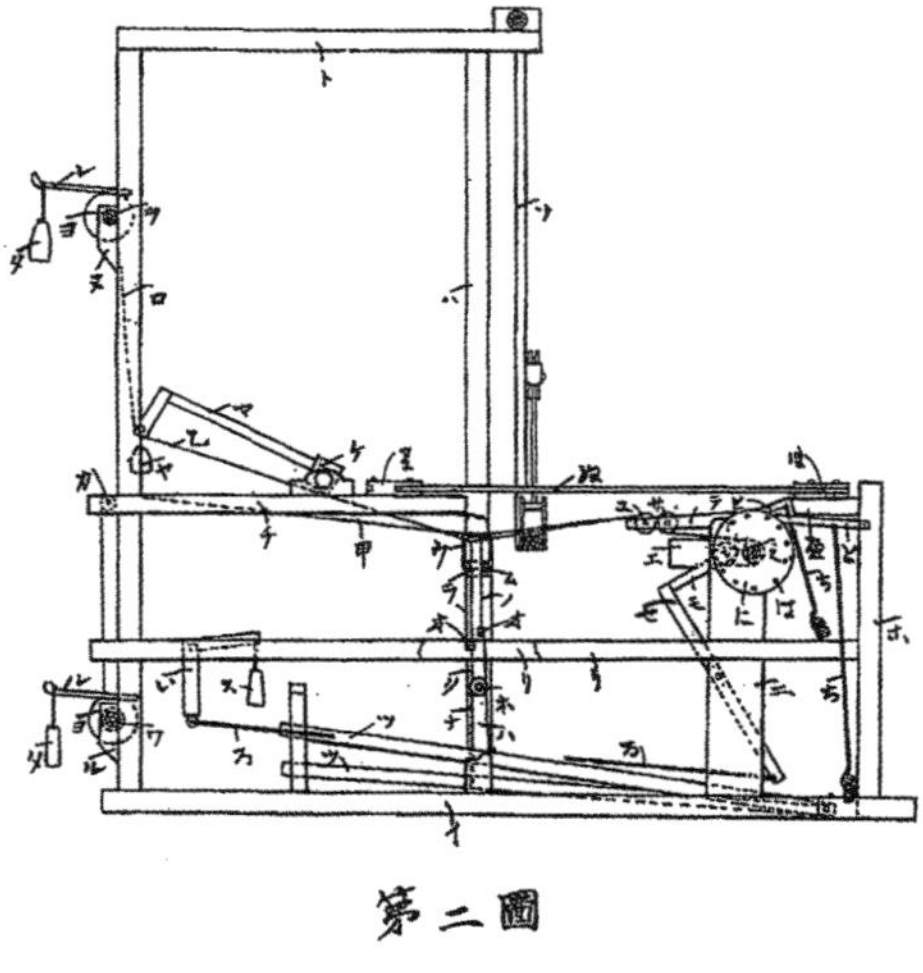

第二圖

図2-30　「綟織機」特許證明細書所収の機構図（第二図）

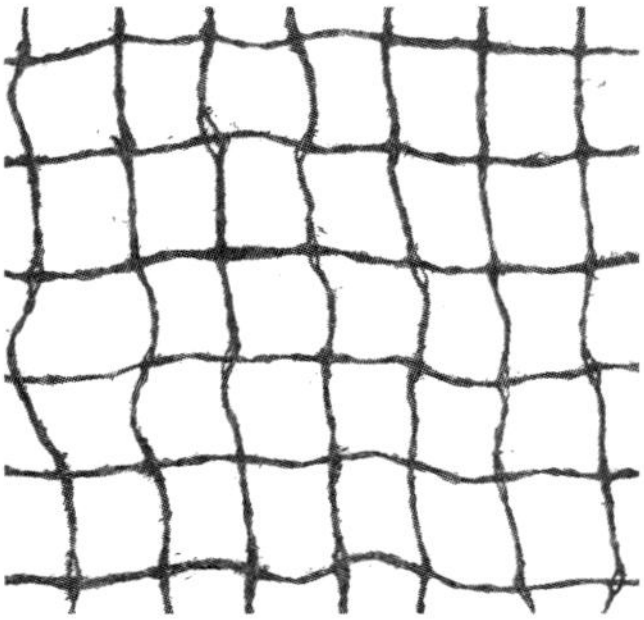

図2-32　蚕網（図2-10の部分）

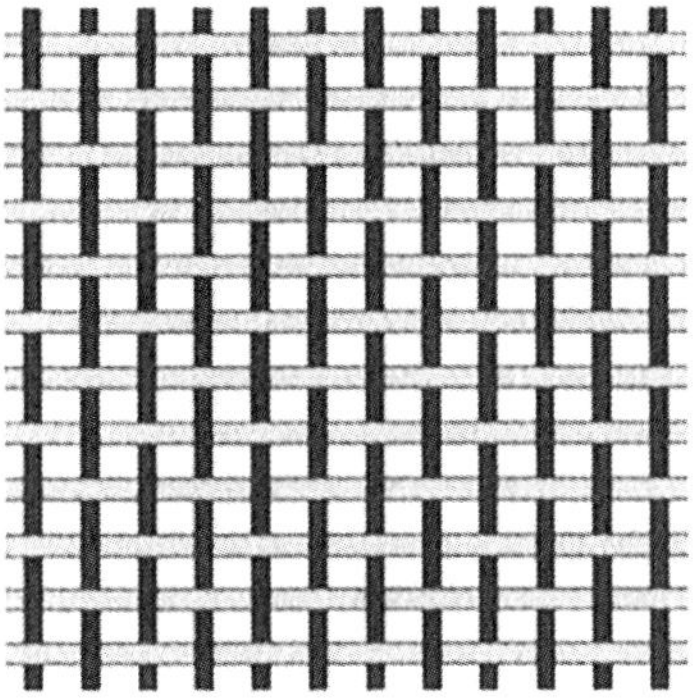
図2-33　平織組織（吉本忍作成）

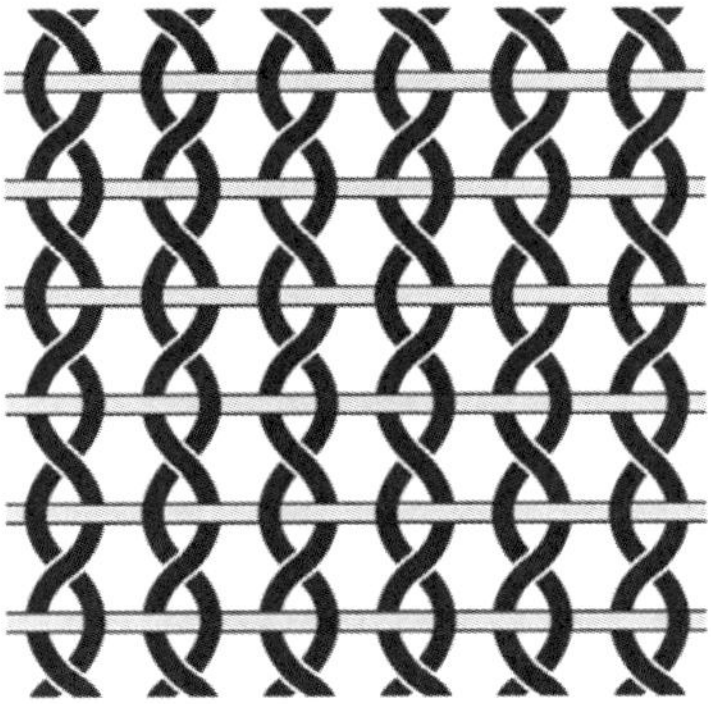
図2-34　搦織組織（吉本忍作成）

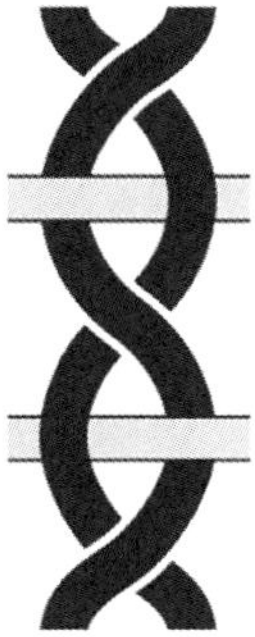
図2-35　搦織組織（部分）

蚕網としての使い勝手はかなり悪かったようである。そうした不具合を克服するために作られた綟織機は、飛《とび》杼《ひ》装置をともなった高機（バッタン）のタテ糸開口装置である二枚一組の番《つがい》目《め》綜絖《そうこう》に換えて、「搦《からみ》織《おり》綜絖《そうこう》」とでも呼ぶべき他に類例を見ない独特の綜絖をそなえており、この綜絖を使って織られた蚕網は紗《しゃ》と同様の搦織組織（図2-34、2-35）の織物であった。綟織機の発明によって、蚕網の織物組織が平織組織から搦織組織に換わったことは、タテ糸とヨコ糸の交叉部分がズレなくなって蚕網としての使い勝手が良くなるとともに、機織りの作業効率も従来の蚕網を織る場合に比べて十五倍も向上したと伝えられている。

信州の蚕網は明治時代の殖産興業政策によって国内各地で養蚕が盛んになったことを背景として、松本町や波多村（ともに現在は松本市）などで織られるようになっていたという。また、臥雲辰致が一八九一年（明治二十四）から一九〇〇年（明治三十三）に病没するまで波多村に住んでいたこともあって、波多村や松本町は臥雲辰致の製造販売した綟織機による国内有数の蚕網生産の拠点となっていった。それにともなって臥雲辰致が綟織機の製造販売で得た利益は、不遇であったかれの発明生活のなかでも稀有なひとときをもたらしたようである。

しかし、綟織機が使われていたのは一〇年あまりという比較的短期間で、大正時代の初めに綟織機はあらたに発明された電動式の鉄製蚕網動力織機に取って代わられた。この鉄製蚕網動力織機は、人力織機としての綟織機の機構を継承した力織機であったと考えられるが、綟織機と鉄製蚕網動力織機はともに現存しておらず、いずれも詳細については不明な点が多い。ただし、綟織機には特許を取得したさいの特許証明細書があり、筆者はその記述と特許証明細書所収の機構図第三図（図2-36）と第四図（図2-37）をもとに綟織機の発明の中枢部である「搦織綜絖」の復元模型を製作し、松本市の中町・蔵シック館で昨秋開催された〝臥雲辰致「ガラ紡」展示会〟（二〇一六年）での講演「蚕網織機（もじり網織機）とその周辺」で紹介した（図2-38）。特許証明細書の記述と機構図だけでは、「搦織綜絖」の仕掛けがよく理解できなかったものの、実際に「搦織綜絖」の復元模型を作ったことで、その仕掛けは十分に納得することができた。この点については復元した「搦織綜絖」による実演を見ていただかなければ、ほとんどの人は理解不能と思われるが、わたし自身が「搦織綜絖」の復元模型を初めて操作

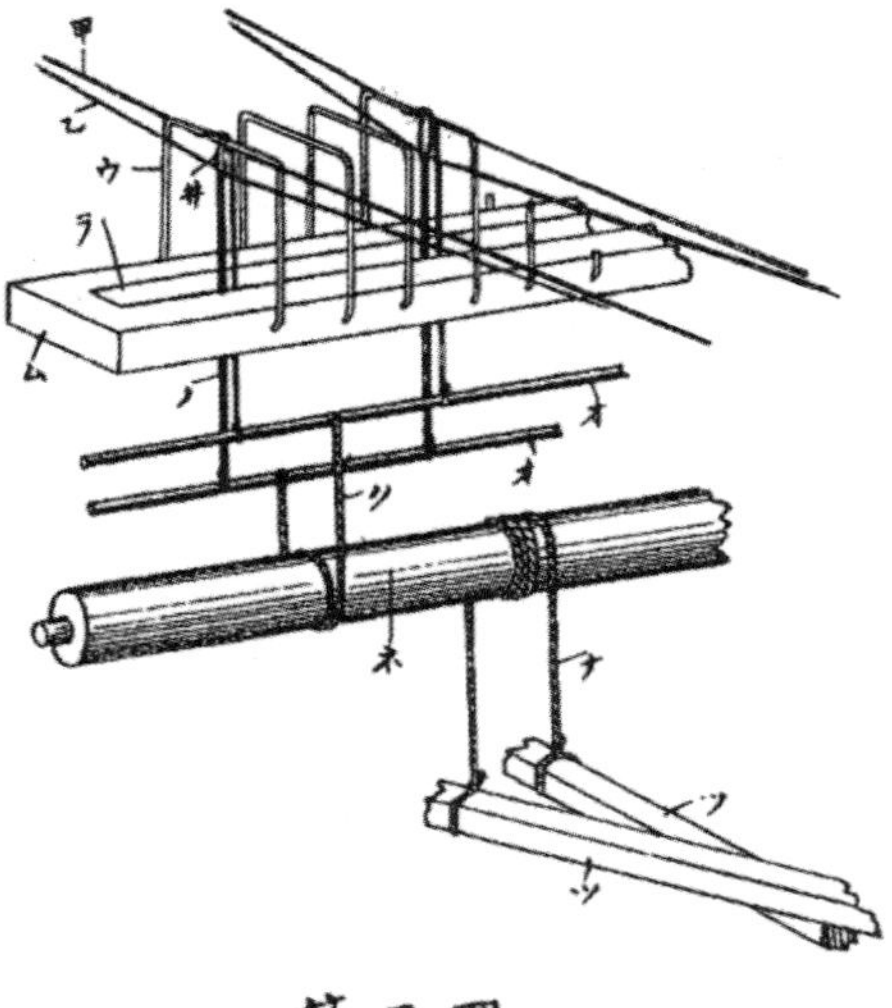

第三圖

図2-36 「綟織機」特許證明細書所収の機構図（第三図）

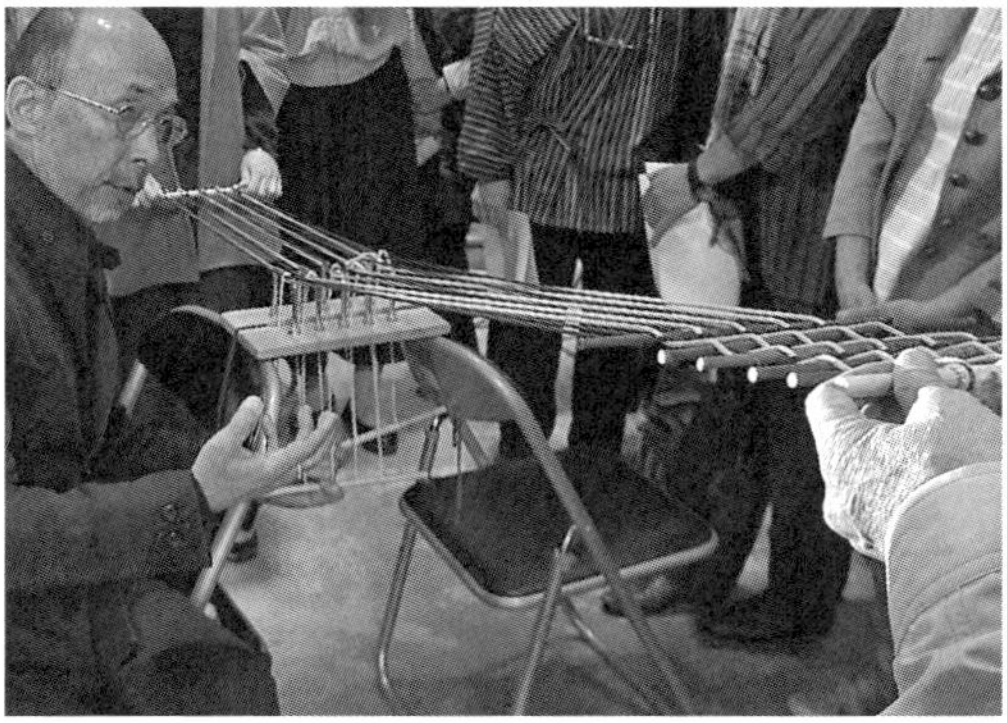
図2-38　「搦織綜絖」の復元模型
（中町・蔵シック館にて:2016年10月22日E・V・S唐沢紀彦撮影）

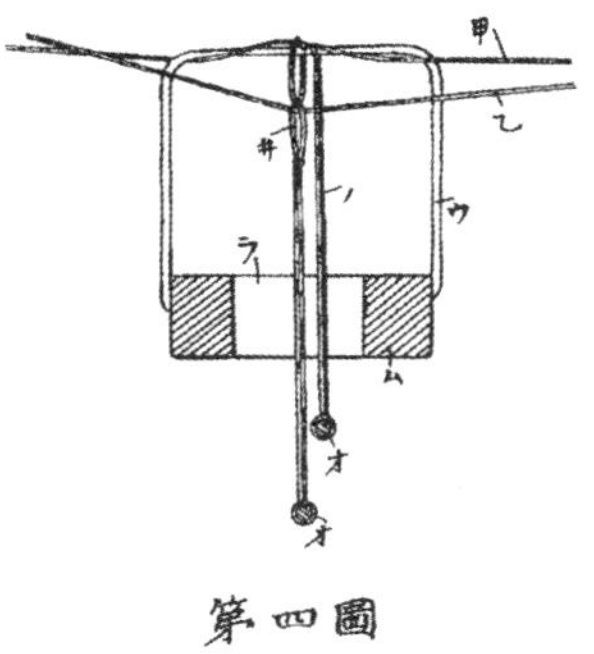

図2-37　「綟織機」特許證明細書所収の機構図（第四図）

した時には、「驚くべきカラクリ仕掛け」との感想を抱き、臥雲辰致の発明の妙に只々感じ入った次第である。

実物資料が現存していないものの、先に図2-29として提示した特許證明細書所収の第一図からは、綟織機は既存の高機に搦織綜絖を組み込んだものであったことがあきらかであり、おそらくは臥雲辰致は波多村に住まいを移す前の信州の居住地で日常的に使われていた高機を転用したと考えられる。また、綟織機の「搦織綜絖」に類似したタテ糸開口装置については、日本を代表する機業地である京都の西陣で使われてきた二枚一組の番目《つがいめ》綜絖《そうこう》とバネ仕掛けの振《ふる》綜《へ》を併用した仕掛けのタテ糸開口装置がある。これは紗や絽《ろ》などの搦織組織の織物を織るための特殊な仕掛けである。綟織機を発明したさいに臥雲辰致にそうしたタテ糸開口装置についての知識があったか否かについては定かでない。しかし、「搦織綜絖」の機構上の特徴は、西陣で搦織組織の織物を織るために使われてきた番目綜絖と振綜を一体化したタテ糸開口装置といえる。したがって、「搦織綜絖」は西陣のタテ糸開口装置の仕掛けよりも単純で、その構造は木枠に取り付けたコの字状の金具の上に「搦織綜絖」の綜絖糸を架け、綜絖糸の両端に繋がる二本の踏み木を交互に踏み換えるだけで容易に蚕網を織ることができるようになっている。こうした「搦織綜絖」によるタテ糸の開口と逆開口は図2-39のとおりであり、隣接するタテ糸の一方だけが、コの字状の金具の背の部分を越えて往復するたびに、金具の背の部分の左右で交互に引き下げられることとなる。一方、西陣の搦織では三本の踏み木がそなわっており、踏み木の踏み方を変えることによって、紗や絽やその他の搦織を基本としたさまざまな織物が織られている。したがって、綟織機は蚕網と同じ織物組織である紗の織物を簡便に織ることができる専用の織機、すなわち「紗織機《しゃおりき》」としても活用できる可能性があったと考えられる。しかし、そうした事例については確認できておらず、蚕網生産の終焉期といえる一九七〇年（昭和四十五）頃の松本で、鉄製蚕網動力織機で蚕網に代わって卓球ネットやミカンを容れる網袋などの素材となる網を織っていたことが知られているにすぎない。

なお、信州の波多村や松本町で綟織機や鉄製蚕網動力織機によって生産されていた蚕網は北海道産のジャガイモを原料とし

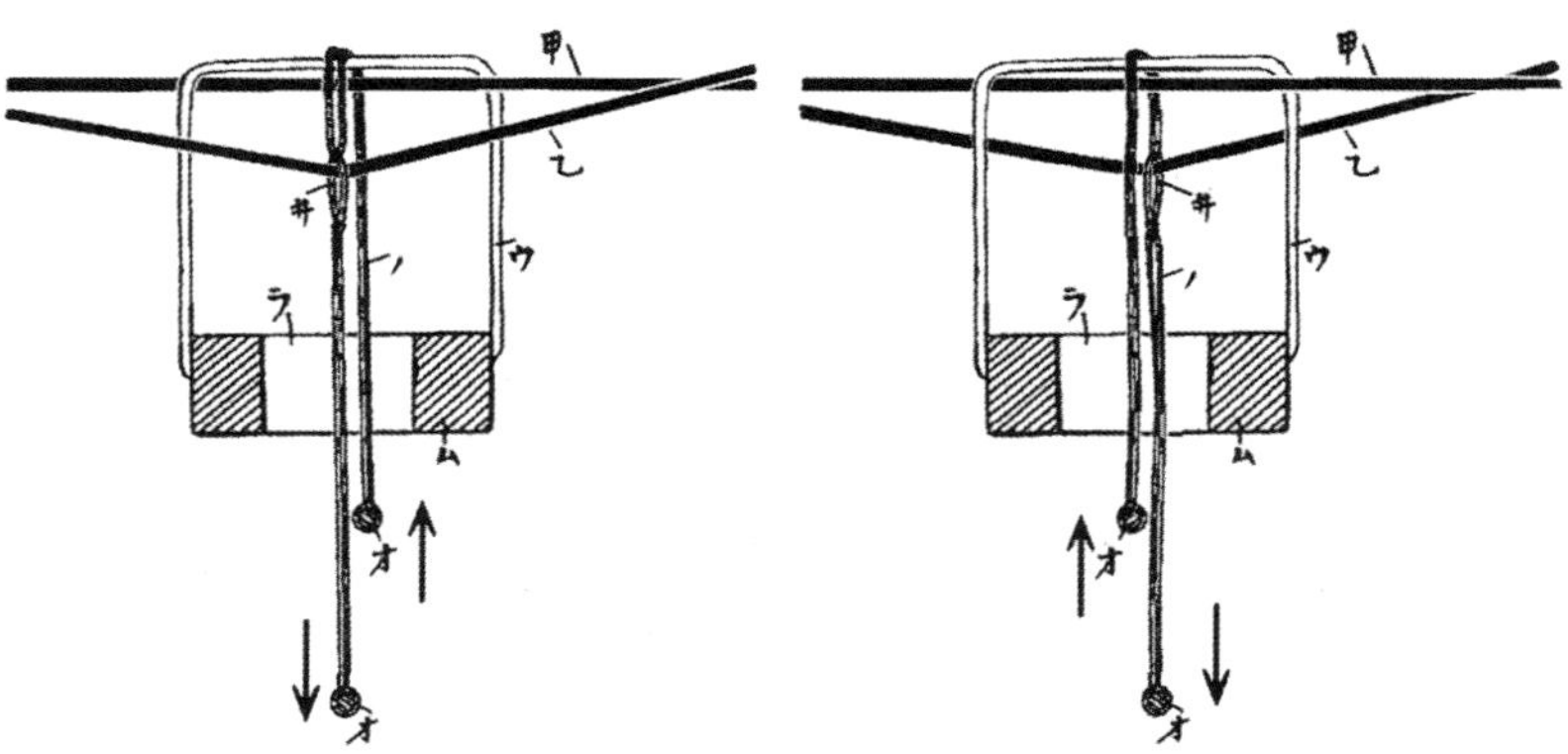

図2-39　「搦織綜絖」のタテ糸の開口と逆開口
（図2-37を吉本忍加筆修正）

た澱粉糊で糊付けをしており、第二次世界大戦直後にも農林省から木綿糸や澱粉の配給を受けて蚕網の生産を再開したと伝えられている。しかし、これまでに澱粉糊で糊付けしたと見られる蚕網は確認できておらず、国立民族学博物館や他機関で収蔵されている日本各地で使用されてきた蚕網の多くは、澱粉糊よりも粘着性に優れ、防腐性や防水性のある柿渋が塗られている。また、先の〝臥雲辰致「ガラ紡」展示会〟で講演をしたあとに、文末の参考文献にある『蚕網ものがたり』の著者で、祖父の代から蚕網の生産と販売に携わってこられた細萱邦雄氏のご子息である細萱昌利氏の夫人、智栄子さんから蚕網生産の終焉期のものと考えられる鉄製蚕網動力織機で織られた蚕網をいただいているが、その蚕網にも柿渋が塗られている。したがって、蚕網生産の終焉期には澱粉糊を使った蚕網への糊付けに代わって柿渋が塗られるようになっていたと考えられ、これらのことからは綛織機のみならず、綛織機で生産された蚕網もまた残念ながら現存資料が確認できていないということとなる。

織りの技術は人類史の中枢技術であり、産業革命、そしてＩＴ革命もまた織りの技術の延長線上に出現した。その根源には石器時代から人類が継承してきた手仕事によるモノづくりがあるものの、産業革命以降には機械化大量生産という生産システムが急速に全世界に普及している。そしてその一方で、手仕事によるモノづくりは全世界で急激に衰退している。臥雲辰致の綛織機は、そうした状況下の明治二十三年から大正初期までのわずか一〇年あまりしか使われなかった。しかし、臥雲辰致のその発明は、実物資料が確認できていないことから不明な点があるものの、人類史上最後の手仕事によるモノづくりに係る優れた発明のひとつとしてきわめて高く評価される。

参考文献

「第三二五五號特許證明細書」特許庁、一八九八年。
村瀬正明『臥雲辰致』吉川弘文館、一九六五年。
細萱邦雄『蚕網ものがたり』長野県企画、一九九二年。

Lecture record
講演録

臥雲辰致と蚕網織機

講演者○小松 芳郎

蚕網

蚕網は養蚕業の発達にともない、一八七七年（明治十）前後から松本町および東筑摩郡波多村（現、松本市波田）・山形村などで生産され始めたといわれる。初めの頃は家庭用の衣類製作の高織を利用し、手加減による寸法で農家の副業として生産されていた。したがって網目は一定せず。生産能率もきわめて低かったようである（『東筑摩郡・松本市・塩尻市誌』第三巻上、一九六二年十一月発行）。

松本では、籾糠を使うか木綿糸の網を使う方法で、蚕の糞から発生するアンモニアなどによる蚕の病気を防ぐことがおこなわれていた。松本の網は、「もじり網」と呼ばれる蚕網で、網目のあいだが、わずか「二もじり」であったために弱く、網目も狂いやすく耐久力がなかった。この蚕網は、明治維新期から松本や波多の地域で家庭用の衣類を織る高織を利用してつくられていた。手加減で寸法を決める織り方で、農家の副業として生産されていたので網目が一定しなかったという（上條宏之「松本の蚕網について　遠茂商店の場合」、細萱邦雄『蚕網ものがたり』長野県企画、一九九二年四月発行）。

臥雲辰致の蚕網織機

これに改良を加えたのが、臥雲辰致である。一八九〇年（明治二十三）はじめに、外国式のバッタン織機といわれるものを応用した新しい蚕網織機を発明した。それは、これまでの一五倍の生産能率で、網のもじり数を目の大小に応じて、増やしたり、減らしたりできる機械であった。この年七月に東京市で開かれた第三回内国勧業博覧会に出品したところ、良い製作で蚕家に利便を与えるが、網の材料が木綿であるのは実用的でない、材料を麻糸にすれば実際に便利であろうとの批評を受けている（上條宏之「松本の蚕網について　遠茂商店の場合」（細萱邦雄『蚕網ものがたり』一九九二年四月発行））。

この臥雲辰致が出品した「蚕網織機械」は、博覧会で「三等有功賞」を受賞した。

蚕網織機の発明と製造販売をおこなった辰致は、さらに波多村で土地を買収し、居宅と蚕網の製造販売所を建てて蚕網の製作もおこなった。一八九六年（明治二十九）ころのことで、辰致が病歿すると、協力者の百瀬軍次郎が蚕網製造を引き継ぎ、綿屋の名で全国に販路を広げている。

図2-40　蚕網を持って講演する小松芳郎氏
（2016年10月23日天野武弘撮影）

この臥雲式の蚕網織機は、一八九八年（明治三十一）十一月に辰致の長男川澄俊造が、宮下祐蔵・徳本伊七とともに特許をえている。波多村には、一九〇九年（明治四十二）に五軒の蚕網製造者があり、最大の生産者は職工に男二人・女四人を雇い、年に二五万枚の蚕網を生産していた。翌年に百瀬軍次郎は、川澄俊造・太田織次郎と関西府県連合共進会へ蚕網を出品しており、一方で振替貯金口座を開設して、「綿屋蚕網」の商号で全国各地の注文をうけ、蚕網の製造・卸・小売業を営んでいる（同上）。

遠茂商店での大量生産と販売

この蚕網織機を、松本南深志町の細萱茂一郎が大量に購入した。臥雲辰致が考案した織機による「もじり編み」は、当時とすれば最先端を行く技術であり、結果的に、その後の蚕網の生産量を飛躍的に伸ばしていくことになった。

細萱茂一郎は、織機そのものは織物用なので、蚕網用に改良したその織機を大量に購入し、働く人の家に持ち込み、そこで織ってもらう方法を試みた。

織機そのものは茂一郎が買い、織り手、これは主に波多が中心で、その農家に無償で貸し与え、織って仕上げる労働に対して賃金を支払い、製品を引き取る方式であった。一反織っていくらという出来高払いだったという。原材料である綿糸も細萱からの持ち込みで、お願いした農家にやってもらった。

以後、遠茂《えんも》の蚕網は他の追随を許さぬまま全国に得意先を広げていった。「遠茂」という屋号は、古くは遠州から太物を移入して商いをしていて「遠州屋」といい、その「遠州屋」に、代々当主の「茂」の字を付け「遠茂」という屋号になったといわれる。

蚕網に使う竹は、初めは地元の真竹で、やがて長野県内産の孟宗竹（もうそうだけ）を使った。その後、福井など北陸地方から運んできた（細萱邦雄『蚕網ものがたり』一九九二年四月発行）。

松本の製糸業の発展

一八七三年（明治六）、諏訪の片倉市助は、諏訪郡川岸村（現・岡谷市）に座繰製糸を開始した。これが片倉工業の芽生えである。一八七八年（明治十一）に長男の初代片倉兼太郎は、天竜川畔に洋式機械による垣外《かいと》製糸場を創設して、全国的に製糸事業を開始した。

事業拡張のため、一八九〇年（明治二十三）、東筑摩郡松本町清水の四谷《よつや》に松本片倉清水製糸場（四八釜）を開設した。諏訪郡以外の工場としてはじめての進出だった。清水がこんこんと湧き出し、用水の利便、原料繭の仕入れに恵まれた地である。片倉兼太郎の弟の今井五介（今井家養嗣子）は、松本製糸場初代場長となった。

明治二十八年に片倉組が組織された。松本でも、明治二十年代から四十年代にかけて多くの製糸場ができた。その中でひときわ大きかったのが片倉組松本製糸場だった。一九〇四年（明治三十七）六月、松本製糸所と改称された。

松本の中町からこの工場に至る道は、日の出の勢いで栄える片倉製糸にあやかり、また松本の東に位置し日の出を拝する町として、一九〇九年（明治四十二）に「日の出町」と名付けられた。

「片倉王国」を築いた最大の功労者今井五介の特筆すべき功績が、一代交雑種を全国に普及させたことだ。五介は、一九〇九年（明治四十二）、当時主流だった普通糸生産から、より高価で取り引きされる優等糸生産へと、わが国の製糸業を変換させるべく、蚕の品種改良として一代交雑種を提唱する。メンデルの法則が植物だけでなく蚕でも成立することが、遺伝学者の外山亀太郎によって当時発見されていた。外山は、性質の違う両親の子どもは、その両親のいずれよりも優れた性質をもつということを提唱し、蚕の品種改良に利用すべきと主張した。五介は、この一代交雑種の可能性を見抜き、片倉内部の強い反対を押し切って事業を推進した。

一九一四年（大正三）、五介は大日本一代交配蚕種普及団を松本に設立した。普及団が養蚕農家に売った蚕種は、片倉が派遣した養蚕指導員が技術指導をおこない、肥料代などの貸付もおこなった。そのかわり繭は必ず片倉に売り渡すという約束が交わされ、繭確保が確実となった。これは片倉が先鞭をつけた「特約取引」といわれ、繭不足の時代に片倉の製糸業を支えた。この一代交雑種はわずか五年で全国にひろがった。

一代交雑種にくわえ、五介は研究開発を支援していた御法川《みのりかわ》直三郎の多条繰糸機《たじょうそうしき》を導入することを進め、一九二一年（大正十）前後にはそれを採用し、良質の繭から多条繰糸機で高品位の糸をひけるようになった。生糸の品質は格段に上がり、「片倉ミノリカワ・ローシルク」は最高級生糸の代名詞として世界的な名声を得るにいたる。

松本製糸所は、一九二〇年（大正九）に、片倉製糸紡績株式会社松本製糸場となった。規模が拡大され、この年には、三万坪の敷地内に、一〇九二釜、従業員一五〇〇余人の製糸場となった。一九二九年（昭和四）三月、工場の大改修を断行し、鉄筋コンクリート二階建てを新築した。一九三二年（昭和七）、二代片倉兼太郎に代わって、今井五介は、片倉製糸紡績株式会社の社長となった。

今井五介

今井五介は、片倉市助の三男として一八五九年（安政六）に川岸村（現、岡谷市）に生まれた。一八歳のとき平野村（現、岡谷市）の今井家を継いだ。三年余にわたるアメリカ遊学から一八九〇年（明治二十三）に帰国した五介は、兄の片倉兼太郎から設立されたばかりの松本製糸場を任された。三二歳のときである。今井五介は、蚕の品種改良として一代交雑種を提唱し、一九一四年（大正三）、五介は大日本一代交配蚕種普及団を松本に設立したことは、さきにみたとおりである。

製糸業者は、生糸の原料となる繭を仕入れるために、一時に巨額の資金を必要とした。製糸業が日本の産業の中心となり、日本一の「製糸王国」長野県にも、一九一四年（大正三）七月一日に日本銀行松本支店が設置された。とりわけ製糸業がさかんな岡谷・諏訪をふくむ南信地方を統括できる地として、松本市にきまったのである。

工場数の増加と経営規模の拡大とともに、原料繭の需要も増えた。鉄道の開通や道路の整備などの交通の発達、技術の進歩や倉庫の増大などによって、購繭地域がますます拡大した。

片倉直営で片倉組の技師を起用し、片倉組からの資金援助をもとに、五介自らが指揮した信濃鉄道（松本・大町間、現、ＪＲ大糸線）は、鉄道史上ほかに類がないという短い工期と費用で一九一八年（大正七）に開通し、物資の輸送など松本の発展に大きく貢献した。

器械製糸の原動力は、ほとんどすべてが水力であったが、一九一七年（大正六）に電力のみの使用がはじまった。製糸工場には水と電気が大量に必要なため、新潟方面の電力会社からも電力が融通された。新潟の電力会社（中央電気）と松本電気会社が合併して、中央電気株式会社松本支社となり、五介が社長となった。いまの中部電力松本支店である。

一八九八年（明治三十一）八月一日、木沢鶴人が松本の上土町に私塾戊戌《ぼじゅつ》学会を興して商業教育に着手し一九〇〇年（明治三十三）に「松本戊戌学校」となったが、商業教育の関心は薄く、生徒数もわずかで経営は苦しく、廃校せざるを得ない状況に追い込まれた。

松本地方の関係者が今井五介に相談し、片倉の援助を要請した。片倉は多額の資金を寄付し、校舎の改修と設備を充実させて一九一一年（明治四十四）に私立「松本商業学校」と改称した。経営を引き受けた五介は、長崎県立大村中学校校長を休職して郷里の諏訪に帰省していた米沢武平に校長を要請し承諾を得た。米沢の父と五介が知り合いであった。

一九一三年（大正二）埋橋に校舎を新築して上土の校舎から移転した。一九三六年（昭和十一）には、生徒数も八〇〇人に増え、現在地に敷地を求め、東洋一と称せられる校舎が新築された。のちの松商学園高等学校である。

五介は、一九〇八年（明治四十一）八月に松本商業会議所の初代会頭に就任、一九四一年（昭和十六）四月までの三四年間会頭の地位にあり、松本の商工業はおろか、全国経済界にも多大な影響力を及ぼし続けた。一九一七年（大正六）、勅撰貴族院議員、一九二五年（大正十四）には、多額納税者として貴族院議員に再任された。ほかにも種々の法人の役員として名を連ね、日本を代表する経済人となった。

今井五介は、一九四六年（昭和二十一）年七月九日、八八歳で亡くなった

臥雲辰致と今井五介

一八九〇年（明治二十三）は、四九歳の臥雲辰致が蚕網織機を発明した年である。七月に第三回内国勧業博覧会に蚕網織機を出品、賞をうけた。その一か月前の六月に、今井五介が三二歳で、松本片倉清水製糸場の場長となった。

松本の地で、製糸業を支える養蚕の技術革新たる蚕網織機の考案、そして、松本に片倉の製糸場ができた。臥雲辰致は、蚕網織機の発明によりその生活の安定を得た。養蚕製糸業の盛んな信州松本において、蚕網織機の改良は世に迎えられたはずである。そこで、なおすすんで製糸機械の発明、改良をなぜ企てなかったのであろうか。

製糸業の今井五介と臥雲辰致との連携があったならば、どうなっていたのだろうか。

参考文献

『片倉製糸紡績株式会社二十年誌』（片倉製糸紡績株式会社、一九四一年三月発行）
『東筑摩郡・松本市・塩尻市誌』第三巻上（一九六二年十一月発行）
細萱邦雄『蚕網ものがたり』（長野県企画、一九九二年四月発行）
『片倉工業株式会社　歴史年表　創業１３０年のあゆみ』（片倉工業株式会社、二〇〇四年七月発行）
小松芳郎「今井五介」（「脚光　歴史を彩った郷土の人々14」、『市民タイムス』二〇一〇年十月三日）

Symposium
座談会

テーマ・いまに受け継ぐ臥雲辰致の画期的発明
―ガラ紡の歴史的意義とこれから―

講師
玉川寛治（産業考古学会顧問）
石田正治（名古屋工業大学非常勤講師）
木全元隆（木玉毛織株式会社社長、ガラ紡工場経営）
小松芳郎（松本市文書館特別専門員）
司会
天野武弘（愛知大学中部地方産業研究所研究員）

一か月間にわたる「中町・蔵シック館」での〝臥雲辰致「ガラ紡」展示会〟の最後を飾る催しとして、最終日前日の二〇一六年（平成二十八）十月二十九日の午後に座談会がもたれた。講師、司会ともにこの展示会を主催した「ガラ紡を学ぶ会」のメンバーである。当日は、午後一時半開会、二時半までの予定を二〇分近く越える座談会となった。以下その概要を発言順に記す。

司会（天野）○本日の座談会では次の三点から話を進めたいと思います。一点目は臥雲辰致及びガラ紡機発明の歴史的意義、二点目は臥雲辰致の出身地松本地域でのこれからの認知度をいかに上げるか、三点目はガラ紡のこれからについてのお考えを述べていただく、この三点から進めたいと思います。先ずはガラ紡との出会いなどを含め、第一点目の歴史的意義について、玉川さんから順にお願いいします。

玉川○紡績の発展が近代世界をつくってきました。明治になってイギリスとインドでつくられた綿糸と綿織物が大量に輸入され、何とかしなければと考えられていたとき、臥雲辰致がガラ紡機を発明しました。ガラ紡機の画期的な点は、綿の入ったツボ（綿筒）を回転し続けると糸が太くなってしまうが、駆動側と回転されるツボ側を分離して、糸の太さを調整できるようにしたことです。その発想の経緯は火吹き竹と言われていますが、私は生糸を繰る繰糸機の煮繭の運動から発明のヒントを得たと推測しています。繭糸が繭に固着すると、繭が鍋の湯から引き上げられ、引き上げられた繭は、湯を満

図2-41　座談会の風景
（2016年10月29日E・V・S唐沢紀彦撮影）

たした繭の自重によって、湯の中に落ち、糸繰りが再開されます。ガラ紡が知られるようになったのは明治十年の内国勧業博覧会の時でしたが、それが現在まで生き続いています。

石田○ガラ紡に関わり始めたのは、昭和六十年代で、矢作川流域のガラ紡工場を調査したのがきっかけでした。調査を進めていく中で、一九九四年に臥雲辰致のガラ紡機の復元機を作る話が安城市歴史博物館からありました。明治十年の第一回内国勧業博覧会の出品解説に「綿紡機」の名称でガラ紡機が掲載されていますが、これをもとに機械を復元することになり、私が設計を担当しました。復元設計する中で辰致の独創性をあらためて感じました。

図2-42　玉川寛治氏
（E·V·S唐沢紀彦撮影）

木全○私は今愛知県の一宮市でガラ紡工場を経営しています。ガラ紡との出会いは、一五、六年前、バブルがはじけ、当時やっていた毛織物が落ち込み、なにか特徴ある織物をと考えていたときでした。ガラ紡が面白いとの話を聞き、機械に詳しい先輩（日清ニットの林清太郎氏）と一緒に岡崎市内のガラ紡工場を見に行ったとき、偶然ガラ紡工場をやめるという方に出会いました。このとき先輩がガラ紡の機械一式を買い取りましたが、ちょうど私の工場に空きスペースがあったので、そこに機械を据えつけて、先輩と一緒に研究を始めました。はじめは、ウールの産地だったからウールでと思い試験したがなかなかうまくいきませんでした。その後、本業の毛織物を止めることになったのですが、たまたまオーガニックコットンの落綿と出会い、それを原料にしたところうまくいきました。それからはオーガニックコットンガラ紡一本にして今に至っています。

小松○辰致の長男の息子さんが波田村の村長をやっていましたが、私の母がその隣に住んでいました。私が子どもの頃、盆や正月によく母の実家の波田に行きましたが、そのとき母から何度も「たっち」と聞いていました。だから私にとっては「がうんたっち」です。

辰致は一四歳のとき火吹き竹にヒントを得たことが、ガラ紡発明の発端とされています。二〇歳のときお寺に入り、六年後に臥雲山孤峰院の住職になります。しかし廃仏毀釈で還俗し、明治十年の三六歳のとき、ガラ紡を内国勧業博覧会に出品しています。明治十年というその発明時期の早さに画期性を感じているところです。その後、土地の測量機もつくり、波多の川澄家に呼ばれて田畑や山林の測量をしました。これが縁となり川澄家に出入りするようになっています。ガラ紡の機械がその後発展したのは、波田や松本、安曇野、また産業として発展した三河など、地域や多くの人の援助や協力があってのことです。もちろん独創性もありましたが、人とのつながり、地域とのつながりの中で育てられたと思っています。

図2-43　小松芳郎氏
（E・V・S唐沢紀彦撮影）

司会○いま「たっち」と呼んでいるとの話もありました。今回の展示会では、地元で呼ばれていた「たっち」と呼ぶことにしていますが、「ときむね」とも「たつむね」とも「しんち」とも呼ばれています。ガラ紡機は世界的発明とも言われています。とくに蚕網織機の発明では、蚕都松本の養蚕発展に大きく貢献しているところです。しかし松本において臥雲辰致の名は余りに知られていない。今、展示会では臥雲辰致やガラ紡の名をこの地域に広めたい、これを目的の一つにして開催しています。どのようにしたらよいか、次に、こうした点から皆さんのお考えをお聞きしたいと思います。

玉川○少し先ほどの補足をします。臥雲のガラ紡機は、自動制御の機構に特徴がありました。これまでにない発想がそこにあり、これが内国勧業博覧会で大きく評価されたということです。臥雲辰致とガラ紡の名を広めるには、いま片倉製糸跡に片倉モールの建設が進んでいますが、ここに残る古い建物を利用するのが良いと思います。片倉はかつて松本で最も大きい工場でした。松本は養蚕や製糸産業がメインでしたが、ガラ紡機が発明されたところでもあります。臥雲が発明した蚕網織機を含めて、その歴史を紹介する展示施設をここにつくる運動を是非にと思います。今朝この工場周辺を散歩してそのことを思いました。

石田○戦前には、臥雲辰致は小学校の教科書に載るほど人物でした。特許制度の恩恵を受けられなかった苦労など、辰致の歴史を紹介する施設がやはり必要です。松本は生糸生産が中心でしたが、蚕網織機の紹介を含め、ガラ紡の記念館づくりの動きを地域でつくることが大切と思います。

図2-44　石田正治氏
（E・V・S唐沢紀彦撮影）

木全○昨年のガラ紡コンサートと今回のガラ紡展示会を通じて、臥雲辰致のお孫さんである弘安さんに出会い、またガラ紡機の専門家の先生方に出会って、ガラ紡のすごさをあらためて感じました。実際にガラ紡工場をやっていて、気がついたのは、最新鋭の機械でつくった糸とは違い、きれいな糸にはならない、たくさんは出来ない、でもそこを

図2-45　木全元隆氏
（E･V･S唐沢紀彦撮影）

逆手に取れば良いということだったのです。肌に優しい、柔らかいというガラ紡の良さを伝えていくこと、これに今は全力を傾けています。お役に立つことあれば、力になりたい。

小松○片倉製糸が松本の盆地にできたのが明治二十三年の六月でした。今井五介が工場長になって日本一の大規模製糸工場にしました。今井五介は長年松本の商工会議所会頭も務め、松本の産業振興に貢献したことで、松本市あがたの森公園の一角に「蚕業革新発祥記念碑」が建てられています。辰致は、三河ガラ紡発展の功労者として岡崎市の名誉市民になっていますが、松本では今井五介がいます。しかし辰致も松本で大きな貢献をしています。片倉製糸が出来た翌月の七月に、辰致は蚕網織機を発明していますが、蚕網は養蚕では欠かせない用具です。これを作る産業が発明から五年間で大きく発展しますが、松本ではこうしたことを忘れています。片倉製糸跡の建物を利用して資料館にするのは良いアイデアです。それともう一つ大事なことは、臥雲辰致を含めこうしたことを子供たちに知ってもらうことです。学んでもらうことがとくに大事と思っています。

司会○少し私からも考えを述べたいと思います。この会場の入口にガラ紡機が展示してありますね。旧堀金村歴史民俗資料館から借りてきたものですが、でも今は、市の合併もあって休館状態です。ガラ紡に関する資料もここにはたくさん所蔵されています。大変惜しいと思っています。この会場に、ここからガラ紡資料をいくつかお借りしてきて展示していますが、もっと、資料のあることを知って欲しい、資料館を常に開けて欲しいとも思うところです。例えば、建設中の片倉モールに展示施設を作ってこちらに公開するのも一つの案です。もう一つは、お城のところにある松本市博物館の改築計画があると聞いていますが、ここに臥雲辰致とガラ紡の展示コーナーをつくること、これも一案かと思います。

ここで会場の方からも、ご意見を伺いたいと思います。

会場から(女性)○私は堀金村の生まれですが、六〇過ぎまでずっと臥雲さんのことを知りませんでした。知ったのは波田で催しものがあったときで、臥雲さんの生まれたところにいたのに、全く知らなかったことに恥ずかしい思いをしました。片倉の名は知られていますが、臥雲辰致の名前は忘れられています。片倉も工場がなくなってしまったので、この名前も、臥雲辰致の名前も、忘れないよう地元で伝えていかなければと、そう思いました。

会場から(男性)○臥雲辰致のことを三年くらい前から調べ始めています。今回、展示会で二つの新しい資料を見つけました。臥雲辰致の名をもっと広めていけば埋もれている資料が出てくるはずです。例えば、松本駅など人目につくところに、臥雲辰致やガラ紡のパネルを掲示すれば、大きく広めるきっかけになると思います。

会場から(男性)○小学校の時、臥雲辰致の親族にあたる子と一緒のクラスでした。小三の時、先生から、その子の名簿をみて、臥雲さんはガラ紡機を発明したえらい人だとの話がありました。私の世代では一度は聞いている名前ですが、忘れていくのはもったいないと思っています。

司会○臥雲辰致の名を忘れないためにも、小学校の副読本などに入れてもらうのも一つの方法ですね。他に会場からご意見ありますか。

会場から（男性）○三河から来たものですが、戦後すぐの頃の中学時代に、ガラ紡が盛んであった松平町に住んでいました。このときの体験ですが、友人にガラ紡工場の子がいました。私は食べるものに苦労していましたが、その子はお昼にお饅頭を持ってくることもありました。ガラ紡工場にも遊びに行きましたが、九州から女工さんがたくさん来ていて、芝居や映画もよくやっていました。何もないところだったので、これが楽しみだったようです。でも今は全く変わってしまいました。ふるさとが変わるのは悲しいですね。松本もそうですが、何らかの証を残すことを考えて欲しいと思います。

司会○ありがとうございました。それでは、時間も押してきましたので、最後のテーマであるガラ紡のこれからについて、話を進めたいと思います。小松さんからお願いします。

小松○五年後に新しい博物館が松本城三の丸の一角にできる予定です。今審議会の中で、人をテーマにした展示構想がでていますが、そこに臥雲辰致を入れてほしい。ガラ紡機や、今は見つかっていない蚕網織機の実物も何とか探して展示してほしい、辰致四男の紫朗は足踏み脱穀機をつくっていますので、その実物も合わせてと思っています。それから、動かしてみせる動態展示がやはり重要ですね。何とか実現できるようにと思っています。

木全○私もガラ紡の動態展示は大事だと思っています。それと実際に私のところでガラ紡機が動いています。これを動かして製品を作っていることも知ってもらいたい。ガラ紡はその風合いから世界に通用する商品になると思っています。今使っているガラ紡機は昔のものと機構的にほとんど変わってなく、歴史的にも貴重なものと言うことができます。長く、動かしながら残していきたいと思っています。

石田○木玉毛織さんのご努力、天野さんが行っているラオスへの技術移転など、将来に向けてつないでいくことがやはり重要ですね。それから、ガラ紡の糸は特別な糸です。手紡ぎの糸とも違う、よく似た風合いの糸ですが、よく見ると違う、世界に例のない独特な糸ですね。これを活かした製品を作れば、ガラ紡の将来性はあると思います。

玉川○イギリスのチャタムという軍港だったところが歴史的ドックヤードという博物館になっています。この一角に今も帆船時代から続く長く太いロープを作っている工場があります。博物館では、そのロープを作る機械をコンパクトにした模型を作って、地域の小学校に配っています。歴史教材として使っているのです。ですから、ガラ紡機もコンパクトな模型を作って、小、中学校に配って教材にすれば、またいろんな考えが出てくるのではと思います。言い忘れたのですが、ここに信州大学のメカトロガラ紡が展示されていますが、昭和の二十年代から一貫して研究しています。ガラ紡では何故あのような特性ある糸が出来るのか、原理的なことを含めて、ずっと研究を続けていることを知ってほしいと思います。

図2-46　司会 天野武弘氏
（E･V･S唐沢紀彦撮影）

司会○いろいろなご意見、ありがとうございました。お話があったように、これからと言うことに重点を置きますと、やはり子供たちに知ってもらう、これが先ずは大事ですね。資料や実物を展示する施設をつくり、動態展示を行うことも必要というご意見がありました。もう一つは、ガラ紡の製品を展示して、手触り感を体験してもらうことも重要なことですね。触ることでガラ紡への認識も変わると思います。私のラオスでの経験でもガラ紡製品は人気でした。手で触ると欲しいと言います。日本だけでなく、世界的にも期待の持てる商品になると思います。こうしたことを含めて、この展示会をきっかけに、信州でも臥雲辰致のこと、ガラ紡のことを広めていっていただければと思います。

会場から（男性）○私からもひと言。素晴らしい展示会だと思います。臥雲辰致さんのことを詳しく知る機会となりましたが、臥雲辰致を顕彰する会が松本にないように思います。やはり地元松本で後ろ盾になるような住民の組織が必要と思います。ご提案申し上げます。

司会○ご提案ありがとうございました。それでは、最後になりましたが、展示会も明日がラストです。主催は「ガラ紡を学ぶ会」ですが、その中心となって、展示会の企画から準備、そして会期中の一か月間ほとんどフル回転されてきた臥雲弘安さんをご紹介します。臥雲さん、突然ですがひと言お願いできますでしょうか。

臥雲弘安○本日はありがとうございました。私の父は祖父辰致の五番目の子どもです。ですから私は辰致の孫にあたります。でも私は父が五〇歳のときの子どもでして、辰致のことはガラ紡機を発明した人と言うことは知っていましたが、全

図2-47　挨拶する臥雲弘安氏
（E･V･S唐沢紀彦撮影）

く印象としても残っていないですね。二年ほど前から急に松本に来る機会が増え、祖父に呼び込まれたとでも言うのでしょうか、余りに祖父のことがこの松本で知られていないことを知り、何かやらなければとの思いに駆られました。これがきっかけとなり、昨年「ガラ紡コンサート」を行いました。その後、できれば記念館を作りたいとの思いに至り、今回の展示会に行き着きました。この先まだ道のりはありますが、記念館の構想を実現できるよう進めていきたいと考えています。ご支援をお願いしたいと思います。よろしくお願い致します。

司会○皆さん方のご協力をお願いいただければと思います。これで座談会を終了します。ありがとうございました。

第二節　ガラ紡機の展示と実演

(1) 人気を呼んだガラ紡機の動態展示

〝臥雲辰致「ガラ紡」展示会〟の目玉の一つが、臥雲辰致が発明した各種ガラ紡機の展示と、その一部の展示機械を用いた実演であった。

会場の「中町・蔵シック館」に展示されたのは、歴史的ガラ紡機の一つで臥雲辰致のふるさとでもある旧堀金村歴史民俗資料館（安曇野市教育委員会）所蔵の動力式のものが一台、第一回内国勧業博覧会出品解説をもとに復元した愛知県の安城市歴史博物館所蔵の手回し式ガラ紡機が一台、最新のメカトロ機器を用いて紡糸張力や太さの制御を実現させた信州大学繊維学部製作のメカトロガラ紡機の二台、そして近年製作され手軽にできる六錘の小型の手回しガラ紡機が一台、計五台のガラ紡機が会

図2-48　ガラ紡機の展示風景（手前が動力式のガラ紡機、中央にメカトロガラ紡機と手回しガラ紡機、奥に復元ガラ紡機）
（2016年10月天野武弘撮影）

場入口の広い土間に展示された。

このうち実演が行われたには、旧堀金村歴史民俗資料館の動力式のガラ紡機と、信州大学のメカトロガラ紡機の一台、六錘の手回しガラ紡機であった。

動力式のガラ紡機は、基本的には実演担当者のいる土日を中心に実演が行われ、多くの入場者の関心を呼んだ。一般的に展示会においては歴史的機械の実物展示はあってもそれを用いて実演（動態展示）まで行うところは極めて希と思われる。本展示会でこうした歴史的ガラ紡機の動態展示ができたのは、所蔵先の旧堀金村歴史民俗資料館の理解と英断によるところが大きい。もちろんその運転条件の取り決めと事前の機械整備が行われたことは言うまでもない（いずれも「ガラ紡を学ぶ会」の天野武弘を主とする一部のメンバーの整備と運転）。またこれの動態展示に合わせて同館所蔵のガラ紡関連資料を数多く借り出すことができ（本書別稿で一覧を掲示）、本展示会開催への弾みを付けることになった。

動態展示したこのガラ紡機は、長野県の穂高町の所有者から一九九一年（平成三）に同館に寄贈されたもので、原料綿を詰めるツボと呼ばれる綿筒が六四錘で、長さが一間（約一・八メートル）に短縮されたものである。また電動機が直結され運転可能な状態となっていたことが動態展示にはさいわいした。事前調査によって、比較的簡易な整備で運転可能な状態であることが分かり、展示会場に移動後に、一部緩んでいた駆動ロープの交換や、綿を詰め替え、紡糸ができるまでの運転調整を行い、動態展示に備えた。なお旧堀金村歴史民俗資料館にはこれとは別に、一九八〇年収蔵のもう一台のガラ紡機が展示されている。こちらは愛知県豊田市のガラ紡工場から譲り受けたもので、これも長さは一間に短縮している。錘数は六四錘、電動機は

図2-49　動態展示する旧堀金村歴史民俗資料館のガラ紡機（2016年10月天野武弘撮影）

付いてなく展示のみである。

展示会場での実演は、人気の的でもあった。会場入口のすぐ脇に展示したこともあって、ガラガラと響く音に引き寄せられて入館する人もあとを絶たなかった。とくに休日ともなると、外国人観光客も交え、その動きにしばし足を止め、食い入るように見る姿が印象的であった。ときには切れた糸を接ぎ直す体験も行ってもらったが、意外に簡単に接げることに驚きの声も上がっていた。何度も何度も接ぎ直す子どもさんもいて、運転時にはガラガラの音とともに賑やかな会場風景を作り出していた。

このガラ紡機のすぐ隣に、信州大学繊維学部が出展した二台のメカトロガラ紡機が展示された。うち一台は大学の担当者（メカトロガラ紡機を研究中の院生）が来る週末のみの展示であったが、入館者の希望に応じて何度も運転がされていた。新たな発想のもとで作られた研究途上のものとのことであったが、これの詳細については次項で触れているので省略する。なお、もう一台のメカトロガラ紡

図2-50　信州大学のメカトロガラ紡機（2016年10月天野武弘撮影）

図2-51　工房木輪の手回しガラ紡機
（2016年10月天野武弘撮影）

図2-52　安城市歴史博物館の復元ガラ紡機
（2016年10月天野武弘撮影）

機は実演はしなかったが期間中ずっと展示がされていた。

このメカトロガラ紡機のすぐ横に並んで、手回しガラ紡機が小さな姿を見せ展示されていた。静岡市の工房木輪の製作になるもので、手動式複合ガラ紡機と名付けられた、紡糸と撚糸を行うことができるようにした小型のガラ紡機である。紡糸は六錘、撚糸は二錘のいずれもハンドルによる手回し機で、期間中は紡糸だけであったが、出展者の厚意もあって入場者が自由に手で回すことができた。そのこともあって関心を持って質問してくる入場者もいるほどであった。

そして会場の一番奥に展示されていたのが、臥雲辰致が第一回内国勧業博覧会に出品したときの解説書をもとに安城市歴史博物館が復元した手回し式のガラ紡機である。これの詳細は第I部で記しているので省略するが、「ガラ紡を学ぶ会」の石田正治がこれの復元設計に関わった経緯を持つ。手回しで紡糸も可能な作りにはなっているが、期間中動かすことはせず展示だけとした。（天野武弘）

(2) メカトロガラ紡機の展示について

河村　隆

ガラ紡機は原理的には非常にシンプルな機構で実現されている紡績機であり、ごく少量の原料から紡糸が可能であることから、多品種少量生産に向いているとともに、難紡性の材料でも紡績が可能であるという特徴を持つ。信州大学名誉教授　中沢賢ら*1は後者の特徴を「ガラ紡による紡績は自力制御性を持つ」と表現している。しかしながらその制御工学的構造は必ずしも明らかになっておらず、これを解き明かすことが我々のガラ紡機研究の動機の一つとなっている。

ガラ紡は繊維塊から適度な量の短繊維束を引き出して撚りをかけることで連続的に紡糸する。この原理に忠実に現代の技術でガラ紡機を再現したものがメカトロニック・ガラ紡（以下メカトロガラ紡）である。メカトロガラ紡では、駆動用モータとして、巻取り用のボビンを回転させるためにひとつ、綿筒を回転させるためにもうひとつのモータを配置して、それぞれ独立に制御できるようになっており、様々な回転速度の組み合わせで、紡糸実験が可能である。展示に供したメカトロガラ紡のモデル図を示す。

臥雲辰致のガラ紡と比較すると駆動用モータの他にも異なる点がある。実験機であるため綾振りの機構がなく、また、綿筒から巻取りボビンまでの距離を自由に変えられるようになっている。綿筒の回転数を直接モータで変えることができるため、綿筒を上下する機構が不要であり、それにともなって、おもりも必要ない。

全体はノートパソコンで制御されており、ふたつのモータの回転数を制御するためのモータドライバと、紡糸された糸の太さを計測するセンサなどがデータ収集用のＤＡＱボードを介して接続されている。

ノートパソコン上の制御用プログラムで、巻取りボビンは一定の回転数に制御しており、綿筒用モータの回転数は、時々刻々収集されるセンサなどのデータを基に紡糸状況を検出して変化させ制御している。

辰致のガラ紡機の最大の発明ポイントは、紡糸中の張力に着目し、一定の張力での紡糸が可能な機構を発案したことである。綿筒を上下に可動とし、おもりの調節によって綿筒の回転をＯＮ／ＯＦＦできるクラッチ機構によって実現されている。

このメカトロガラ紡機は我々の研究室では

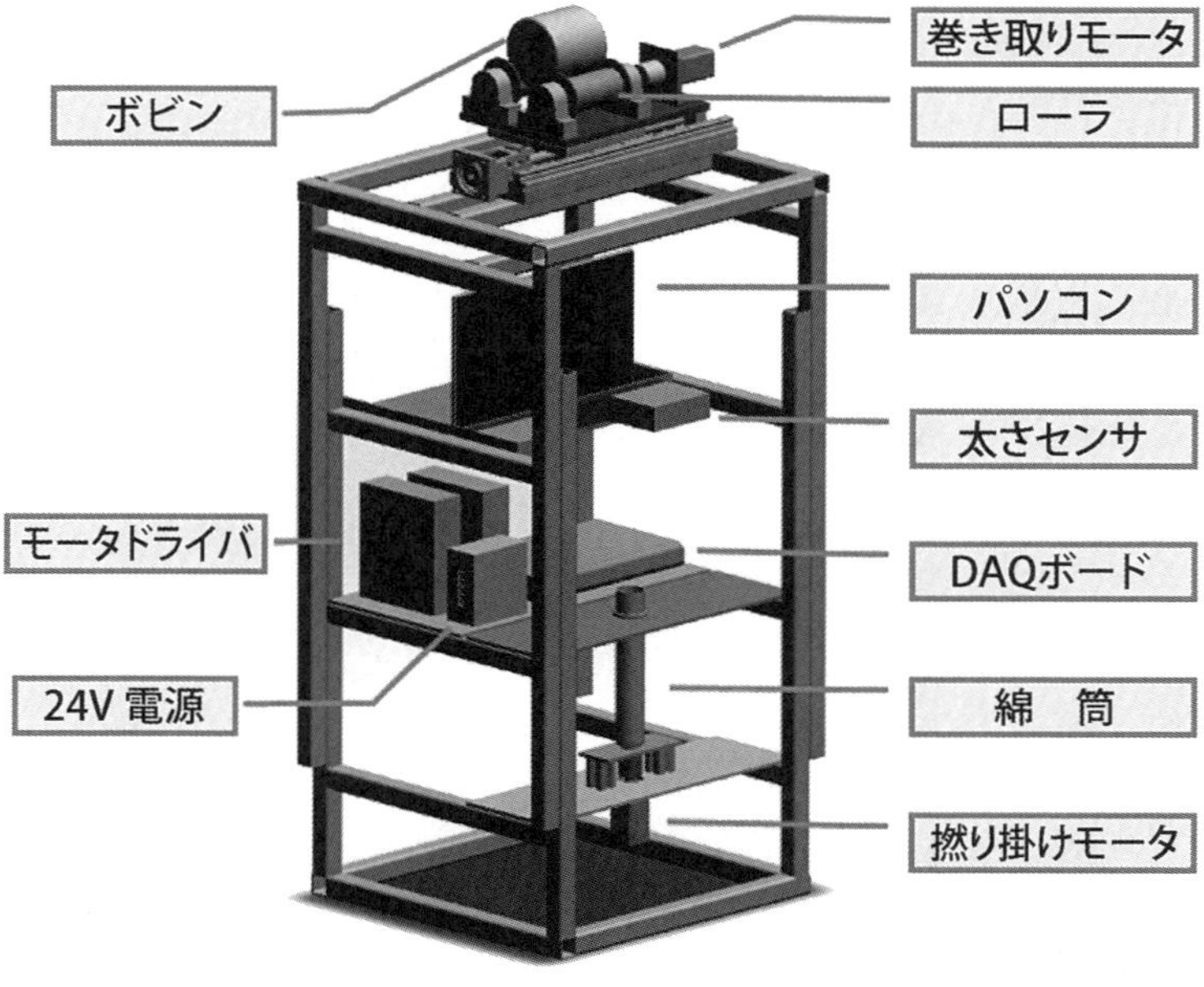

図2-53　メカトロガラ紡機のモデル図（河村隆作成）

第三世代のメカトロガラ紡機で、その特徴からGarabo with Tension Observer（GTO）と呼んでいる。原理的には従来のガラ紡機と同様に紡糸中の張力が一定になるように制御しているが、実は糸の張力を測定するセンサをもっていない。ボビンを一定の速度に制御する過程で、モータにかかるトルク（紡糸張力）を検出することによって紡糸張力を推定する制御系を設計して実装している。

このメカトロガラ紡機（GTO）を用いて紡糸張力を規範とする制御のほかに、太さを規範とする制御も実現している。また、このメカトロガラ紡機（GTO）では、ガラ紡の弱点である生産性の向上も目指しており、従来のガラ紡の標準的な紡糸速度に対して三倍程度の巻取り速度で連続的に紡糸が可能となっている。将来的には、風合いの制御も視野に入れて研究を進めたい。

今回の展示では、開催期間中の週末のうち三日間のみ実演を行った。それ以外は実機を展示するのみであった。実演は多くの方に興味を持っていただき、専門の方々から、それぞれ示唆に富むアドバイスをいただくことができた。ここに深く感謝するものである。

参考文献

＊1　黄更生、中沢賢、河村隆「手紡ぎの考察に基づく手紡ぎロボットの試作と評価」繊維学会誌　54巻4号、二二五〜二三四頁、一九九八年。

第三節　糸紡ぎ、機織りの実演

(1)　三日間にわたる実演と体験会

〝臥雲辰致「ガラ紡」展示会〟の催しの一環として、手紡ぎ、手織りの実演と体験の会が行われた。協力のあったのは、松阪もめん手織り伝承グループ「ゆうづる会」と、三河と尾張の木綿織物の研究をすすめる二人の女性であった。会期後半の二〇一六年（平成二十八）十月二十二日と二十三日の二日間の催しであったが、尾張の一人は急遽二十九日も出演となった。

「ゆうづる会」の方々は、三重県の松阪市から自らが所有する二台の高機を会場に運び込み、前日の準備を含め三日間で述べ一〇名ほどが参加された。当日は、入場者に「どうぞやってみて」と声をかけながら、一台の高機で伝統の松阪木綿の織物実演と体験、もう一台はコースターの手織

図2-54　手紡ぎ手織り実演、体験会場
（2016年10月23日天野武弘撮影）

図2-55　糸車による手紡ぎ実演
（2016年10月23日E・V・S唐沢紀彦撮影）

り体験用に使い分けていたが、松阪もめん独特の織り柄は人気体験の一つともなっていた。また持参した松阪木綿の自作織物の展示即売も行った。

同じ会場では、三河と尾張の二人が中心となって、これも持参した綿繰り機、綿打ち弓、糸車を使って実演と体験が行われた。代わる代わる何組かの入場者が体験をしていたが、綿の種がうまく取れることに、綿打ち弓でビンビン弾くことで面白いように綿がほぐれていくことに、感嘆の声とともに何度も挑戦している人もいた。また海外からの観光客と思われる方も何人かがこうした体験の輪に加わっていた。難しいと言いながらも、次第にうまく紡げるようになって歓声を上げる場面も見られていた。

計三日間にわたる手紡ぎと手織りの実演と体験では、シュッ、トントンの機織りの音とともに、綿繰りや綿打ち弓、糸車の周りに小さな輪ができるなど、会場には終始和やかな雰囲気が漂っていた。（天野武弘）

図2-56　綿繰り実演に見入る来館者
（2016年10月29日天野武弘撮影）

(2) 松阪もめん手織り伝承グループ「ゆうづる会」とガラ紡との出会い

森谷 尚子

「ゆうづる会」とガラ紡との出会い

私達「ゆうづる会」は、松阪もめんを復興し、伝承活動をはじめて三五年になります、一度途絶えてしまったものを復興させるのは容易なことではありませんでした。古布を探し、松阪もめん本来の風合いに近づけることに苦労をし、糸を決め、やっと現在の反物が再現されました。

幸いなことに地元に藍染めと、反物を昭和初期の豊田式織機で織っている会社が残っていました。松阪市の隣、明和町にある御絲織物さんです。藍染の糸が地元で手にはいることがとても大きな助けになりました。そして手織りや植物染めは伊勢市の染織家から学びながら伝承活動を続け、現在にいたっています。

「ゆうづる会」は、経糸は双糸、緯糸は単糸の紡績糸を使っていますが、より手紡ぎ糸に近いものを探し求めて、ガラ紡にであいました。二〇数年前まではまだ多くガラ紡は生産されていましたが、「ゆうづる会」では、紡績糸にたずさわることが多くガラ紡から遠ざかっておりました、ところが数年前からまたあの風合いを思い出し、探しました。同時に松阪地方で地域活性化の取り組みの一環として、また獣害で農作物ができないところを活用して棉の生産ができないかと考えました。オーガニックの棉が欲しい人と松阪市と地域住民とが模索し、やっと棉の収穫にまでこぎつけました。

棉はできてもその先が大問題でした。やっと大阪の大正紡績が種取機を無償で貸しくれるという情報をえて、種を取ることができました。ところが次の段階に進みたいと思ったとき、暗礁にぶつかりました。繊維の長い洋綿は紡績糸にできるのですが、和綿は綿の繊維長が短く紡績機械にかけるには効率が悪く適さないとのことでした。和綿にこだわって作ったものの、手紡ぎかガラ紡糸にするしかないということが分かってきました。これまで松阪もめんは、紡績糸使用を中心に活動してきましたので、即手紡ぎ糸にかえるというわけにはいかず、思案するなかでガラ紡にゆきついたのです、

ところがガラ紡を商業ベースで生産しているところは一軒だけしか見つからず、どうしようか考えているときに、機械をメンテナンスしながら保存されている愛知大学の天野先生にであいました。その情報をいただいた愛知県一宮市の鈴木貴詞氏、尾張木綿の野村千春氏には大変感謝しております。

「ゆうづる会」は毎年研修旅行を行っています、その機会に、もしこの生活産業資料館を見学できれば幸いと思い、連絡を取りました。そして平成二十八年五月、愛知大学の生活産業資料館を見学させていただきました。少し遠かったですが環境も内容も素晴らしいところでした。この時、このガラ紡の糸を使って何かの作品にしてみたいと思いが募りました。それは、この年の秋に、「ゆうづる会」発足三五周年の作品展を開催するための準備を進めていたときでしたので、その活動の一環として作品にして展示したいとの思いが浮かんだことからでした。お預かりした大学で試紡されたガラ紡の糸は、その後ガラ紡糸を用いた木綿織物として三五周年の作品展に展示しました。

経糸・緯糸双方がガラ紡糸で織るというのは初めてのことなので、目の込んだ巾の広い作品は無理と思い、

筬目の荒いものを使い、巾は三〇センチにしました。のりは固めにつけてタペストリーとストールを続けて織りましたが、どちらもそれなりに違和感はありませんでした、タペストリーには竹ひごを入れて遊んでみました。

〝臥雲辰致「ガラ紡」展示会〟への参加

そんなとき天野先生から「ガラ紡」展に参加しませんかと、お声をかけていただきました。県外に出ていくことはあまりない私たちですが、とてもすてきなチャンスと喜びました。

開催日の秋までにはまだまだ時間があるとのんびりしていた会員は、時期が近づくにつれあわてました。経糸にガラ紡糸を使ったことがなかった会員ばかりでしたので、みんなで工夫しながら、きつめにのりをつけ、ストールやタペストリーを織ることができました。

展示会場であった長野県松本市の「中町・蔵シック館」は、酒蔵を改装した素敵な建物です。私たちの織ったガラ紡の織物は、この建物の二階の展示室の一角に展示されていました。

そして大ごとだったのは、ここで松阪木綿の実演を行ったことでした。主催者のお世話もあって高機を二台松阪から運び、会員が交替で、実演と体験の担当をしました。訪れた観光客のかたにも地元の方にもとてもよろこんでいただきました。

また松阪木綿と「ゆうづる会」の活動の様子を見ていただくことも兼ねて、会員が織った松阪木綿の展示販売会も行いました。

そしてこの『展示会』を通して、「ゆうづる会」会員は、あらためて臥雲辰致さんの偉大さを学びました。

このような経緯で松本での「ガラ紡展」に参加させていただきました。

日頃から、松阪木綿の伝承と、より多くの方に松阪もめんを知っていただくために、各地に出向いている「ゆうづる会」は、松本での『展示会』に参加させていただいたことをとてもよろこんでいます、そして臥雲辰致さんの偉大さをあらためて認識し、技術や心が現代に受け継がれていることをしりました。

現在スタートしたばかりの松阪の棉つくりですが、この棉がガラ紡糸になって布になることを、ゆめみているところです。

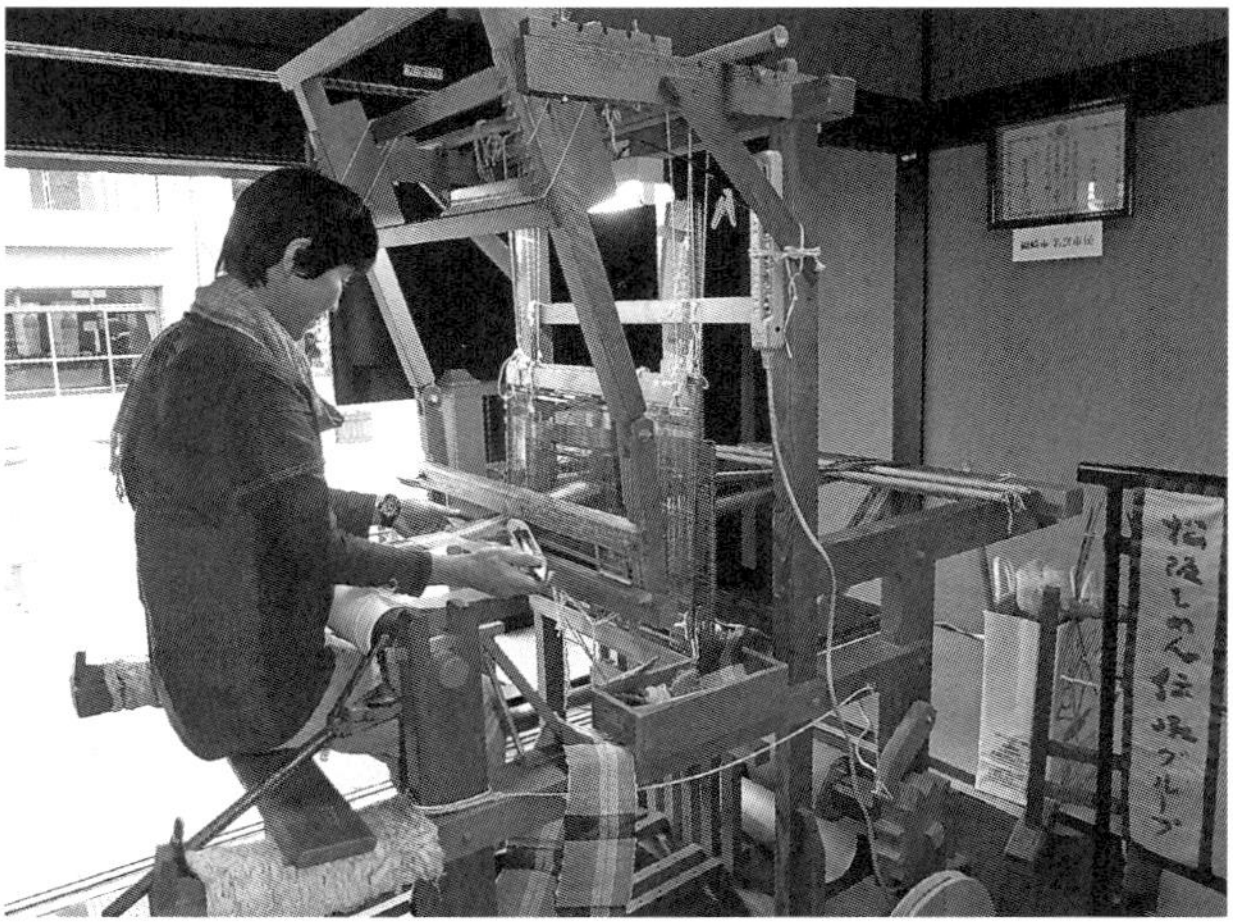

図2-57　松本「ガラ紡展示会」での実演風景
（2016年10月23日天野武弘撮影）

(3) 臥雲辰致「ガラ紡」展示会に参加して

野村 千春

綿を糸にする道具類を携えて、松本市での〝臥雲辰致「ガラ紡」展示会〟へ、名古屋七時発〝しなの〟に乗りました。

十月二十二日土曜日・二十三日日曜日、はた織りを「ゆうづる会」のみなさま、実綿から糸紡ぎまでを菰田様と実演を致しました。

来られたお客様のほとんどの方は、興味深くみてくださいました。

摘んだままの綿を手渡し触ってもらいます。実った綿の中に種があることに驚かれ、真剣なまなざしで作業をみつめられます。

〝綿繰り〟で実から綿が簡単に取れ、轆轤棒の間を通って、ぺっちゃんこになった繰り綿が〝綿打ち弓〟の弦《つる》で弾かれると、ふわふわになり、その綿で〝よりこ〟作り。このよりこでも糸紡ぎをいたしましたが、実演中に時間をかけて弓打ちはできませんし、日常は機械で綿打ちされた綿を使っていますので、機械打ちの綿で作りましたよりこに持ちかえて日本製の〝チャルカ〟で糸づくり。〝糸車〟は大きいので長距離を運ぶのは、あまり自信がありませんでした。

一つの作業が始まりますと、不思議さが増すのでしょう、そのたびごとに「何故」、「どうして」の質問がいっぱい。何度も実演しながら、体験をしていただきながら、綿繰りの轆轤・弓・糸車の構造や仕組にも関心を持たれるので、少ない知識のなかから一所懸命お話をいたしました。

綿繰りは、特に小さい子が喜んでやってくれます。弓打ちは、弦をはじいても空打ちしたり、繰り綿がほぐれなかったり。糸紡ぎは、直ぐ糸にならないので四苦八苦。

図2-58　体験の手ほどきする野村さん
（2016年10月22日E･V･S唐沢紀彦撮影）

綿が糸になること、糸をつくるには技術と長い時間が要ることに感心なさいます。臥雲辰致さんがお母様の大変さを思い、あそこにあるガラ紡を作られました。とつたない説明もしておりました。

「根気仕事ですね。」と何人もの方がおっしゃいました。綿が糸になるまでにも相当のことですのに、その糸が布に織り上がるまでにまだまだ仕事がたくさんあることに溜息をつく方も。

お客様のお一人から「来週はやらないのですか」とお尋ねがあり、二十九日土曜日、予定にありませんでしたが臥雲様にお願いをして実演させて頂きました。同じ道具類を持って出掛けましたけれども、木玉毛織㈱・木全様にお会いしましたので、展示品の糸車を拝借しまして糸紡ぎをい

図2-59　野村さんの実演に見入る人たち
（2016年10月22日E･V･S唐沢紀彦撮影）

たしました。

一九九〇年代半ば頃、三河のとあるガラ紡工場へ参りました。これがお母様のために考えられた機械の現代版と感慨深く見学いたしました。その後、しばらくして幾人かとの会話中にガラ紡の話しとなりましたおり「屑糸でしょ。」と言い放たれたときは衝撃を受けました。

短い繊維を紡ぐことができる〝ガラ紡精紡機〟が反毛の綿で糸をつくることに適していたため、衣料が足りない時代〝再生糸〟作りに活躍したのです。

この展示会で改めて、糸車で糸を紡ぐことの大切さ、ガラ紡機が発明された素晴らしさを考えました。

あたりまえに生活の中にある、木綿製品・毛織物製品などのように、ガラ紡製品が身近な存在になりますようにと思っております。

第四節　注目されたガラ紡の糸と織物

(1)　ガラ紡製品の出展

ガラ紡製品はいま新たな話題を呼んでいる。風合いのある糸質、柔らかく肌触りがよい織物、さらにオーガニックコットン、有機栽培によるエコ綿使用への志向とも重なって、ガラ紡の製品に注目が集まっている。ガラ紡業者が少なくなっている現在ではあるが、こうした動きは新たな製品化を促してもいる。関心度が高まるガラ紡製品を「ガラ紡展示会」でも体感してもらうと、関係する製造業者等に出展を依頼した。

その結果、一宮市の「木玉毛織株式会社」、京都府の「アンドウ株式会社」、岡崎市の「有限会社ファナビス」、東京都の「有限会社エニシング」の四社が応えてくれた。

木玉毛織株式会社は、本書別稿でも述べているが、毛織との社名であるものの今はガラ紡を専門に生産する企業である。ここで生産されたガラ紡糸と、自社で製品化したジャケットや靴下などの衣料やベビー用品をはじめ、各種のガラ紡織物製品の出展があった。

アンドウ株式会社は、ここも本書別稿で述べているように、海外のラオスにガラ紡の機械一式を運んでガラ紡糸を生産している企業である。ラオスで作った各種のトップ染めしたガラ紡糸とともに、ラオスで手織りしたガラ紡製のストール、タオル、ハンカチなど各種製品の出展があった。

図2-60　ガラ紡製品の出展
（2016年10月22日天野武弘撮影）

有限会社ファナビスは、独特な柿渋染めのガラ紡製品を製造、販売する企業である。その代表的製品であるバッグや帽子をはじめ、タオルやハンカチに使える各種製品の出展があった。

有限会社エニシングは、豊橋の織布工場と連携して帆前掛けを製造、販売する企業である。かつて豊橋特産の帆前掛けはガラ紡製が主流であったが現在は作られていない。だが本展示会のために特別に二〇年前のガラ紡製の生地を染め上げて作った帆前掛けが出展された。

ガラ紡製品の出展は、会場入口の受付横に設けたことから、多くの入場者の目に触れ、手で触ってガラ紡製品の感触を楽しむ姿がよく見られた。結果的に購入を希望する入場者が多く、会期中の売り上げ点数もかなりに上ったようである。（天野武弘）

(2) ガラ紡による製品展開について
―新しい〝ガラ紡〟を提案する―

木玉毛織株式会社○木全 元隆

本書別稿でも述べた通り、原料をオーガニックコットンに絞り一〇年ほど前から、ガラ紡糸を生産して来ました。

最初は糸の販売を主に、ネット販売で直接、手織り愛好者を対象に販売を開始、合わせて織物を作り、その織物で製品（小物・雑貨）作りを行い、少しずつ増やして行こうと、ガラ紡商品の販売をスタートしました。

糸の販売については、単糸・双糸・カベ糸の三種類と、カラーについては生成りだけでは難しいので、双糸とカベ糸は、染め糸（現在一二色）をプラスし、糸の販売をネットを中心に展開しております。

織物については現在、五種類（生成りのみ）に絞って、少量ながらランニングしており、継続品として販売しております。それ以外の織物を希望される場合は、生産ロットがキープされれば、別注品として発注頂き生産する事になります。

製品については、小物・雑貨での水回りものを中心に、寝具関係及びベビー子供向きの商品を徐々に増やして行こうとゆっくりゆっくり進めて来ました。

図2-61　木玉毛織のガラ紡製品
（2016年6月2日天野武弘撮影）

何といってもこのガラ紡機で紡ぐ糸は、格別柔らかく気持ちの良い糸が出来ます。その上オーガニックの原料を使用し、やさしく紡がれた糸を、ゆっくり織り上げた織物は、誠にソフトで味わいのある風合いに仕上がります。

その生地を生かして製品を創る事によって〝肌にやさしく、地球にも優しい〟商品が出来上がるのです。

空気をたっぷり含んだ生地はウールにも負けない温かさを備え、合織では真似の出来ない心地良さがあります。

この一〇年、ガラ紡糸を紡ぎその特徴を生かした商品作りに携わり感じている事は、シンプルでスローライフな生き方を求める方々に、新しい生活提案が出来る素材であることを改めて認識し、自信を持って世に送り出せる商品であると思っております。

昔の（特に戦後直後の）ガラ紡のイメージではなく、生活に潤いを持たせる新しい〝ガラ紡〟を、世の中の皆様に知って頂くよう、これからも一層もの作りに励んで行きたいと、願っておりますので今後共、ますますの応援を頂けますようお願い申し上げます。

(3) ガラ紡に魅せられて

有限会社ファナビス ◯ 稲垣 光威

「ガラ紡を現代の暮らしにつなげる品々に」という思いで、「本気布（マジギレ）」と名づけたタオルや肌着などの生活雑貨をご提案させていただいています。

そのようなことを始めたのには私なりの理由がありました。

私の出身地は岡崎市滝町

滝町は明治の初頭にガラ紡が全国に先駆けて産業化した地として知られています。

私が生まれた昭和三十年代はガラ紡の生産量がピークに達した頃で、岡崎の山間部の滝町にも若い働き手が全国各地からたくさん集まり賑わっていました。

私の生家もガラ紡工場を営んでおり、たくさんの工員さんが住み込みで働いていて、たくさんのことを子どもだった私に教えてくれました。犬の可愛がり方。お風呂に入ったあとの水の美味しさ、釣りの仕方。水車に水を導くための堰の水路に落ちかけていた私を助けてくれたり、豊かな思い出でいっぱいです。

しかし、今の滝町は閑静な住宅地となり、かつての「工業地域」の繁栄の面影は残っていません。

私は社会に出て繊維商社に入り、原料や糸や布生地や衣服を海外依存度を増し、国内生産が疲弊して行くのを目の当たりにしました。

その頃、「滝町のガラ紡の歴史が何も残らない」とぼそりと呟いた父の言葉が頭に寂しく響いていていました。

ガラ紡

私は十四年間の会社勤めを辞め、布屋として独立した時に、「ガラ紡を再び世に問うことはできないだろうか」と考えました。

岡崎、愛知、日本の繊維機械産業の香りの残るようなガラ紡の布を皆さんに見ていただき、ガラ紡が見たり触れたり着たりする価値のない布なのかどうか、もう一度問うてみたいと思ったのです。

ガラ紡の工場さんや機屋さんや染色工場、縫製メーカーを訪ね歩くうちに、私たちが布や衣服の産業をいかに顧みなかったかという疑問が湧いたり、海外に生産を移し空洞化してゆく日本の繊維業のすがたが浮き彫りになって行くような気がしました。

天然素材のガラ紡の糸で布を織り、肌触りのよく懐かしい布を作る。それは私が過ごした子ども時代に「撚

図2-62　青木川の旧ガラ紡水車の堰堤
（2017年5月8日稲垣光威撮影）

図2-63　ファナビスによるガラ紡製品の出展、販売
（2016年10月16日天野武弘撮影）

り戻し」をし「紡ぎ直し」をして「織り改め」て繋がり直して行く、そんな回復の行脚のような気がしています。

ガラ紡の商品化を初めて十数年が経ちました。ガラ紡が失われて行ってよい布なのか残すに価値ある布なのかという自問への答えを探しながらまだまだ答えは見つかりません。それは私や私の世代が即答できることではないような気がしています、おそらく、私の後々の世代が選ぶことなのでしょう。

それまでのリレーの一人のランナーとして、私なり「暮らしの道具」としてのガラ紡の価値を未来につなぐようなモノづくりを進めることで、バトンを次代に受け渡すまでガラ紡の歴史や肌さわりの良さを本気でまじめに伝え続けていきたいと思っています。

（4）手紡ぎ風の糸を求めて ―ラオスでガラ紡生産―

アンドウ株式会社 ○ 安藤　一郎

二〇一六年秋の松本市でのガラ紡の展示会に参加させて頂きました。

当社はもともと絹の和装関係を得意とする会社で、細くて綺麗な糸を求めて製品作りをやってまいりました。しかし、タイのOTOPのお手伝いをさせていただいた頃より、絹だけでなく綿を原料とした手紡ぎ風の糸を作って、商品化してみたいと思うようになりました。

偶々、当社の織物担当者から、ガラ紡という方法でやれば手紡ぎ風の糸ができるという提案がありました。その後、愛知大学がガラ紡機の動態展示をしていることを知り、大学を訪ねて色々御指導を賜りました。また愛知県三河地方のかつてのガラ紡産地で、三〇年間ほど眠っていたガラ紡機を見つけ出し、これを修理することで使えるガラ紡機として整備しました。

ガラ紡の糸は、とてもおもしろい、太いので空気も含んでいる。これを織物にすれば、柔らかくて手触りの良い暖かい織物ができる。でも自動織機ではそうした風合いのある織物にするのは難しい、やはり手織りが良いのです。でも手織りは人手が多く必要になります。だから当社の日本の工場では無理。当社は中国工場も持っていますが、手織りまでは無理と判断。そこで思いついたのがラオスでした。ガラ紡機をラオスに

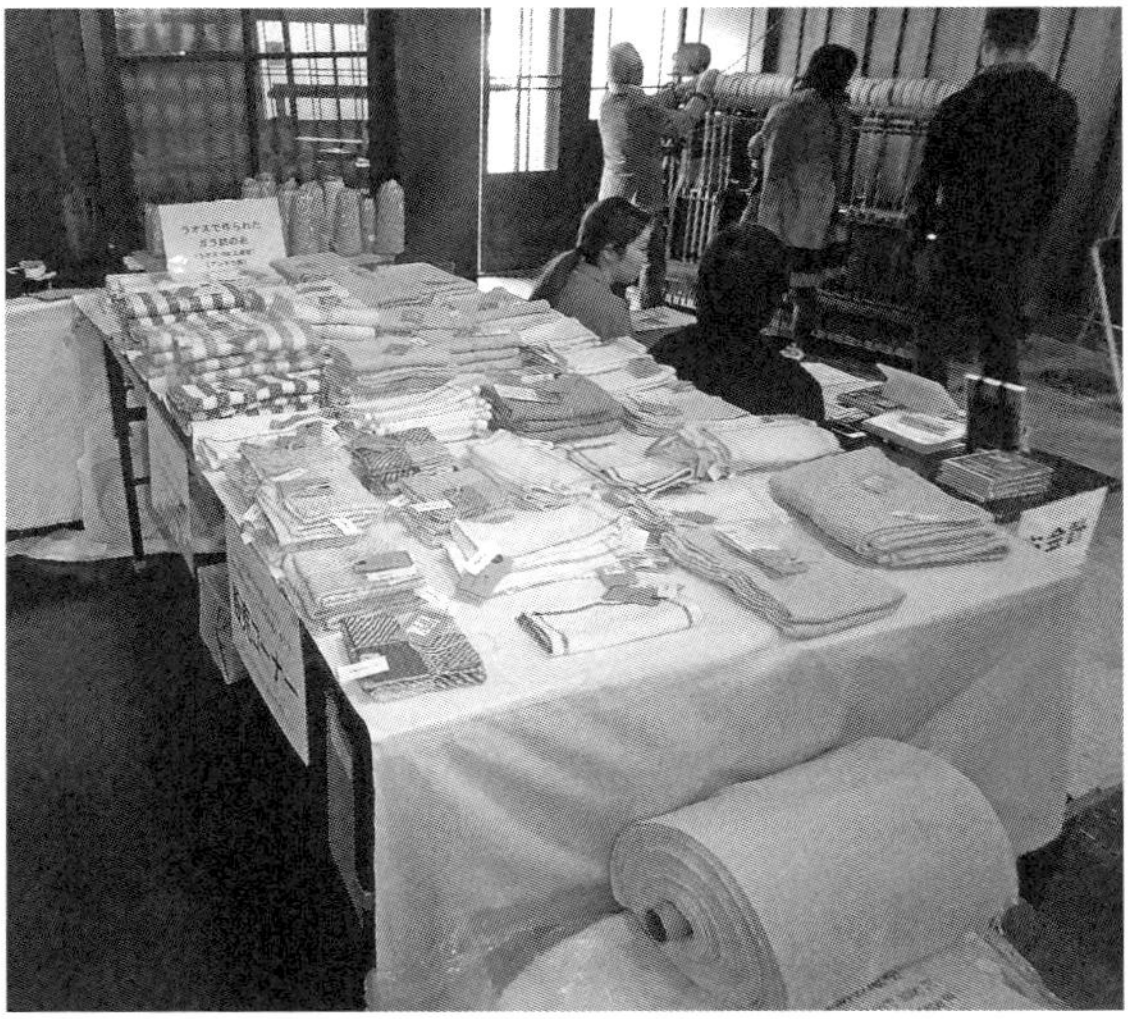
図2-64　ラオスで作られたガラ紡製品の出展、販売
（2016年10月30日天野武弘撮影）

持って糸をつくり、ラオスで手織りをして織物に、ということでラオスへ行くことになりました。

現在当社は、ラオス南部のパクセという都市の近郊においてガラ紡を生産しております。試験生産を始めて三年が経ち、糸売り、生地売り、製品売りと様々な売り方で、大体は日本向けに販売をしているところです。

二〇一六年秋の松本市で開催された展示会においては、当社のガラ紡製品の展示販売をさせてもらいましたが、好評を頂き感謝しているところです。

今後もこの「楽しい糸」を相手に色々な商品を作って行きたいと思っております。

ガラ紡の製品を使われている方、この本を読まれた方で、ガラ紡製品の感想やアドバイスをいただける方、ご協力いただける方がおられましたら、ご一緒に物作りをして行きたいと存じています。

第五節　展示会の構想から一か月間の開催

(1) ガラ紡記念館の構想と「ガラ紡コンサート」の開催

松本市の「中町・蔵シック館」を全館借りきっての一か月間の〝臥雲辰致「ガラ紡」展示会〟の開催は、いま思えば、臥雲辰致のお孫さんである臥雲弘安氏の、祖父・辰致への熱い想いと行動力がそのすべてであった。

このあと掲載する弘安氏の手記もあるように、その始まりは二〇一四年（平成二十六）であった。松本で生まれ育った弘安氏は、この年に開催された安曇野市豊科郷土博物館の「安曇野のエジソンたち」でのギャラリートークに招かれるまで、じつに五八年ぶりの里帰りであったともいう。ところが、これがきっかけとなって、堰が切れたようにその後頻繁に松本に訪れるようになる。

こうした中で祖父・辰致が郷里松本で余りに知られていないことを肌で感じ、というより軽いショックを受けたようで、ガラ紡機の著名な発明者でもある祖父・辰致に対して何もしてこなかった後悔のようなものが頭をもたげたのか、祖父の足跡を何らかの形で郷里松本に残したいとの思いを抱くようになる。

思い立ったらすぐ行動する、これが弘安氏のモットーのようで、さっそく私設の記念館作りのための行動を起こしたようである。しかし容易でないことを感じ取り、まずは市民への啓発行動へと舵を切る。すなわち松本市民にガラ紡のこと、臥雲辰致のことを知ってもらうきっかけ作りが重要だと考えた。その具体的行動も素早かった。

その後立ち上げた「ガラ紡を学ぶ会」のメンバーの一部にその意が伝えられたのは二〇一四年の秋であった。ギャラリートークで郷里を訪れてから数か月後のことである。そしてその直後の十二月には「ガラ紡コンサート」の具体案が提示され、同時に出演者交渉も行うという手回しの良さであった。

図2-65 「まつもと市民・芸術館」でのガラ紡コンサートの会場風景
(2015年5月27日天野武弘撮影)

「ガラ紡コンサート」が開催されたのは、翌二〇一五年五月であった。この日は、弘安氏の地元同窓会をはじめ事前の呼びかけが功を奏し、一〇〇名近くが「まつもと市民・芸術館」の小ホールに集った。メインは「セントラル愛知交響楽団」のメンバー三名によるバイオリン、チェロ、ピアノ三重奏のコンサートであったが、その前段として、ガラ紡や臥雲辰致を知ってもらうべく、ガラ紡とは何か、その発明者臥雲辰致のこと、三河で栄えたガラ紡、世界的意義を持つガラ紡の技術などの内容で、四名の講師（講演順に石田正治、天野武弘、崔裕眞、小松芳郎、いずれもこのコンサート開催の際に結成された「ガラ紡を学ぶ会」メンバー）からの講演があった。

弘安氏は、この「ガラ紡コンサート」を一つの足がかりとして、自身が描いた記念館作りへの思いを加速させていく。しかし思い通りに事が運ばない。先の見通せない状況もでてくるようになる。しかしこうしたとき、さらに次の一手を考えるのがまた弘安氏であった。このときもまた行動の早さに驚かされることになるが、それが二〇一六年の秋に催された〝臥雲辰致「ガラ紡」展示会〟の構想であった。

松本市民に、「ガラ紡コンサート」の記憶の冷めないうちに、ガラ紡という名と臥雲辰致という名前を郷里松本に定着させたい、そうした思いからであった。当初は、一か月という長い開催期間までは描いてなったと思われるが、いつしか、会場選択をするうちに思いが募ったようである。結果的に松本の中心市街地で観光コースの一角を占める「中町・蔵シック館」を射止めることになる。観光シーズンの秋まっただ中の一か月間、それも全館借り切りとの話を聞いたときには、さすがに耳を疑ったほどであった。（天野武弘）

(2) 〝臥雲辰致「ガラ紡」展示会〟の開催

この少し前、展示会の素案が弘安氏から示されたのが、「ガラ紡コンサート」から約半年後の二〇一五年十一月であった。会場借用の関係から二〇一六年三月に「ガラ紡を学ぶ会」の規約を作って新たに社団として設立することになるが、同時に展示構想に基づく展示品の借用依頼が始まることになる。しかし、この段階になっても展示のチーフディレクターが決まっていない危機的な状況となっていた。展示の専門家や展示

図2-66　会場の「中町・蔵シック館」でのミニコンサート
（2016年10月8日天野武弘撮影）

業者にとの考えも出たが、最終的に「ガラ紡を学ぶ会」が行うことになり、全体総括を山本雅士が担当し、主に集客の目玉ともなる音楽演奏の演出を担当、ガラ紡の資料や作品などの展示関係を天野武弘が主に担うことにして、急ピッチで九月オープンを目指すことになった。しかし実質的な会期中のもう一つの目玉とした講演会演者の打診や、展示資料借用の折衝、展示用具や備品借用の業者折衝、資料運搬に伴う業者対応などは弘安氏に負うところが大きかった。

　こうした準備はオープン前日まで間断なく続いたが、それを物語るように、展示会の案内チラシが刷り上がったのが開催日直前であった。まさに綱渡り的状況でもあった。

　開催された展示会では、巻末に掲げる協力者リストにもあるように、二〇を超す出展団体や個人から、数百点に及ぶ資料の展示協力があり、会場を彩ることができた。

　またセントラル愛知交響楽団のメンバーをはじめとする音楽演奏会は、プロの演奏を間近でしかも無料で聴くことできるまたとない機会となり、会場を訪れた人たちにはひとときの優雅な時間となっていた。さらに二人の若手トランペッターによる毎日午前、午後の三回のミニコンサートと名付けた演奏は、会期中一日も休みなく続くという他に例を見ない催しともなった。会場の入口付近の広間で、また会場前の広場で野外演奏会ともなったこれらの演奏は、その都度、通りがかりの観光客をはじめ多くの集客を得て、会期中の大きな目玉ともなっていた。（天野武弘）

(3) 祖父・辰致に呼び込まれて

昭和三十一年三月、松本深志高校を卒業して以来、縁の無かった松本に、三年程前、安曇野市豊科郷土博物館で開催された「安曇野のエジソンたち」夏季特別展でのギャラリートークで、祖父、辰致の発明したガラ紡の話をする機会があり、加えて、交通事故で、長期療養した姉の退院後の面倒を見る事になり、この三年余りの間に、五六回、延べ滞在日数一三〇日に及ぶ松本行の松本行きとなった。

そんな中、それまで、遥か向こうにいた祖父に呼び込まれ、祖父・ガラ紡の記念館を松本に設立してはとの思いに至り、その手始めとして、松本周辺での祖父・ガラ紡に関して、多くの方々に知って貰いたいとの思いから、まつもと市民・芸術館で「ガラ紡コンサート」を開催した。平成二十七年五月二十七日（水）の事である。

「ガラ紡コンサート」から六か月が過ぎた頃、記念館の設立は、容易でないとの思いに至り、記念館に展

図2-67　ミニコンサート
（2016年10月30日E・V・S唐沢紀彦撮影）

示する内容を展示することにした。

開催場所、展示品内容を決めるにあたり、主催組織となる「ガラ紡を学ぶ会」を設けた。役員は、「ガラ紡コンサート」の関係者に就任して頂くことにした。

三月に入り、最終案を以下の通りにまとめた。展示会の名称を、〝臥雲辰致「ガラ紡」展示会〟副題を「臥雲辰致・日本独創の技術者～その遺伝子を受継ぐ～」、展示品（内容省略）の展示場所は中町・蔵シック館、期間は十月（二週間）、とした。

三月二十四日、中町・蔵シック館で打合せを行い、会場として全館を借りる、期間は九月二十七日から十月三十一日の一か月間とする事を決定した。

中町・蔵シック館の全館貸し切りとなり、講演会、演奏会を期間中行うことにした。一〇名の講師、演奏会はセントラル愛知交響楽団メンバーによる弦楽四重奏、金管五重奏と、すくすく合奏団のバイオリンコンサートを行う事とした。

他方、松本市、松本市教育委員会、松本商工会議所の後援を申請し、許可を得る。

ガラ紡を学ぶ会の理事数名で、七月、九月の二回に亘り、展示品の内容、搬入・据付等の確認の打合せを行い、九月末から十月の開催に向け、万全を期した。

展示会にあたって、案内用のリーフレット（四頁）を作成したので、次に掲載する。（臥雲弘安）

「展示会」案内リーフレット

図2-68　「展示会」案内リーフレット（1頁）

講　演

講師	月日	時間	場所	テーマ
小松 芳郎	10/2（日）	10:00 ～ 11:00	会議室 2	ガラ紡の話題
玉川 寛治	10/2（日）	13:30 ～ 14:30	会議室 2	臥雲辰致の画期的発明（ガラ紡）
野村 佳照	10/8（土）	13:30 ～ 14:30	会議室 2	ガラボウソックス製品化
西村 和弘	10/8（土）	15:15 ～ 16:15	会議室 2	愛知豊橋の伝統前掛けとガラ紡
石田 正治	10/9（日）	13:00 ～ 14:00	会議室 2	第 1 回内国勧業博覧会出品の綿紡機
中沢　賢	10/15（土）	13:00 ～ 14:00	会議室 2	臥雲辰致とガラ紡
天野 武弘	10/16（日）	13:00 ～ 14:00	会議室 2	三河ガラ紡の歴史・愛大ガラ紡動態展示
崔　裕眞	10/19（水）	13:30 ～ 14:30	会議室 2	ANOTHER SPINNING INOVATION
天野 武弘	10/19（水）	14:40 ～ 15:40	会議室 2	ガラ紡技術移転（ラオス）
吉本　忍	10/22（土）	13:30 ～ 14:30	会議室 2	蚕網織機（もじり網織機）とその周辺
中村 晶子	10/22（土）	14:40 ～ 15:40	会議室 2	堺緞通の歴史とガラ紡
小松 芳郎	10/23（日）	13:30 ～ 14:30	会議室 2	蚕網織機の話題
座談会	10/29（土）	13:30 ～ 14:30	会議室 2 又は和室 1，2	いまに受け継ぐ臥雲辰致の画期的発明 －ガラ紡の歴史的意義とこれから－ 玉川寛治、天野武弘、石田正治、木全元隆、小松芳郎

愛知大学中部地方産業研究所研究員

天野武弘

1946 年愛知県生まれ。愛知県内の工業高校機械科教諭を経て、現在は愛知大学中部地方産業研究所研究員、同大学で近代産業技術史等の講義とガラ紡績機の動態展示等を担当。三河で栄えたガラ紡を 30 年ほど前から産業遺産の観点で捉えて調査、研究を行っている。ほかに名古屋学芸大学、大同大学で非常勤講師、豊川市文化財保護審議会委員。

信大繊維名誉教授

中沢 賢

１９３７年長野県生まれ。２００２年まで信州大学繊維学部繊維機械学科（後の機能機械学科）勤務。繊維機械学、機械力学等担当。信州大学名誉教授。紡績機械の制御構造に興味。ガラ紡の制御構造を研究、メカトロニクスガラ紡機を開発。

名古屋工業大学非常勤講師

石田正治

1949 年愛知県生まれ、2006 年名古屋大学大学院教育発達科学研究科博士課程修了。1976 年愛知県公立学校教諭、2013 年名古屋工業大学非常勤講師、現在に至る。主として行っている業務・研究は、高校工業科の専門教育研究、機械技術史、産業遺産研究。日本機械学会機械遺産委員会委員、日本産業教育学会理事、豊橋市「とよはしの匠」選考委員などを務めている。

堺市文化財課学芸員

中村晶子

1966 年北海道生まれ。立命館大学文学部日本史学専攻卒業。1989 年より堺市教育委員会で文化財保護（美術・歴史・民俗）担当学芸員として勤務、現在に至る。現在、吉本忍先生の指導のもと「堺緞通記録作成・調査研究事業」プロジェクトを立ち上げ、堺緞通の技術と歴史に関する調査研究をおこなっている。。

松本市文書館特別専門員

小松芳郎

昭和 25 年生まれ。小学校教諭、長野県史常任編纂委員、松本市史編さん室長、松本市文書館館長をつとめる。松本芸術文化協会地域文化賞受賞（平成 15 年）。現在、信濃史学会会長、松本史談会会長、全国歴史資料保存利用機関連絡協議会参与、松本大学非常勤講師。著書『松本平からみた大逆事件』、『長野県の農業日記』、共著『長野県謎解き散歩』、『信州の近代遺産』、『幕末の信州』など。

有限会社エニシング代表

西村和弘

1973 年広島生まれ。中央大学時代に 1 年間アメリカ留学。27 歳で江崎グリコから独立後、唯一の産地・愛知県豊橋で作られる日本伝統の「前掛け」の製造販売を開始。アメリカ、イギリスを始め、世界各国に販売している。

立命館大学テクノロジー・マネジメント研究科准教授

崔　裕眞

1971 年米国カリフォルニア州生まれ。1995 年早稲田大学政経学部卒業後、英国 CASS ビジネススクール、サムスングループ会長戦略秘書室主任を経て、英国ケンブリッジ大学修士・博士号取得。一橋大学経済研究所・イノベーション研究センター特任講師・学習院大学非常勤講師を経て、2011 年 4 月より立命館大学専任准教授。2015 年より法人立命館国際連携室副室長・立命館稲盛経営哲学研究センター副センター長。

ヤマヤ株式会社代表

野村佳照

昭和 27 年、靴下の町・奈良県広陵町生まれ。ヤマヤ株式会社社長。オーガニックコットンの異業種グループ、協同組合エヌエス理事長。経営ポリシーは、人のためにも地球のためにもいいものづくり。

産業考古学会顧

玉川寛治

１９３４年松本市で生まれる。５２年松本深志高校卒業。５７年東京農工大学繊維学部繊維工学科卒業。９４年定年退職するまで３７年間大東紡織株式会社勤務。繊維技術者。繊維技術史研究者。定年退職後、OECF の委託でキルギス共和国の繊維産業の調査、タイの縫製工場の技術指導。東京国際大学産業考古学の非常勤講師。産業考古学会学会誌編集長・会長歴任。

国立民族学博物館名誉教

吉本　忍

1970 年以来、世界各地で染織技術、染織品、織機などの調査研究をつづけている。専門は民族技術、民族美術・工芸。おもな著書は『世界の織機と織物』（国立民族学博物館）、『ジャワ更紗』（平凡社）、など。

図2-69　「展示会」案内リーフレット（2頁）

コンサート

すくすく合奏団 ～バイオリンを多くの人々に広めるためのコンサート～

〈プログラム〉
カノン、ノクターン、G 線上のアリア、花のワルツ
ジュピター、エトピリカ、ひまわり、さくら独唱　など

〈演奏スケジュール〉
10 月 8 日（土）①11:00-11:30　②12:00-12:30　③14:30-15:00
10 月 9 日（日）①11:00-11:30　②12:30-13:00　③14:00-14:30

セントラル愛知交響楽団メンバーによる
「ガラ紡コンサート」～弦楽四重奏・金管五重奏～

弦楽四重奏（入場料 500 円）

〈出演〉
ヴァイオリン／吉岡秀和・丹沢絵美
ヴィオラ／小中能会真、チェロ／本橋裕

〈プログラム〉
モーツァルト：アイネクライネナハトムジーク
エルガー：愛の挨拶　他

〈演奏スケジュール〉
10 月 15 日（土）①11:00-12:00　②14:30-15:30
10 月 16 日（日）③11:00-12:00　④14:30-15:30

金管五重奏（入場料無料）

〈出演〉
トランペット／村木純一、清水祐男
ホルン／山本雅士
トロンボーン／福田良正、森田和央

〈プログラム〉
デズニー映画より：ディズニーメドレー
R. ロジャーズ：サウンドオブミュージックメドレー　他

〈演奏スケジュール〉
10 月 15 日（土）①10:30-10:45　②12:15-12:30　③14:00（講演終了から）15 分間
10 月 16 日（日）④10:30-10:45　⑤12:15-12:30　⑥14:00（講演終了から）15 分間

図2-70　「展示会」案内リーフレット（3頁）

講演・コンサートスケジュール　会期　2016年9月30日から10月30日

日	月	火	水	木	金	土
					9/30 開会	**10/1** ミニコンサート
2 10:00-11:00 講演／小松芳郎 13:30-14:30 講演／玉川寛治 ミニコンサート	**3** ミニコンサート	**4** ミニコンサート	**5** ミニコンサート	**6** ミニコンサート	**7** ミニコンサート	**8** 11:00-11:30 すくすく合奏団 12:00-12:30 すくすく合奏団 13:30-14:30 講演／野村佳照 14:30-15:00 すくすく合奏団 15:15-16:15 講演／西村和弘 ガラ紡運転
9 11:00-11:30 すくすく合奏団 12:30-13:00 すくすく合奏団 13:00-14:00 講演／石田正治 14:00-14:30 すくすく合奏団	**10** ミニコンサート	**11** ミニコンサート	**12** ミニコンサート	**13** ミニコンサート	**14** ミニコンサート	**15** 10:30-10:45 金管五重奏 11:00-12:00 弦楽四重奏 12:15-12:30 金管五重奏 13:00-14:00 講演／中沢賢 14:00 頃 -15 分間金管五重奏 14:30-15:30 弦楽四重奏 ガラ紡運転
16 10:30-10:45 金管五重奏 11:00-12:00 弦楽四重奏 12:15-12:30 金管五重奏 13:00-14:00 講演／天野武弘 14:00 頃 -15 分間金管五重奏 14:30-15:30 弦楽四重奏 ガラ紡運転	**17** ミニコンサート	**18** ミニコンサート	**19** 13:30-14:30 講演／崔 裕眞 14:40-15:40 講演／天野武弘 ミニコンサート ガラ紡運転	**20** ミニコンサート	**21** ミニコンサート	**22** 13:30-14:30 講演／吉本 忍 14:40-15:40 講演／中村 晶子 ガラ紡運転 手紡ぎ手織り実演 ミニコンサート
23 13:30-14:30 講演／小松 芳郎 ガラ紡運転 手紡ぎ手織り実演 ミニコンサート	**24** ミニコンサート	**25** ミニコンサート	**26** ミニコンサート	**27** ミニコンサート	**28** ミニコンサート	**29** 13:30 ～ 14:30 座談会 ミニコンサート ガラ紡運転
30 ミニコンサート ガラ紡運転						

<出展協力>
堀金歴史民俗資料館（安曇野市豊科郷土博物館）、安城市歴史博物館、堺市博物館、泉南市教育委員会
信州大学、愛知大学・中部地方産業研究所、愛知大学学生、名古屋学芸大学学生、工房木輪
NPO ガラ紡愛好会（浜松）

<手紡ぎ手織り実演及び出展協力>
三河手機場、尾張木綿伝承会、松阪もめん手織り伝承グループゆうづる会

<ガラ紡製品出展>
木玉毛織株式会社、アンドウ株式会社、有限会社ファナビス

信州・松本
中町蔵の会館（中町・蔵シック館）
[開館時間] 午前9:00～午後5:00 [休 館 日] 年末年始
〒390-0811　長野県松本市中央2丁目9番15号
TEL・FAX　(0263) 36-3053
U R L http://www.mcci.or.jp/www/kurassic/　E-mail kurassic@po.mcci.or.jp
徒歩：松本駅より約10分　バス：松本電鉄タウンスニーカー東コース「蔵シック館」下車

追補版

図2-71　「展示会」案内リーフレット（4頁）

（4）ガラ紡ビデオの制作と放映

運転中のガラ紡をビデオに撮って会期中会場で流したい。その提案が臥雲弘安氏からあったのは展示準備が急ピッチで始まりだした二〇一六年（平成二十八）四月初めであった。このときはガラ紡機の実機による動態展示までは構想になかった段階で、弘安氏には「ガラ紡展示会」と名付ける以上、ビデオでその動きを入館者に見せたいとの思いがあった。

間もなく松本市内の映像業者E・V・Sの唐沢紀彦氏と、「ガラ紡を学ぶ会」から天野武弘が担当となって協力して進めることになった。シナリオが出来上がったのが七月上旬、さっそく臥雲辰致のふるさと松本をはじめ、現役のガラ紡工場である木玉毛織、ガラ紡機を動態展示するトヨタ産業技術記念館と愛知大学中部地方産業研究所などの撮影が急ピッチで進められた。映像編集が出来上がったのが九月上旬、さらに手直しを経て、完成したのは展示会オープンの直前であった。

完成したビデオのタイトルは「信州が誇る技術者「臥雲辰

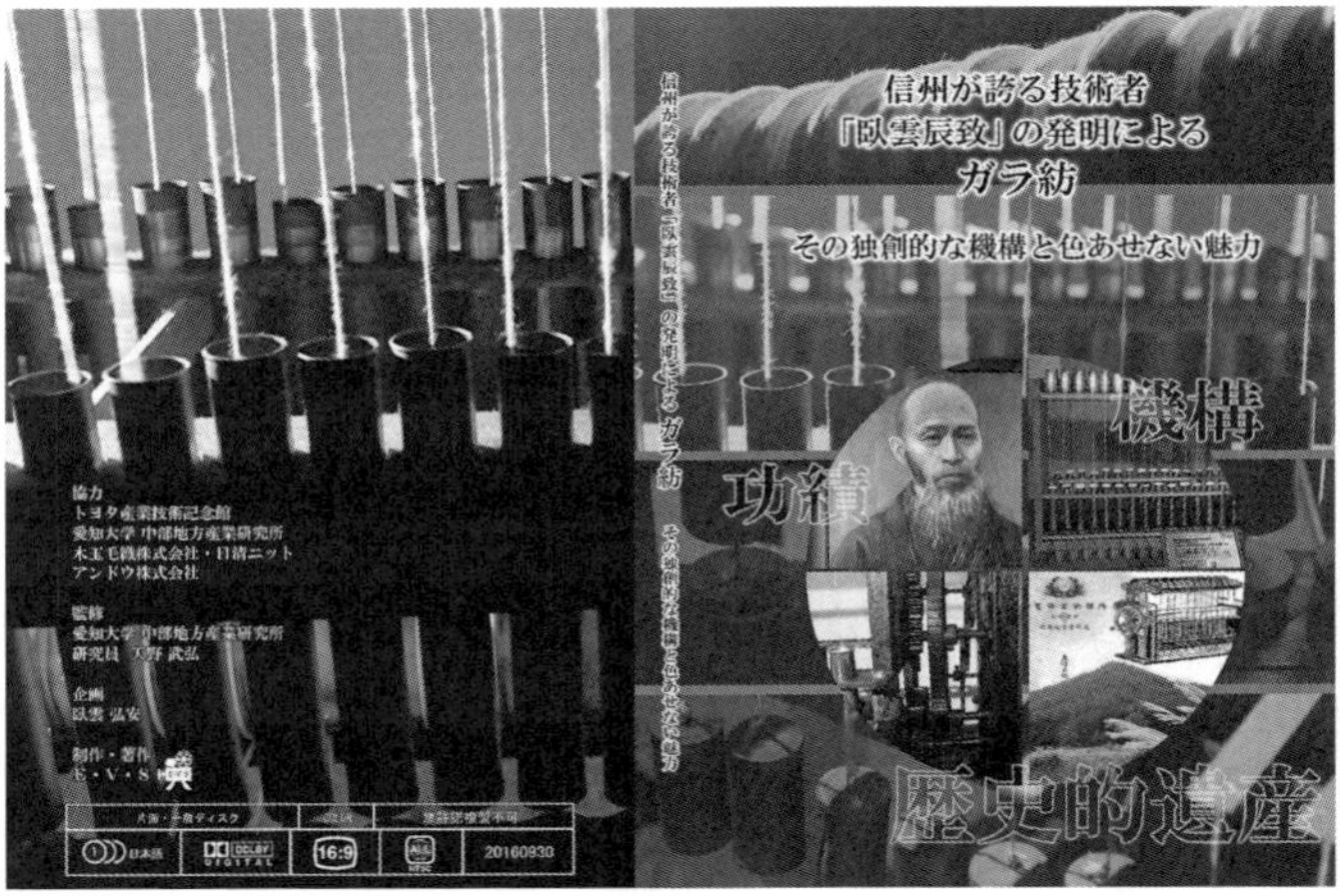

図2-72　ガラ紡展示会に合わせて制作したDVD
（E･V･S唐沢紀彦撮影）

致」の発明によるガラ紡　其の独創的な機構と色あせない魅力」、映像時間は約三〇分。そして、歴史編や機構編などセクションごとにボタン一つでそこに飛ぶことのできるシステムも取り入れて、参観者が自由に選択できるようにした。

ビデオ映像は、レンタル業者から借用した大型のテレビモニターを用いて、会場の縁側から外に向かって流しっぱなしにするというスタイルを取った。これを音楽演奏などの時間を除いて、オープン初日から一日の休みもなく期間中ずっとエンドレスで流したが、モニターから流れるガラガラの音に引き寄せられるように、観光客をはじめ道行く人もしばし足を止めていた。またモニターの前に椅子を用意したこともあって、これに見入る人の姿もよく見られた。「よく出来ている」、「ガラ紡のことがよく分かった」などの感想も聞かれ、展示会のヒット作品の一つともなった。（天野武弘）

(5) 会場の「中町・蔵シック館」と入場者

会場となった「中町・蔵シック館」は、中町からすぐ近くの宮村町にあった造り酒屋「大禮酒造」の母屋と土蔵、離れの三棟を移築し、平成八年（一九九六）に観光スポット「中町」のシンボルとして開館した建物である。主屋と土蔵は明治二十一年（一八八八）、離れは大正十二年（一九二三）増築のものといわれている。とくに母屋土間部分にある吹き抜けと和組みの梁構造に見応えがある建物である。このうち土蔵は喫茶店として利用され、母屋と離れが本展示会の会場となったが、さまざまな催し物会場として貸し出されている。

またこの通り界隈は、明治二十一年（一八八八）の大火による教訓から、耐火性の高い土蔵造りの家が建ち並ぶ「蔵のある町」として、観光客には人気の街並みの一つともなっている。

展示会では、母屋を主会場として利用した。離れは二階に小ホールが作られていたことから、当初はここを講演会場として利用したが、奥まったところにあったことから集客が少なく、後半は、ほぼ母屋に集約する形で、講演会、演奏会などを行った。

こうした好位置にある会場での一か月間に及ぶガラ紡展示会は、秋の観光シーズンとも重なったことから、土日には入場者が絶え間なく続くといった状態であった。入場者数は受付に置いたパンフを取った方などを集計した結果、約三〇〇〇名余りであった。しかし実際にはその倍ほどの入場者があったと思われる。（臥雲弘安）

(6) 会期中の様子 ―会場での見聞から―

会場となった「中町・蔵シック館」は旧名中町通と称する商店街の中程に位置する。松本駅から松本城への向かう本町通、大名町と交差する東西の街路にあり、すぐ近くを流れる

図2-73 「蔵シック館」会場前での野外コンサート
（2016年10月16日天野武弘撮影）

女鳥羽川を挟んだ北側には、縄手通りの飲食、土産物屋ある。ここは松本城を訪れる観光客が、ついでに立ち寄る通りであり、絶えず人通りが絶えない。

通りに響きわたるトランペットの二重奏で、足を止めて、視聴した人々が、蔵シック館内に入り、展示品を閲覧する人々が絶え間なかった。トランペットによる毎日午前午後の二回行われたミニコンサートと称した企画が、奏功した。

図2-74　「蔵シック館」の土間と吹き抜け
(2016年10月16日天野武弘撮影)

蔵シック館の入口を入ると、直ぐ左手に、動態展示してあるガラ紡機が目に入る。さらにガラ紡機の運転が始まると、綿から、糸になる工程を、熱心に見入っていた人たちが沢山いた。その不思議な動きと音に引き寄せられる人たちで入口が混み合うこともあった。

講演、コンサートは、当初、離れの二階ホールを会場に予定したが、最初に行った講演の集客状況から、母屋の一階広間に変更した。会場入口の土間に二〇客ほどの椅子を並べた特設会場であったが、毎回だいたい席が埋まるほどの集客となった。また会場前の広場を利用した野外コンサートも行ったが、これは道行く人を誘い多くの集客があった。しかし、プロの音楽演奏家による演奏、さまざまな角度からガラ紡や臥雲辰致を論じた講演と、多彩な企画をした割には、予想したほどの集客が無く、大勢の人にその価値を拝聴して頂けなかったのが残念であった。とくに展示会前の宣伝の一つとして、ガラ紡と臥雲辰致を地元に知ってもらうことを目的に、地元新聞に連載記事を申し入れていたが、その掲載が見送られたことが悔やまれる。ただ、ガラ紡展示会の新聞報道は、地元紙を中心に開催前や開催中に掲載され、市民への関心を呼び起こしたようである。通りがかりの観光客だけでなく、松本市民や松本近郊から記事を見て来たという人もいた。その掲載誌の一部をこのあとに掲げる。

アンケートから

入場者にはアンケートも行った。回答は少なかったが一四五名から回答があった。

来館理由の問いには、新聞・チラシが二三%、観光が一九%、通りがかりが五八%であった。通りがかりの多くを観光とみれば、七〇%ほどが通りがかりの観光客と思われ、地理的な条件が良かった事がうかがえる。

ガラ紡を知っているかの問いには、知っているが三〇%あり、これは思ったより多いとの印象を持った。

展示会を見ての感想では、良かったが九〇%と、当会の意図したことが評価されたと思われる。

会場で放映したガラ紡のビデオを見たかの問いには、ハイと答えた方が四三%と半数ほど。演奏については、プロの演奏、ミニコンサートの区別はつかなかったが、良かったと普通を合わせて九〇%近くに及んだ。

性別では、女性が六〇%、男性が四〇%。年代では二〇代、三〇代はそれぞれ二%と少なく、四〇代が一六%、五〇代が二三%、六〇代以上がちょうど五〇%であった。来館者の多くが年配の女性との結果となったが、実際には、若い人たちも数多くいたことを目にしており、老若男女さまざまな入館者がいたとの印象であった。

アンケートには、コメント欄も付けていたが、これへの回答は六四名からあった。参加者の声として主なコメントを列記する。

「とても良い展示でした。今後、松本市博物館で是非開いて下さい。」、「松本で発展させましょう」、「DVDがとても、よかったです。臥雲さんのこと地元の方にもっと知ってほしいと思います。」、「初めての物だったので、とても勉強になりました」、「初めて知り、とてもあたたかい布でびっくりしました。」、「ガラ紡とは、名前も、今まで聞いた事が無かったが、今回、説明TVを見て、とても興味深く見る事が出来ました」、「初めて知った日本の織糸の歴史とてもよかった。」、「ガラ紡、ここに来て、初めて知りました。」、「昔からの製造技術が参考になりました。「ガラ紡」のことば、初めて耳にしました」、「ガラ紡の説明を教えてもらい良かったです。」、「スバラシイです! 日本の技術! 世界にハバタク!」、「ガラ紡について、知ることができてよかった。素朴な布の感じは、現代の人に受けると思う、展示会終了後も是非開放して下さい」

多少手前味噌的なコメントもあるが、率直な意見としてあえて掲載した。見て、そして触れることで、ガラ紡を知り、ガラ紡の良さを実感された方が多かったのではなかったかと思う。この声を大事にしていきたい。(臥雲弘安)

展示会開催の新聞報道

次の各社から紹介があった。掲載日順にタイトルを含め掲げる。

＊『信濃毎日』二〇一六年九月三十日
「臥雲辰致の功績知って　旧堀金村出身　綿糸紡ぐ「ガラ紡機」発明　松本で機械や解説パネル展示　きょうから」

＊『市民タイムス』二〇一六年十月一日
「臥雲辰致　展示会で顕彰　蔵シック館に資料三〇〇点」

＊『週刊まつもと』二〇一六年十月十四日
「臥雲辰致「ガラ紡」展示会　ガラ紡機の展示や実演、コンサートなど多彩な内容で　中町・蔵シック館　三十日㈰まで」

＊『タウン情報』二〇一六年十月十五日
「「ガラ紡」知る展示会　蔵シック館　臥雲辰致の功績紹介」

＊『中日新聞』二〇一六年十月十九日
「臥雲辰致の功績紹介　旧堀金村出身・ガラ紡を発明　実機など三〇〇点、松本で展示会」

新聞掲載の一例

平成28年9月30日 32面 地域中信

第三種郵便物認可　　信濃毎

旧堀金村出身 綿糸紡ぐ「ガラ紡機」発明

臥雲辰致の功績知って

ガラガラと音を立てて綿糸を紡ぐ「ガラ紡機」を発明した旧堀金村（現安曇野市）出身の臥雲辰致（1842〜1900年）の功績を広く知ってもらおうという約1カ月間の展示会が30日、松本市の中町・蔵シック館で始まる。辰致が開発したものと同じ構造のガラ紡機を展示し、実演するほか、ガラ紡機の歴史に詳しい学者らによる連続講演会、コンサートもある多彩な内容だ。

実演に使うガラ紡機の準備をする臥雲弘安さん（右）ら

臥雲辰致

主催するのは、有志でつくる「ガラ紡を学ぶ会」。松本市出身で辰致の孫に当たる経営コンサルタントの臥雲弘安さん(79)＝名古屋市＝が代表を務める。「辰致の功績は、地元の安曇野市や松本市であまり知られていない」とし、昨年6月に松本市で開いた講演会に続いて企画した。

弘安さんや、愛知大中部地方産業研究所（愛知県豊橋市）研究員の天野武弘さん(70)らによると、辰致が松本市の女鳥羽川沿いの施設で開発したガラ紡機は、1877（明治10）年に東京で開かれた博覧会で最高賞を獲得した。ただ、中信地方は蚕糸業が中心だったため、綿作地帯の愛知県三河地方などで普及し、評価されていったという。

今回展示、実演するガラ紡機の骨組みは鉄製で、戦前から戦後にかけて使われたとみられる。辰致が開発したのは木製だが、構造はほぼ同じで、手で回して歯車を回転させ、ブリキの筒に入れた綿から糸を紡いでいく。天野さんは「切れやすく、太さもばらつきはあるが、自然な風合いが最近は受け、タオルやハンカチにして販売されている」と話す。

松本で機械や解説パネル展示 きょうから

会場ではこのほか、ガラ紡機の解説パネル、ガラ紡機で作られた綿糸を使った衣服、辰致の肖像画などの遺品といった約300点を展示する。ガラ紡機の実演は10月8〜30日の8日間、連続講演会は松本市文書館特別専門員の小松芳郎さん（2日午前10時、23日午後1時半）、天野さん（16日午後1時、19日午後2時40分）ら10人が担当し、それぞれ週末を中心に開く。コンサートはセントラル愛知交響楽団（名古屋市）メンバーが15、16日に弦楽四重奏や金管五重奏を披露。ミニコンサートもほぼ連日行う。

弘安さんは「地元の独創的な技術者の存在をよく知ってもらい、ガラ紡の綿糸が、再び広く使われるようになってほしい。将来は松本にガラ紡記念館を造りたい」と話す。展示会は10月30日まで無休、入場無料。問い合わせは臥雲弘安さん（☎090・8499・5118）へ。

図2-75 『信濃毎日』
（2016年9月30日）

臥雲辰致《がうんたっち》「ガラ紡」展示会

ガラ紡機の展示や実演、講演、コンサートなど多彩な内容で

中町・蔵シック館 30日（日）まで　　展示会

松本市の中町・蔵シック館で、30日（日）まで「臥雲辰致ガラ紡展示会」を開催しています。綿糸を紡ぐガラ紡機を発明した、旧堀金村（安曇野市）出身の臥雲辰致の功績を広く知ってもらおうと、「ガラ紡を学ぶ会」（代表＝名古屋市・臥雲弘安さん）が主催。辰致が開発したものと同じ構造のガラ紡機を展示、実演するほか、ガラ紡機で作った衣服や辰致の肖像画などの遺品の展示、ガラ紡機の歴史に詳しい学者らによる講演会やコンサートも開催します。

15日（土）・16日（日）はセントラル愛知交響楽団（名古屋市）のメンバーによる弦楽四重奏や金管五重奏のコンサートを開催。開館は午前10時〜午後5時。展示会は入場無料。

問/中町・蔵シック館☎0263-36-3053。

図2-76 『週刊まつもと』
（2016年10月14日）

第六節　展示品と図録

(1) 展示コンセプト

展示会では、「臥雲辰致」、「ガラ紡」、この二つがキーワードであった。臥雲辰致の地元信州において、本来であればもっと知られて良いはずの臥雲辰致の業績と、日本の紡績史の中でも一頭地を抜いた画期的発明品であるガラ紡機の認知度を高めたい、これを展示会開催の目的としていた。

臥雲辰致の業績を示す資料の展示では、一八七七年（明治十）の第一回内国勧業博覧会に出品した前後の頃のガラ紡機に関する各種文書のうち、その主要文書の展示を構想した。このうち原資料の展示は会場のセキュリティーなどの問題から最小限にとどめたが、数十点を超える関連資料を含めた資料の展示をすることができた。

臥雲辰致の発明品では、ガラ紡機、七桁計算機（加算機と推測）、蚕網織機（綟織機）が知られているが、このうち実物展示できたのは七桁計算機のみであった。臥雲辰致が発明した当時のガラ紡機の現物は残っていないところであるが、蚕網織機は現地に残されている可能性もあるとして、現地調査を試みたが発見するまでに至らなかった。発明当初のガラ紡機については、代わりに復元機を展示することができた。

二つめのキーワードとなる、ガラ紡に関しては、これをより多くの方に知ってもらうことを目的に、ガラ紡の機械そのものの展示とガラ紡製品の展示の二つを主眼に構想した。

先ずはガラ紡機がどのような動きをする機械であるかを実際に目で確かめてもらうことが重要と判断し、昭和の時代に使われた歴史的ガラ紡機を借用して、許可も得て動態展示することとした。結果的にはこれが目玉展示の一つともなった。関連してガラ紡機の最近の動きを紹介する観点から、小型の新作手回しガラ紡機や最新の技術を取り入れたメカトロガラ紡機を展示することとした。

ガラ紡機のもう一つの主眼とした製品展示では、歴史的ガラ紡製品と最近の創作ガラ紡織物も合わせて展示することを構想した。歴史的ガラ紡製品の展示について、多種多様な製品を予定したところであったが限られた種類のものとなった。ガラ紡製であってもこれを知らずにいる場合も多く、眠っているかつてのガラ紡製品の発掘が必要なところである。一方、ガラ紡産業が衰退の一途をたどっている今日ではあるが、新たなガラ紡製の織物への見直しも起こり始めている。そのことからガラ紡製品の魅力を知ってもらうことを目的に、各種の創作品の展示を構想し、多くの方に協力をいただくことにした。

またガラ紡製品をよりアピールする目的から実演、体験会も企画した。また関連して、業者の協力を得てガラ紡の製品展示に合わせて展示販売も行うこととした。

以下、展示品の一覧と、その一部について図録化したものを掲載する。（天野武弘）

(2) 展示品一覧

○安曇野市教育委員会所蔵品

No.	資料名	種別	点数
1	ガラ紡機(電動機付き、64錘)	機械	1
2	ガラ紡機の綿筒(明治初期)	部品	1
3	ガラ紡機の天秤(天秤は鋸タイプ、明治初期)	部品	1
4	ガラ紡機の天秤と分銅セット	部品	1
5	ガラ紡機の分銅	部品	1
6	ガラ紡機の天秤	部品	2
7	ガラ紡機の天秤支点(一部)	部品	1
8	ガラ紡機の糸枠(つば付き、明治初期)	部品	1
9	ガラ紡機の糸枠とガラ紡糸	部品	2
10	綿ヌキ	道具	1
11	糸ツギ	道具	1
12	ガラ紡糸(綛)	糸	1
13	ガラ紡糸(玉)	糸	1
14	帆前掛け(ガラ紡製品)	製品	2
15	白布(ガラ紡製品)	製品	1
16	「証」2月17日、川澄東左方逗留証、島川戸長山口庫吾宛(明治8年)	文書	1
17	綴「雑件　島川村　自明治8年　至全16年」より、弧峰院売却、臥雲辰致北深志移住を示す調査文書	文書	1
18	綴「明治3庚午歳　正月吉祥月　諸願書留帳」より、智栄(弧峰院住職)(慶応3年〜明治4年)	文書	1
19	綴「□入籍証綴　島川村　自明治5年　至全9年」より、明治8年1月20日納次郎との養子縁組書類	文書	1
20	綴「明治7年□□　雑件　島川村」より、「御伺書」臥雲辰致より長野県権令楢崎寛直宛(明治11年12月)	文書	1
21	信飛新聞(明治9年5月19日(金))ガラ紡機完成の記事	文書	1
22	「内国勧業博覧会　明治十年　鳳紋褒賞之證状　木綿糸機械　臥雲辰致殿」(明治10年11月20日)	文書	1
23	「褒賞薦告　木綿糸機械　臥雲辰致」(明治10年11月20日)	文書	1
24	額入「第二回内国勧業博覧会　二等進歩賞　綿糸機械　臥雲辰致」受賞状(明治14年6月10日)	文書	1
25	「綿糸紡績機　特許証」(752号)甲村、武居、臥雲の3名、明治22年9月13日公布	文書	1
26	「優待券　臥雲辰致殿」(第4回内国勧業博覧会、明治28年)	文書	1
27	「優待券　臥雲辰致殿」(新潟県主催連合共進会)明治34年8月10日〜9月30日	文書	1
28	「吊詞」(明治33年7月5日)彰善会　臥雲辰致葬儀	文書	1
29	教科書『私たちの社会科　5年　工業と生活』1959年	本	1
30	教科書『工業の発達と私たちの生活　社会科　5年中』1959年	本	1
31	教科書『新版　小学校の社会　産業と生活　5下』1959年	本	1
32	パネル「臥雲辰致の略歴」	パネル	1

○臥雲弘安所蔵品

No.	資料名	種別	点数
33	「臥雲辰致　肖像画掛軸」(作者、年代不詳)	掛軸	1
34	臥雲辰致「岡崎名誉市民」称号授与の添付状、昭和36年	書類	1

○臥雲義尚所蔵品

No.	資料名	種別	点数
35	「臥雲辰致　肖像画」（作者、年代不詳、「Shiga」と読めるサインあり）	絵画	1
36	「七桁計算機」（臥雲辰致考案）	機械	1
37	額入「内国勧業博覧会　明治十年　鳳紋褒賞之證状　木綿糸機械　臥雲辰致殿」（明治10年11月20日）	文書	1
38	第1回内国博覧会の「鳳紋賞牌」（臥雲辰致受賞）	メダル	1
39	第2回内国勧業博覧会の「進歩二等賞牌」（臥雲辰致受賞）（明治14年6月10日）	メダル	1
40	「藍綬褒章」臥雲辰致（明治15年10月受賞）	メダル	1
41	拓本（「澤永存」臥雲辰致記念碑、大正10年1月）	掛軸	1
42	臥雲辰致「岡崎名誉市民」称号授与状、昭和36年7月1日	文書	1
43	「澤永存」臥雲辰致記念碑完成の記念集合写真	写真	1
44	松本商工会議所前（集合写真）	写真	1
45	開智学校校庭（集合写真）-1	写真	1
46	開智学校校庭（集合写真）-2	写真	1

○中島寛行所蔵品

No.	資料名	種別	点数
47	筑摩県権令永山盛輝宛上奏文（臥雲辰致、明治8年4月10日）	文書	1

○岡崎市美術博物館所蔵品（タペストリーにして展示）

No.	資料名	種別	点数
48	「自費出品願」綿紡機械、臥雲辰致、明治9年11月25日	文書	1
	「請願書」綿糸紡績機械、臥雲辰致、明治14年3月26日	文書	1
49	「天覧　酒餅料賜 長野県」臥雲辰致、明治11年9月	文書	1
	「天覧済　長野県」出品人臥雲辰致、明治13年6月25日	文書	1
50	「綿糸紡績器械改良御検査願」 臥雲辰致、石川県令千坂高雅宛、明治14年7月31日	文書	1
51	「履歴書」臥雲辰致、明治15年1月	文書	1
52	「特別審査願」臥雲辰致、明治21年10月30日	文書	1
	「願書」甲村瀧三郎、武居正彦、臥雲辰致から農商務大臣井上馨宛、明治22年5月	文書	1
	「明細書訂正通知書」特許局より臥雲辰致宛、明治22年8月1日	文書	1
53	「明細書」綿糸紡績機、年月不記（M22年頃の特許明細書の手書き文書、図入り）	文書	1
54	「発明家番附」（金森春水『当世百番附』、広集堂、1918年より）	文書	1

○西尾市教育委員会所蔵品（タペストリーにして展示）

No.	資料名	種別	点数
55	「船紡績」写真（矢作川）4点	写真	4

○安城市歴史博物館所蔵品

No.	資料名	種別	点数
56	ガラ紡機（復元機、手回し式、40錘）	機械	1

○信州大学繊維学部所蔵品

No.	資料名	種別	点数
57	メカトロガラ紡機の試験機	機械	1
58	メカトロガラ紡機の試験機	機械	1

○工房木輪所蔵品

No.	資料名	種別	点数
59	手回しガラ紡機	機械	1

○中村晶子所蔵品

No.	資料名	種別	点数
60	堺緞通(大正～昭和初期製造の古緞通)	製品	1
61	堺緞通	製品	1

○泉南市教育委員会所蔵品

No.	資料名	種別	点数
62	足袋(足袋底などにガラ紡糸使用、赤色)	製品	1
63	足袋(足袋底などにガラ紡糸使用、青色)	製品	1
64	紋羽生地	織物	1
65	泉南市のガラ紡工場(昭和20年代頃)写真	写真	1
66	泉南市の紋羽起毛工場(昭和20年代頃)写真	写真	1

○斎藤吾朗アトリエ所蔵品

No.	資料名	種別	点数
67	水彩画「舟紡績」	絵画	1

○愛知大学中部地方産業研究所所蔵品

No.	資料名	種別	点数
68	ガラ紡糸枠とガラ紡糸(愛知大学製)	部品	18
69	合糸機のボビンと合糸した糸(愛知大学製)	部品	5
70	ガラ紡糸9綛(愛知大学製、糸染めは愛知大学学生作品)	糸	9
71	ガラ紡糸3綛(愛知大学製)	糸	3
72	ガラ紡糸(茜染め、愛知大学学生作品)	糸	1
73	綿染め(トップ染め、茜染め、愛知大学学生作品)	棉	5
74	綿花と種(愛知大学栽培)	棉	多数
75	簡易パネル「ガラ紡の歴史」	資料	16

○木玉毛織株式会社(綿からガラ紡布の製造工程)所蔵品

No.	資料名	種別	点数
76	糸車	部品	1
77	綿	綿	1
78	よりこ	綿	3
79	ガラ紡糸	糸	4
80	ガラ紡布	織物	3

○玉川寛治所蔵品

No.	資料名	種別	点数
81	文部省高等学校教科書『紡績』(二)、実教出版、1960年	本	1
82	『日本紡績史の中におけるガラ紡績史とその歴史的役割(第1号、2号、3号)』新日本紡績協同組合、1978年	本	1
83	日本産業技術史学会会誌『技術と文明』第3巻第1号、1986年ほか4冊	本	5
84	『職務解説　ガラ紡績業』第69号、労働省職業安定局、1950年	本	1
85	Choi, Eugene K. "Another Spinning Innovation: The Case of the Rattling Spindle, Garabo, in the Development of the Japanese Spinning Industry", Australian Economic History Review, Vol.51, No.1 (March 2011),	本	1

○住田美代子所蔵品(展示会閉会後、愛知大学中部地方産業研究所に寄贈)

No.	資料名	種別	点数
86	帯(絹製、1940年代以前の製品)	製品	3
87	帯芯(ガラ紡製、1940年代以前の製品)	製品	5

○中村旅人所蔵品

No.	資料名	種別	点数
88	ガラ紡製帆前掛け(1940年代頃に使用)	製品	1

○天野武弘所蔵品(展示会閉会後、No.96をのぞき愛知大学中部地方産業研究所に寄贈)

No.	資料名	種別	点数
89	絹ガラ紡糸、精練前15綛を1束(1940年代の製品)	糸	1
90	絹ガラ紡糸、精練後32綛を1束(1940年代の製品)	糸	1
91	ガラ紡糸(特1、8～10匁)(1955年頃製造)	糸	1
92	ガラ紡糸(特2、18匁)(反毛綿を原料、1965年頃製造)	糸	1
93	ガラ紡機の銘板(安藤製作所)	部品	1
94	ガラ紡の掛布(1980年代の製品)	製品	1
95	ガラ紡の半天(1980年代の製品)	製品	1
96	ガラ紡のストール試作品(2014年ラオス製)	織物	1

■創作作品リスト(No.100と101の一部は展示会閉会後、愛知大学中部地方産業研究所に寄贈)

No.	出展者	作品	点数
97	手織り教室「尾州工房手しごと日和」	ガラ紡のストール、のれん、テーブルクロスなどの手織物創作品	42
98	松阪もめん手織り伝承グループ「ゆうづる会」	ガラ紡のストール、ランチョンマット、手提げ袋、松阪木綿の造花などの手織物創作品	8
99	NPOガラ紡愛好会(浜松)	ガラ紡のベスト創作品	1
100	菰田眞理子	ガラ紡の手織物見本(幅370mm、長さ3570mm)、ベスト、マーガレット、クッションカバーなどの手織物見本	12
101	野村千春	ガラ紡の手織物見本(幅180mm、長さ4130mm)	1
102	三河手機場・平田里江	ガラ紡の手織り創作品	1
103	名古屋学芸大学デザイン学部3年伊藤稚菜	ガラ紡糸の創作品と小冊子	4

(3) 展示品図録

＊1階土間展示

土間の展示風景

No.35「臥雲辰致肖像画」

会場の「蔵シック館」

No.56 ガラ紡機（復元機）

No.97 手織り教室「尾州工房 手しごと日和」

展示会のタペストリー

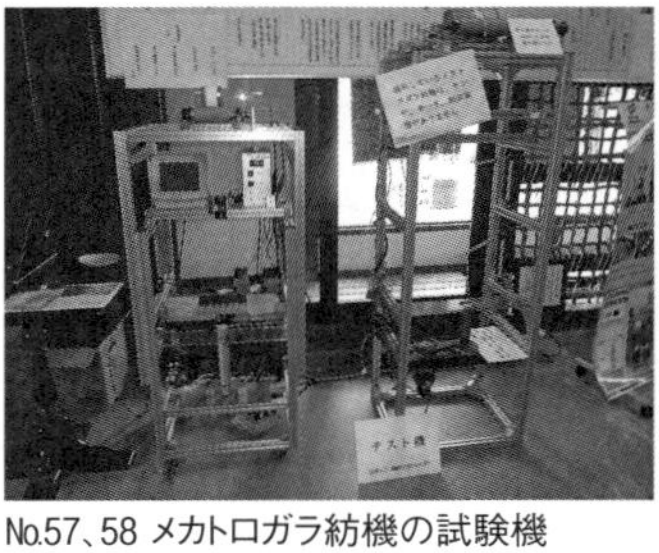

No.57、58 メカトロガラ紡機の試験機

No.1 ガラ紡機（動態展示）

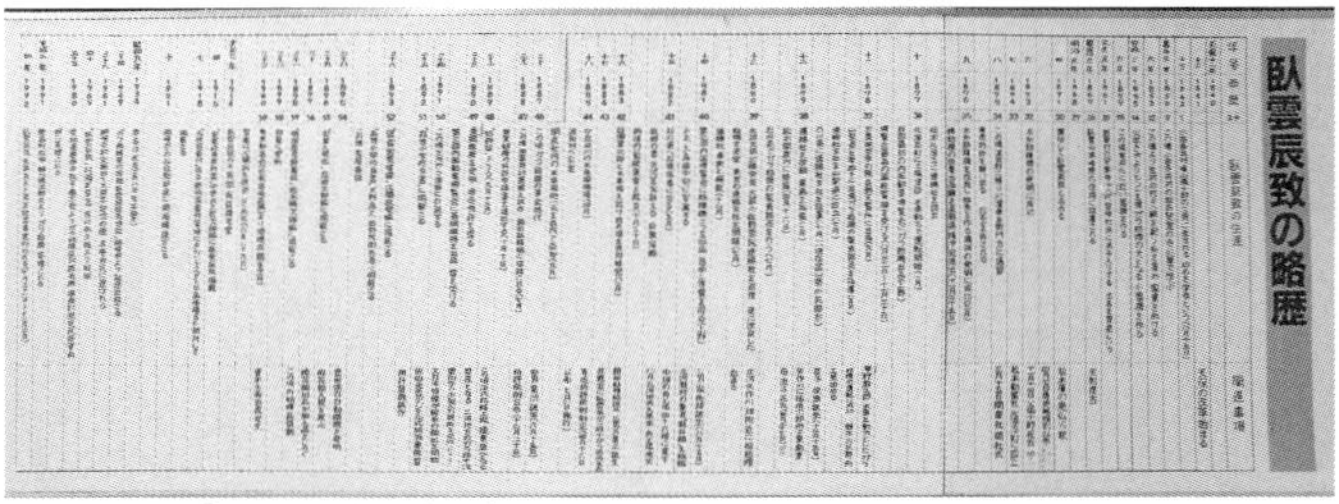

No.32 パネル「臥雲辰致の略歴」

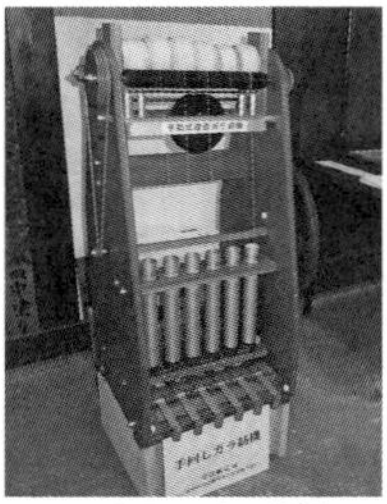

No.59 手回しガラ紡機

＊1階和室展示

和室の展示風景

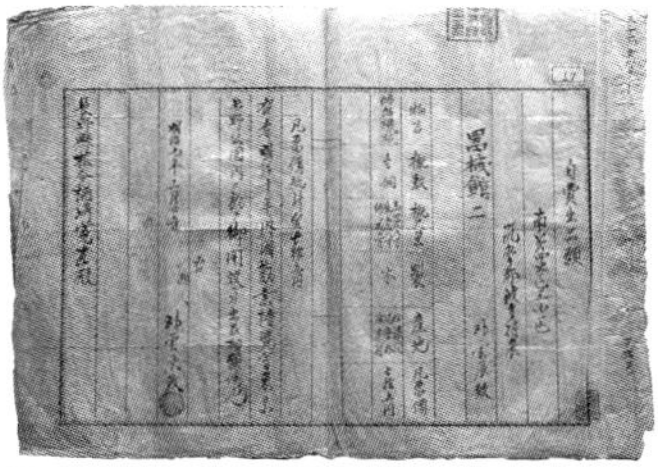

No.48「自費出品願」(明治9年)

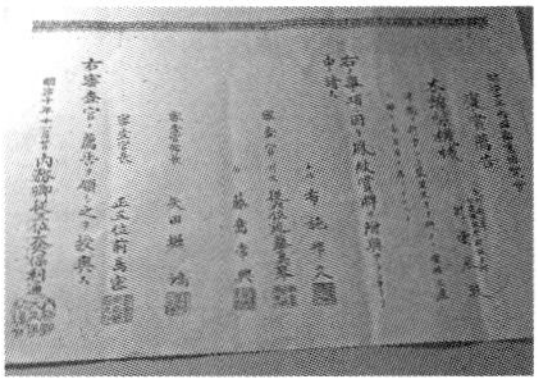

No.23「褒賞薦告」(明治10年)

No.33「臥雲辰致肖像画掛軸」

No.37「鳳紋褒賞之證状」(明治10年)

No.38「鳳紋賞牌」
(明治10年)

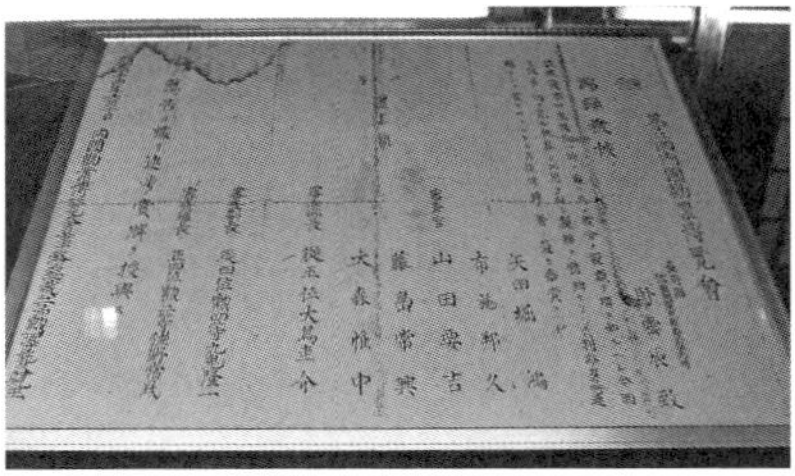

No.24「二等進歩賞」受賞状(明治14年)

No.39「進歩二等賞牌」
(明治14年)

No.40「藍綬褒章」(明治15年)

＊1階和室展示

No.36「七桁計算機」(臥雲辰致考案)

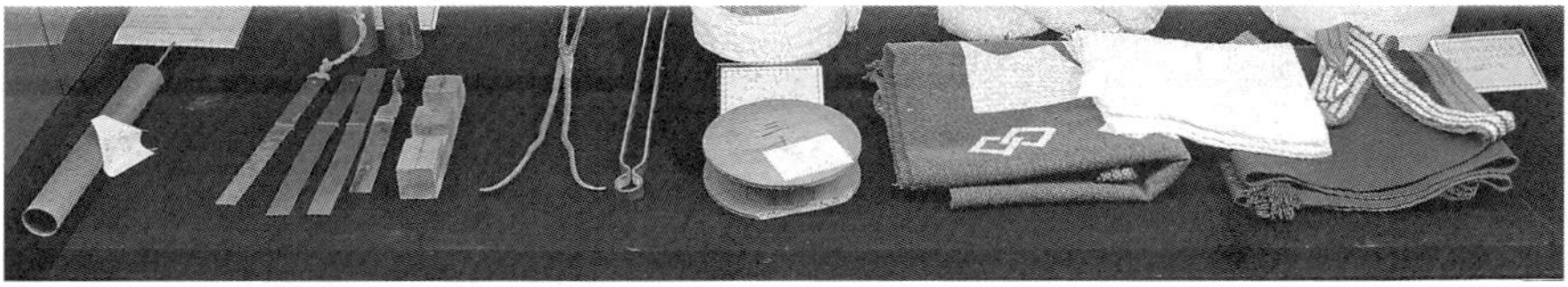
No.2〜15 ガラ紡機の部品、道具、製品の各種

No.55「船紡績」

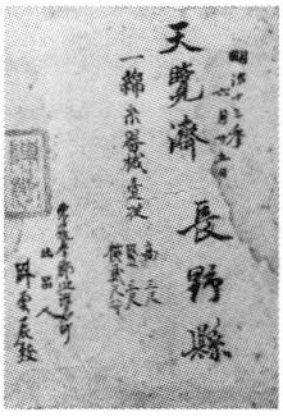
No.49「天覧済」
(明治13年)

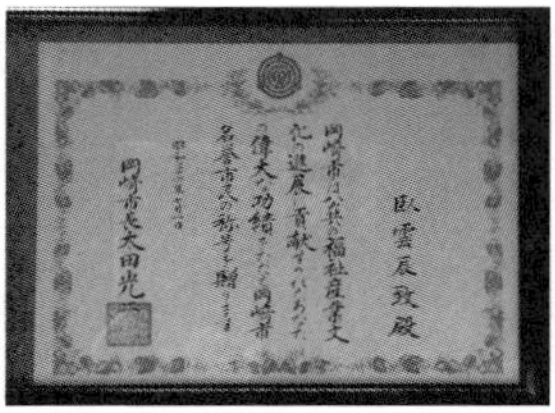
No.42「岡崎名誉市民」授与状

No.41 拓本「臥雲辰致記念碑」(大正10年)

No.67 水彩画「舟紡績」

No.26「優待券」
(明治28年)

No.96 松阪もめん「ゆうづる会」作品

No.97 手織り教室「尾州工房手しごと日和」作品

＊2階展示室「1」

「展示室1」の展示風景

No.65 泉南市の「ガラ紡工場」（昭和20年代）

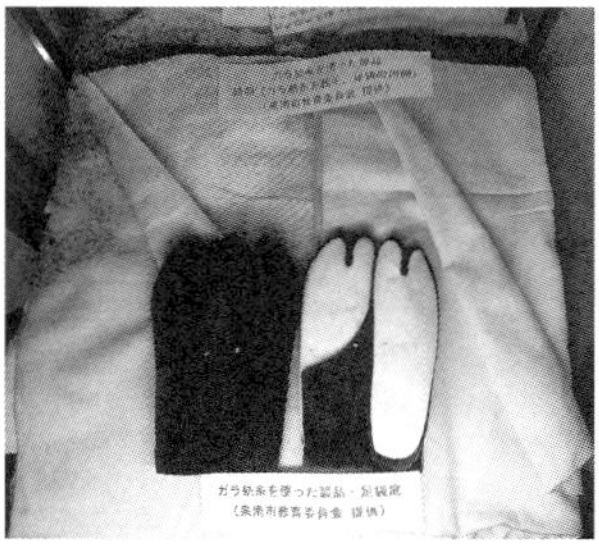
No.62〜64「足袋」と「紋羽生地」

No.88 ガラ紡製帆前掛け（昭和40年代頃）

No.66 泉南市の「紋羽起毛工場」（昭和20年代）

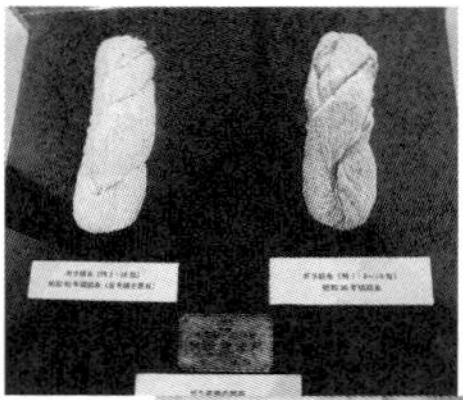
No.91、92「ガラ紡糸（昭和30〜40年）

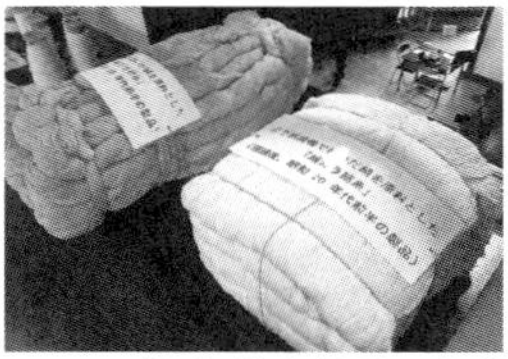
No.89、90 絹ガラ紡糸（昭和20年代）

No.60「堺緞通」（大正〜昭和初期頃）

No.86〜87「帯と帯芯」（1940年代以前）

＊2階展示室「2」

展示風景

No.98 松阪もめん「ゆうづる会」作品

展示風景

No.96 ラオス製ストール試作品

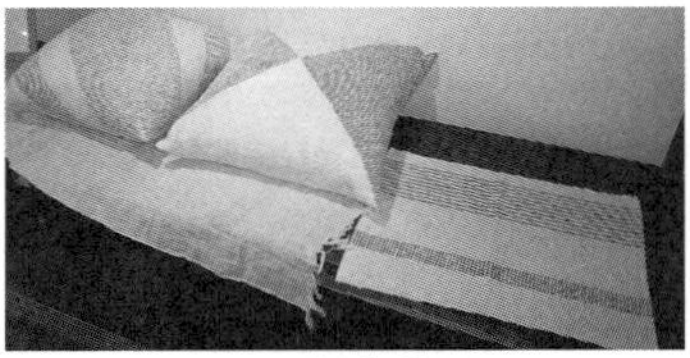

No.100 クッションカバー作品ほか

展示風景

展示風景

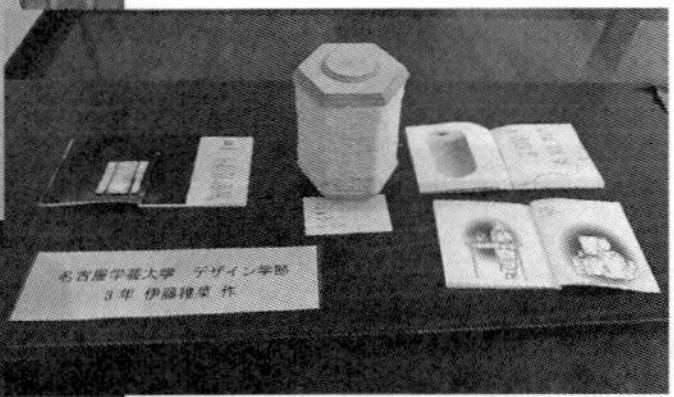

No.103 名古屋学芸大学 学生作品

No.101 野村千春作品

第Ⅲ部　ガラ紡コンサート・演奏会

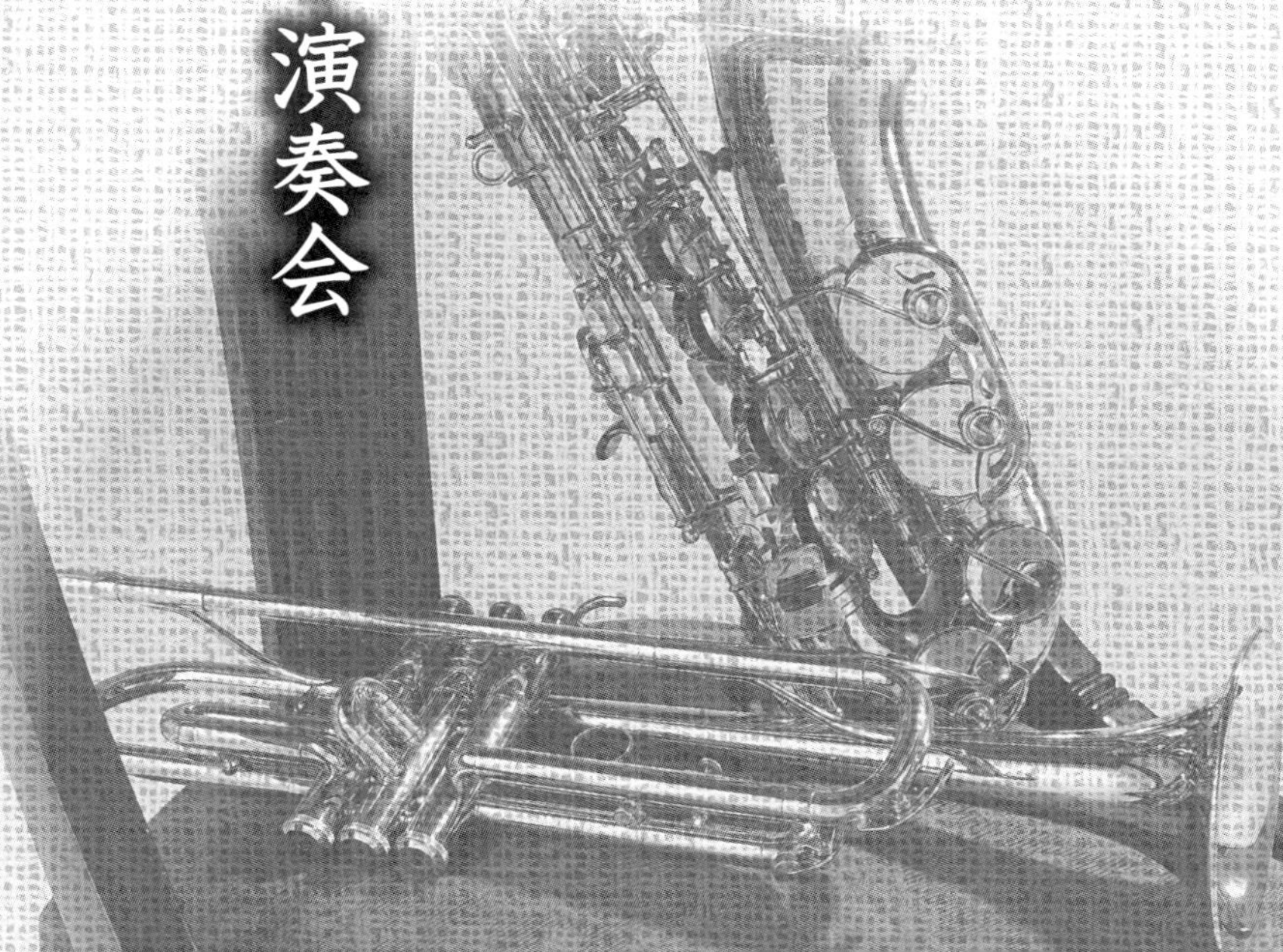

第一節 「ガラ紡コンサート」の開催

山本 雅士

(1) 開催の趣旨・内容

初めて聞いた単語「ガラ紡」から

あるレッスン日、私の音楽教室に通う年上の生徒である臥雲氏から、「ガラ紡、ご存知ですか?」と尋ねられました。私は突然の「ガラボウ」という響きに「カネボウ?」と化粧品のメーカーが頭を横切り、暫く黙っていました。

「やはりご存知ないですよね〜」

そんな会話からガラ紡コンサートへと話が進んでゆく。

臥雲辰致の故郷である松本市で、ガラ紡をテーマに専門家の先生方が講演する内容との事。

しかし、ガラ紡の認識が一般の方々に浸透していないため、せっかくの講演の内容を聞いてもらうように、なにか、アイデアがありますか?との問いに、音楽を取りいれたらという話になり、二〇一五年五月二十七日松本市民芸術館・小ホールで講演に合わせてコンサートを行うことになりました。

私自身、コンサートの企画・運営は慣れたものですが、講演会とのジョイントはあまり経験がなく、当日は朝から終了まで、慌ただしく会館の中を走り回り、受付の準備、楽屋の手配、開演時の仕切り、舞台の転換、コンサートの司会進行など、バタバタした記憶とやり遂げた達成感を感じた一日でした。

しかし、そんな感覚が冷めない中、臥雲氏から、すぐに、新しい提案がありました。なんと、一か月間のロングランの展示・講演会・コンサートを松本市でやりたいと相談を受け、ビックリしたのが思い出されます。そんな中、手探りの状態で飛び回りなんとか無事終える事ができたのは、私の今後の活動にも大きな糧になりました。

そして、忘れてはならないのは、この無謀な計画を実行し成功させた、臥雲氏に敬意を表したいと思います。

私の何十倍もご苦労があった臥雲氏の奮闘は本当に頭が下がります。

音楽を通してガラ紡の認知度向上に少しでも寄与できた事と、ガラ紡を縁に普段では交わる事の無い方々と出会えた事は本当に良かったと思います。

＊ガラ紡コンサートの開催日・会場・内容は、次頁以降のリーフレットに記載の通りです。

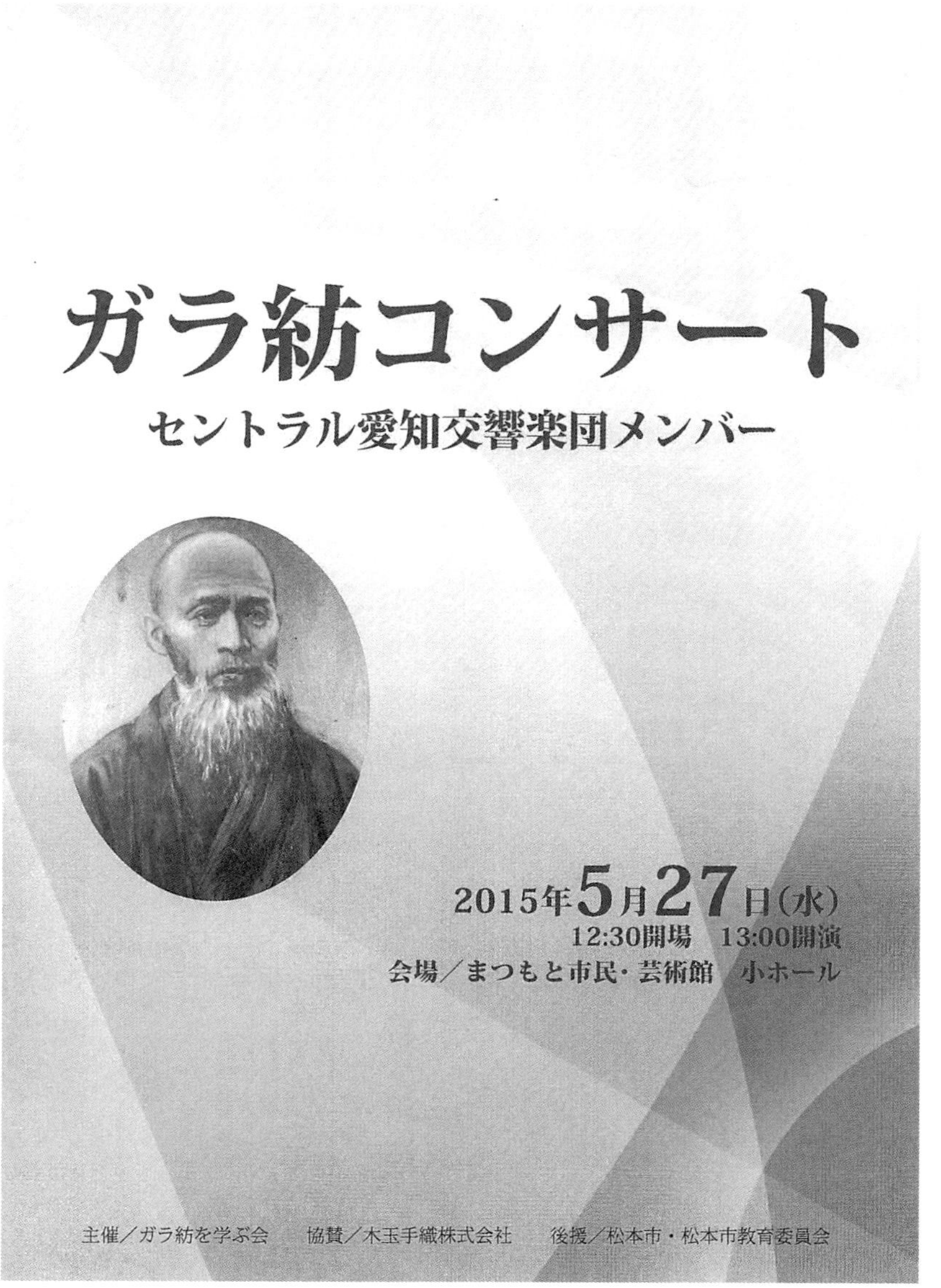

図3-1　「ガラ紡コンサート」リーフレット（1頁）

ご 挨 拶

一年程前、故あって、高校卒業以来疎遠であった松本に足を運ぶ機会が増加する中、ガラ紡・臥雲辰致について、少年の頃とは違う意味で勉強したいとの思いにかられ、本日の講演の講師の皆さんにお会いする過程で、ご縁の深い当地の皆さんにその存在と歴史的意義を認識して頂きたいとの思いに至り、ガラ紡コンサートを開催することになりました。

後半の演奏者の所属するセントラル愛知交響楽団とは、私が趣味でホルンと言う楽器のご指導頂いている方が偶々、要職の方で、快くお引き受け頂いたものです。

最後に、本会の実現に当たり、物心両面で、ご支援頂きました松本市立丸の内中学校（五城会）ならびに長野県立松本深志高等学校（すえひろ会）の同窓生に、厚く御礼を申し上げます。

どうぞ、本コンサートが皆様にとって、有意義な時間でありますように、心より、祈念申し上げます。

平成 27 年 5 月 27 日　ガラ紡を学ぶ会　　臥雲弘安

講　演

1：石田正治

臥雲辰致ー人と技術ー

2：天野武弘

三河で栄えたガラ紡、そして新たな試み

3：崔裕眞

ANOTHER SPINNING INNOVATION

4：小松芳郎

臥雲辰致と松本

図3-2　「ガラ紡コンサート」リーフレット（2頁）

プログラム

1：主よ人の望みよ喜びを・・・・・・・J.S. バッハ

2：ピアノ三重奏曲第１番１楽章・・・・メンデルスゾーン

3：愛の挨拶・・・・・・・・・・・・・・エルガー

4：ユーモレスク・・・・・・・・・・・・ドヴォルザーク

5：紡ぎ歌・・・・・・・・・・・・・・・D. ポッパー

6：仔犬のワルツ・・・・・・・・・・・・ショパン

6：涙そうそう・・・・・・・・・・・・・Bigin

7：川の流れのように・・・・・・・・・見岳章

8：イエスタデー・・・・・・・・・・・・P. マッカートニー

出　演

セントラル愛知交響楽団

バイオリン：吉岡秀和

チェロ：本橋裕

ピアノ：筒井恵美

図3-3　「ガラ紡コンサート」リーフレット（3頁）

講師紹介

天野 武弘

1946年愛知県生まれ。愛知県内の工業高校機械科教諭を経て、現在は愛知大学中部地方産業研究所研究員、同大学で近代産業技術史等の講義とガラ紡績機の動態展示等を担当。三河で栄えたガラ紡を 30 年ほど前から産業遺産の観点で捉えて調査、研究を行っている。ほかに名古屋学芸大学、大同大学で非常勤講師、豊川市文化財保護審議会委員。中部産業遺産研究会、日本機械学会、産業考古学会などに所属。著書に『歴史を飾った機械技術』、共著に『愛知県史 別編 建造物・史跡』『愛知県の近代化遺産』『ものづくり再発見』『水車製材と筏流送』『新・機械技術史』など。

石田 正治

■1972 年名城大学理工学部機械工学科卒業、2006 年名古屋大学院教育発達科学研究科博士課程修了、1976 年愛知県立高等学校教諭、現在に至る
■主として行っている業務・研究：高校工業科の専門教育研究　・機械技術史、産業遺産研究
■所属学会及び主な活動
日本機械学会、正員、技術と社会部門・機械遺産委員会、日本産業教育学会・理事、産業考古学会・評議員
■勤務先（2015/03 まで）：愛知県豊川工業高等学校教諭

小松 芳郎

松本市文書館特別専門員。昭和25年生まれ。小学校教諭(11年)、長野県史常任編纂委員(６年)、松本市史編さん室長(９年)、松本市文書館館長(16年) をつとめる。松本芸術文化協会地域文化賞受賞(平成15年)。現在、全国歴史資料保存利用機関連絡協議会参与、松本史談会会長、松本大学非常勤講師(日本史・日本近現代史) など。著書『長野県謎解き散歩』『松本平からみた大逆事件』『歴史ある暮らしのなかで』『長野県の農業日記』『市史編纂から文書館へ』など。おもな共著『長野県史』『松本市史』『信州の近代遺産』『幕末の信州』『昭和の街角』『図説松本の歴史』など。
連載(毎月１回)『市民タイムス』リレーコラム(歴史の窓)、『タウン情報』(せせらぎ)。

崔　裕眞

1995 年早稲田大学政治経済学部経済学科卒業後、英国 CASS Business School, London に　て MBA in Strategy & International Business（経営戦略・国際経営）修了。サムスングループ 会長 戦略秘書室・人力開発院の主任を経て、英国 Cranfield University 経営学部研究員、英国 University of Cambridge 経営学修士課程ならびに経済史修士課程を修了(M.Phil.)。2007 年 University of Cambridge 経営史博士課程修了（Ph.D.)。一橋大学イノベーション研究センター特任講師・学習院大学経済学部非常勤講師を経て、2011 年よりテクノロジー・マネジメント研究科に着任。２０１１年より立命館大学テクノロジー・マネジメント研究科准教授。

図3-4　「ガラ紡コンサート」リーフレット(4頁)

第二節　〝臥雲辰致「ガラ紡」展示会〟における演奏会

山本雅士

開催の趣旨・プログラム

開催趣旨は、集客のため。展示会には、関心が無い人々でも、音楽には関心のある人がいるのではとの思いから、音楽の演奏会を実施した。

演奏の内容は次の通り。

○バイオリン五重奏（すくすく合奏団）

日時：平成二十八年十月八日(土)、九日(日)

出演：長田百合子

高田陽子

谷川栄子

波多野君代

山崎真理

図3-5　すくすく合奏団
（2016年10月8日E・V・S唐沢紀彦撮影）

＊プログラム：本書二〇〇頁のリーフレットに記載

○弦楽四重奏（セントラル愛知交響楽団所属メンバー）
日時：平成二十八年十月十五日(土)、十六日(日)
出演：本書二〇〇頁のリーフレットに記載
プログラム
アイネクライネナハトムジーク：モーツァルト
愛の挨拶：エルガー
チャルダッシュ：V．モンティ
情熱大陸：葉加瀬太郎
坂本九メドレー（上を向いて歩こう・明日があるさ・見上げてごらん夜の星を）
日本の歌メドレー（荒城の月・ずいずいずっころばし・浜辺の歌）

○管楽五重奏（セントラル愛知交響楽団所属メンバー）
日時：平成二十八年十月十五日(土)、十六日(日)
出演：パンフレットに記載の通り
プログラム
一：トランペットヴォランタリー：クラーク
二：ルネサンス組曲：スザート

図3-6　セントラル愛知交響楽団メンバーによる弦楽四重奏
（2016年10月15日E･V･S唐沢紀彦撮影）

図3-7　セントラル愛知交響楽団メンバーによる管楽五重奏
（2016年10月16日E･V･S唐沢紀彦撮影）

三：聖者の行進：アメリカ民謡
四：マーチメドレー（ウィーンはウィーン・ワシントンポスト・星条旗よ永遠なれ）
五：サウンド・オブ・ミュージックメドレー（テーマ・ドレミの歌・エーデルワイス・すべての山に登れ）
六：ディズニーメドレー（ミッキーマウスマーチ・小さな世界・ハイホー・口笛を吹いて働こう・星に願いを）

○管楽四重奏（サキソホン・セントラル愛知交響楽団所属メンバー）

日時：平成二十八年十月三十日(日)

出演

サックス

ソプラノサックス：小森伸二

アルトサックス：　平井尚之

テナーサックス：　國領さおり

バリトンサックス：遠藤宏幸

プログラム

図3-8　セントラル愛知交響楽団メンバーによる管楽四重奏
（2016年10月30日天野武弘撮影）

星に願いを
テイクファイヴ
花は咲く
シング・シング・シング
ディズニーメドレー
ジブリメドレー
サウンドオブミュージクメドレー

○トランペット二名
日時：会期中全日　一日、三回
出演：有薗俊彦
　　竹内愛絵
主に演奏した楽曲
アメージンググレース
星に願いを
アラジンより
　ホール・ニュー・ワールド
美女と野獣

図3-9　トランペット二重奏によるミニコンサート
（2016年10月3日臥雲弘安撮影）

資料

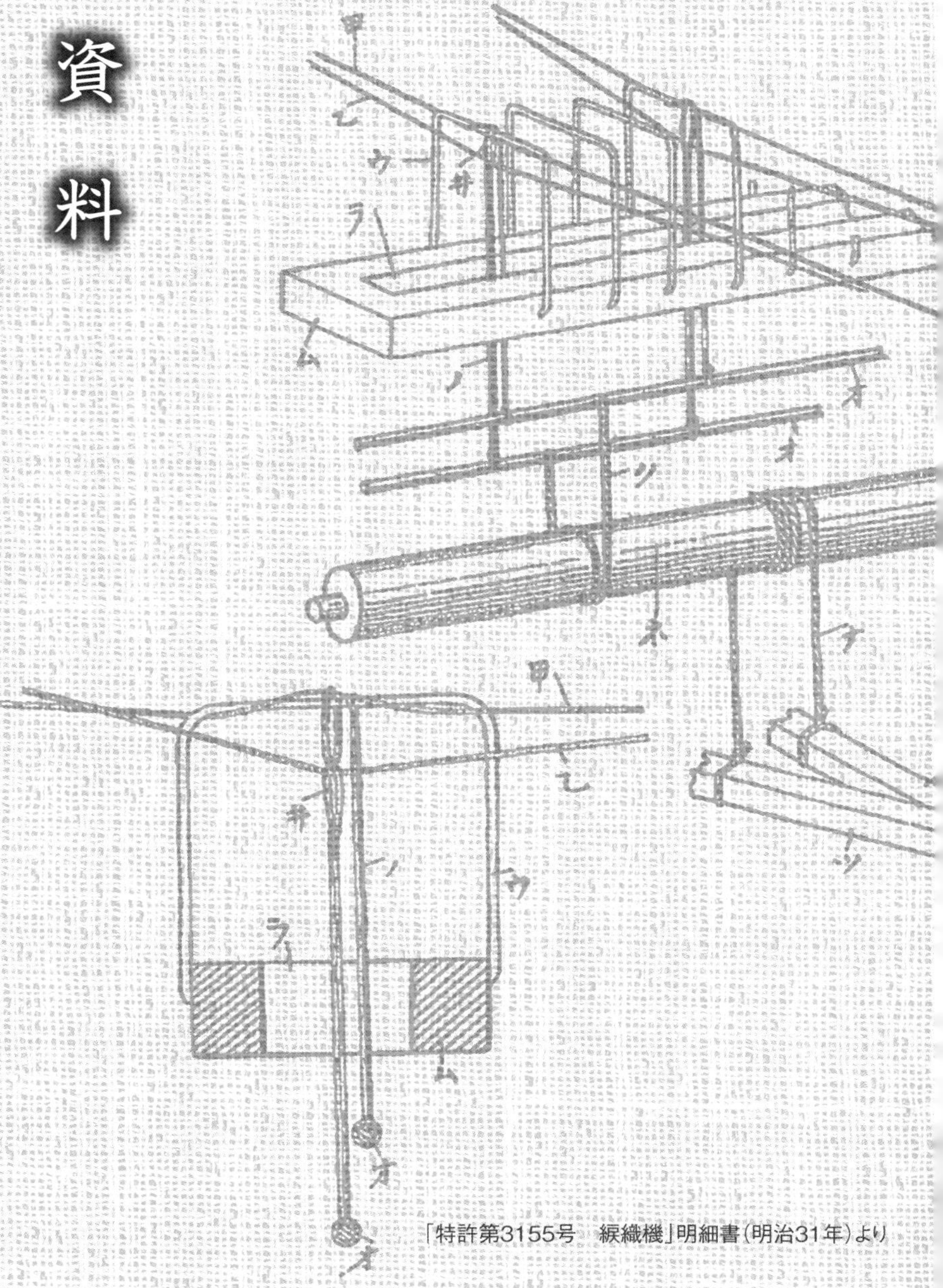

「特許第3155号　綟織機」明細書（明治31年）より

資料1　臥雲辰致とガラ紡に関する年譜

＊太字は臥雲辰致に関する事項を示す

年　次	臥雲辰致とガラ紡に関する記事（年齢は辰致の歳）
一八四二年（天保十三）	**八月十五日、臥雲辰致誕生、幼名は栄弥** **信濃国安曇郡小田多井村（現安曇市堀金）の父横山儀十郎、母なみの二男**
一八五三年（嘉永六）	**この頃より家業（農業兼足袋底織の問屋）の手助けで** **遠江の村々へ手紡ぎ糸を集めに行くようになる（一二歳）**
一八五五年（安政二）	**火吹き竹の動きから後のガラ紡機発明のヒントを得る（一四歳）**
一八五九年（安政六）	**一種の綿紡機を考案するが実用ならず（一九歳）**
一八六一年（文久元）	**岩原村（現安曇市堀金）の安楽寺・智順和尚に弟子入り、智栄と名乗る（二〇歳）**
一八六七年（慶応三）	**岩原村の臥雲山孤峰院の住持に抜擢（二六歳）**
一八七一年（明治四）	**廃仏毀釈により孤峰院廃寺、還俗して臥雲辰致と改名（三〇歳）**
一八七三年（明治六）	**辰致、最初のガラ紡機発明（太糸用、手回し式）（三二歳）** **この頃、辰致は土地測量機を考案、製作**
一八七四年（明治七）	筑摩郡北深志町（現松本市）に開産社開業される **十二月、松沢くまと結婚（三三歳）**
一八七五年（明治八）	**東筑摩郡波多村（現松本市波田）の川澄家に田畑、山林の測量で逗留** **ガラ紡機の専売免許を請願、公売の許しを得る**

一八七六年（明治九）

辰致、ガラ紡機改良（細糸用に成功、手回し式）（三五歳）
五月、筑摩県官吏が開産社の水車動力のガラ紡機試運転を視察（『信飛新聞』（五月十九日）がこれを報道）
五月、松本開産社内につくった連綿社でガラ紡機の製造を始める（大工百瀬与市、吉野義重と製作の約定）
六月、くまと離婚

一八七七年（明治十）

十一月、第一回内国勧業博覧会に綿紡機（ガラ紡機）出品願書提出
一月、松本の北深志町に工場を設立し水車動力のガラ紡機運転
八月、第一回内国勧業博覧会に綿紡機（ガラ紡機）出品（三六歳）
手回式ガラ紡機四〇錘（最高賞となる鳳紋賞牌受賞）
十一月、連綿社東京支店を設ける
秋、愛知県の三河にガラ紡機初導入
十二月、三河、西尾の宮島清蔵がガラ紡機（百錘）を購入、額田郡常盤村瀧（現岡崎市滝町）で野村茂平次の水車を借りて共同経営（三河での水車紡の創始）

一八七八年（明治十一）

波多村の川澄多けと結婚（三七歳）
山梨県、石川県、富山県などに連綿社支店を開設
九月、明治天皇北陸・東海巡幸の際、松本でガラ紡機を天覧
三河、碧海郡の甲村瀧三郎、手回しガラ紡機（四〇錘）運転
三河の鈴木六三郎、臥雲辰致のもとを訪れガラ紡の技術指導を受ける
帰郷後、矢作川で船にガラ紡機と水車を付けた船紡績を始める

資料

年次	臥雲辰致とガラ紡に関する記事（年齢は辰致の歳）
一八七九年（明治十二）	松本の連綿社改組、業務を拡張 甲村瀧三郎、額田郡瀧村に移り水車紡を始める 六月、明治天皇巡幸の際再び松本でガラ紡機を天覧 この年頃からガラ紡機の模造品が続出
一八八〇年（明治十三）	連綿社苦境、十二月、連綿社解散、臥雲商会興す（三九歳） 一方、ガラ紡機は全国に普及（三河ではガラ紡業者二五戸に上る） この頃、三河の機械大工は二名が知られる （額田郡岡崎の橋本と碧海郡堤村の中野清六） この頃、額田郡伊賀村の伊藤磯右衛門は中野清六に弟子入り
一八八一年（明治十四）	第二回内国勧業博覧会に改良したガラ紡機出品（四〇歳） （六角形の足踏式二四錘、進歩二等賞受賞、機械部門出品中最高賞） 博覧会後、ガラ紡機開発資金の苦境を見かねた佐野常民と大森唯中が援助 （辰致は東京の大森唯中宅に寄寓し、ガラ紡機改良に取り組む）
一九八二年（明治十五）	松本に帰りガラ紡機改良に取り組むが生活は苦境 十月、ガラ紡機発明の功で藍綬褒章受章（四一歳）
一八八三年（明治十六）	水車動力のガラ紡工場を百瀬軍治郎と松本で共同経営（四二歳） 足踏み式ガラ紡機（一間二五錘～六〇錘）出現
一八八四年（明治十七）	三河のガラ紡業者「額田紡績組」組織

（経営者二六四、錘数四四、三二〇、生産額六二、三〇〇貫）
ガラ紡の規模は、水車ガラ紡機（二間）、船紡績（二間〜一一・五間）
この頃、渥美郡出身小野三五郎は機械大工伊藤磯右衛門に弟子入り

一八八五年（明治十八）
四月、特許条例制定
　ガラ紡機特許出願も成らず（四四歳）
五月、五品共進会審査で洋式紡績糸と比べガラ紡糸質の劣位宣言
　二府一〇県よりガラ紡糸が多数出品
七月、三遠（三河、遠州）地方暴風雨塩害被害で綿花被害
この頃から中国綿使用始まる
三河で三子撚糸（ガラ紡糸三本合糸を撚糸）を創始（足袋底、帆布に使用）
三河のガラ紡機械大工六名で「六名懇親社」（伊藤磯右衛門他）結成

一八八六年（明治十九）
松本の共同水車場（前年水害で破損）売却、波多村に転居（四五歳）

一八八七年（明治二十）
二月、『明治篤行録 巻之上』に「臥雲辰致伝」掲載（四六歳）
十月、小学校修身副読本『小学修身用書 第三』に「臥雲辰致の器械を創造せし話」
　掲載
三河ガラ紡業興隆
三河の「額田紡績組」経営者四八三名、一三万一千錘余、産額約三一万貫
矢作川の船紡績六〇艘に増える

一八八八年（明治二十一）
四月、「額田紡績組」は臥雲辰致を三河の瀧村に招聘（四七歳）
十月、改良ガラ紡機の特許出願（二十二年特許受ける）

年次	臥雲辰致とガラ紡に関する記事（年齢は辰致の歳）
	三河の甲村瀧三郎、松本の武居正彦、臥雲辰致の三名共同で出願（紡糸の細太加減装置付きの一二〇錘、一五〇錘、一八〇錘を製造） 三河に大阪より木製打綿機移入、ガラ紡機（二〇〇錘） 岡崎の中條勇次郎が水車式三行灯（木製打綿機）を創始 打綿能率四～五倍に上がる これによりガラ紡機一二〇錘～二〇〇錘から三〇〇錘～三五〇錘に増 三河ガラ紡業者八五五名、二三万四、七〇〇錘（明治中期の最盛期） 三河の中野清六、ガラ紡機の糸番手調整の天秤支点一間調整法を考案 愛知県渥美郡出身の鈴木次三郎は機械大工小野三五郎に弟子入り
一八八九年（明治二十二）	**六月、辰致は岡崎の機大工加藤宅に逗留、技術指導（四八歳）** 九月、三河で大洪水、水車や工場が流出 矢作川の船紡績四四艘に減少 三河ではガラ紡機の水車運転が一般化 三河の中野清六、手ねじによる支点一斉調整法（一間三〇錘）発明 この頃、ガラ紡機四〇〇錘（五〇錘×八間）、四八〇錘（六〇錘×八間）となる
一八九〇年（明治二十三）	**五月、辰致、改良ガラ紡機の特許再び出願** **七月、第三回内国勧業博覧会に綿紡機、測量機、蚕網織機等を出品** **考案出品した蚕網織機は三等有功賞を受ける（四九歳）**

一八九一年（明治二十四）	三河ガラ紡、業界不況（最初の経済恐慌） 三河ガラ紡、綿糸商の資本が進出して賃加工制度はじまる **辰致、七桁計算機、土地測量機の考案（五〇歳）** **蚕網織機の製造販売を始める（松本をはじめ全国の養蚕業に貢献）**
一八九二年（明治二十五）	**文部省編纂「高等小学修身教科書」に発明家臥雲辰致掲載（五一歳）** ガラ紡機、一間六四錘がこの頃から普及、以前は一間五〇、六〇錘 甲村瀧三郎、鈴木次三郎、撚掛機を製作、撚掛機の普及が始まる （一間四〇錘、三子撚糸用、足袋底用） 三河で毛布の緯糸、紋羽（足袋用）の緯糸製造開始 三河では、この頃から洋式紡績の落綿使用を開始し太糸製造に転換
一八九六年（明治二十六）	三河ガラ紡、二子撚糸創始 （ガラ紡糸二本合糸を撚り掛け、落綿で敷布、前掛け等に使用）
一八九四年（明治二十七）	甲村瀧三郎と鈴木次三郎、回転運動による混綿機（ふぐい）考案
一八九五年（明治二十八）	ロープ帆綱及び網用鞠糸（ガラ紡糸）の製造開始
一八九七年（明治三十）	岡崎の近藤角三郎、七つ行灯（打綿機）及び撚子巻機発明
一八九八年（明治三十一）	**七月、「綟織機」（蚕網織機）の特許受ける（五七歳）** **申請人は宮下祐義、川澄俊造（辰致の長男）、徳本伊七** 矢作川の船紡績六四艘に回復
一八九九年（明治三十二）	足袋底の緯糸にガラ紡糸の使用始める 三河ガラ紡不況、組合員半減

年次	臥雲辰致とガラ紡に関する記事（年齢は辰致の歳）
一九〇〇年（明治三十三）	六月二十九日、辰致病没（五九歳）
一九〇一年（明治三十四）	ガラ紡工場の動力に石油発動機の試用
一九〇二年（明治三十五）	弾綿機（反毛機）の研究始まる 三行灯（打綿機）完成 この頃、三河山間の渓流地域がガラ紡工場地帯に変わる
一九〇三年（明治三十六）	鈴木次三郎、毬巻機考案（鞠糸製造用、明治三十九年頃ともいわれる）
一九〇四年（明治三十七）	この頃、日露戦争でガラ紡業界活況、ガラ紡機の需要増
一九〇五年（明治三十八）	矢作川の船紡績四〇艘
一九〇七年（明治四十）	打綿機に撚子巻機を連結する考案（大正元年ともいわれる） 三河の野村福太郎、蜂須賀初造、中根芳松の共同考案 鈴木六三郎、絹糸屑等利用の絹糸ガラ紡創始 この頃、ガラ紡機一台五一二錘（六四錘×八間）、 撚掛機一台二二四錘（二八錘×八間、三子撚糸の撚掛用）となる この頃、糸屑、裁断屑、古繊維の弾綿（反毛綿）使用始まる
一九〇八年（明治四十一）	この頃、中国大陸へガラ紡機の輸出始まる
一九一二年（明治四十五）	この時までに近藤角三郎、鈴木次三郎ほかで廻切機の改良発明 この頃、弾綿機（反毛機）完成
一九一二年（大正元）	落綿使用のガラ紡糸による綿毛布、緞通糸の製造に成功

一九一三年（大正二）	**辰致の四男紫朗が「稲穀脱穀機」の特許取得**
	三河、西尾の中畑地区のガラ紡工場に電力導入
一九一四年（大正三）	鈴木次三郎、製綿機の実用新案取得
	鈴木次三郎、回切式打綿機の実用新案取得
一九一五年（大正四）	矢作川の船紡績二七艘に減少
	岡崎和紡諸機械製造組合設立（大正七年創立）
	東京六盟館発行の「実業修身教科書」に臥雲辰致伝掲載
一九一六年（大正五）	第一次世界大戦（大正三〜七年）でガラ紡業界活況
一九一七年（大正六）	岡崎地方に綿毛布業勃興し太糸需要旺盛
	三河のほか大阪泉南地方をはじめ全国各地のガラ紡業再興
一九一八年（大正七）	九月、三河ガラ紡業者三〇一人、紡錘数二六万六千錘、多くは水車を動力
	三河のガラ紡機一台の紡錘数は、五一二錘（六四錘×八間）が一般的となる
	糸屑、裁断屑、古着などを綿に再生する反毛綿の利用普及
一九一九年（大正八）	岡崎和紡諸機械製造組合創立（鈴木次三郎組合長、後に四〇名以上の組合員）
一九二一年（大正十）	三河紡績同業組合、岡崎市に臥雲辰致の記念碑建立を計画
	臥雲辰致記念碑完成式典（辰致の二男家佐雄、四男紫朗を岡崎に招聘）
一九二二年（大正十一）	三河、安城の福釜地区のガラ紡工場に電力導入
	三河、足助の深見喜太郎、ガラ紡機の自動糸番手調整法発明（翌年実用新案）
一九二三年（大正十二）	大阪の堺でガラ紡緞通、ラッグラッグ（緯糸にガラ紡糸）の製造盛んになる
一九二四年（大正十三）	この頃、三河ではガラ紡機の動力に電力利用が広がる

資料

年次	臥雲辰致とガラ紡に関する記事（年齢は辰致の歳）
一九二六年（大正十五）	大正年間に、屑繭や副蚕糸を使用する絹ガラ紡始まる 三河ではメリヤスなど古着を反毛綿として利用する時代に入る 岡崎市内に電力利用のガラ紡工場集積、ガラ紡発祥の地、常盤地区に動力線導入
一九二九年（昭和四）	工場法、ガラ紡工場にも適用
一九三二年（昭和七）	岡崎、豊田の山麓地域のガラ紡工場に動力線導入が相次ぐ
一九三三年（昭和八）	矢作川の船紡績七艘に激減 岡崎を含む山麓地域のガラ紡工場の六二％は水車動力
一九三四年（昭和九）	矢作川の船紡績、河川改修により消滅
一九三五年（昭和十）	満州事変、反毛綿の利用増 この頃、撚掛機一台二二四錘（二八錘×八間、三子撚糸の撚掛用） 一台一九二錘（二四錘×八間、二子撚糸（双糸）の撚掛用）
一九三八年（昭和十三）	綿糸配給統制規制施行、ガラ紡は除外、ガラ紡工場の新増設相次ぐ
一九四〇年（昭和十五）	合糸機（一台五錘）発明 三河山麓地域の旧三河ガラ紡糸工業組合六五七人のうち 約五九％が電力専用、水車は約二九％、併用一二％
一九四一年（昭和十六）	戦時統制によって全国一千有余の業者は七〇の企業合同体に編成 繰繭式短繊維の製法が工業化（絹ガラ紡が拡大）
一九四三年（昭和十八）	企業整備が実施され愛知県のガラ紡設備の五〇％転廃業

一九四五年（昭和二十）八月、終戦
一九四七年（昭和二十二）指定繊維資材配給規制（衣料切符）公布、ガラ万時代（好景気）の夜明け
一九四九年（昭和二十四）全国のガラ紡機設備錘数四〇六万錘（愛知県は約四五％の比率）、空前の発展
年末を持って統制はすべて解除
一九五一年（昭和二十六）この頃より愛知県を除いた他府県のガラ紡機設備錘数は急速に減少
一九五三年（昭和二十八）愛知県のガラ紡機設備錘数は全国比八〇％を超える（八五・二％）
一九五六年（昭和三十一）繊維工業設備臨時措置法布告（ガラ紡から特殊紡績〈特紡〉への転換促進）
一九五七年（昭和三十二）三河ガラ紡の動力割合は、水車約〇・四％（六台）、電力九六％、併用三・五％、
一九五八年（昭和三十三）ガラ紡績機登録、愛知県一七一万錘（一七九九工場）、
県外　一三万錘（三一工場）に減少
一九六一年（昭和三十六）貿易自由化発表、ガラ紡業界に打撃、特紡への転業、廃業が進む
岡崎市制四十五周年の際、臥雲辰致は名誉市民となる
一九六四年（昭和三十九）博物館明治村（開村一九六五年）にガラ紡機（手回し式、水車式各一台）収蔵、ガラ紡機の博物館収蔵の始まり
一九六七年（昭和四十二）特定繊維工業構造改善臨時措置法制定、ガラ紡業者の転廃業促進
一九六八年（昭和四十三）ガラ紡機設備錘数五六三、八二二錘、企業数七三四工場（日本和紡績工業組合登録）
一九七六年（昭和五十一）中小企業事業転換対策臨時措置法公布、ガラ紡業者の激減促進
一九七八年（昭和五十三）ガラ紡機設備錘数一一一、三二六錘、企業数一二一工場（同組合登録）
一九八八年（昭和六十三）ガラ紡機設備錘数　二三、〇八八錘、企業数　二一工場（同組合登録）
一九九二年（平成四）**臥雲辰致生誕一五〇年の記念事業が生誕地の南安曇郡堀金村で開催**

年次	臥雲辰致とガラ紡に関する記事（年齢は辰致の歳）
一九九八年（平成十）	ガラ紡機設備錘数三、五二〇錘、企業数五工場（同組合登録）
二〇一〇年（平成二十二）	日本和紡績工業組合登録のガラ紡業者は皆無となる （同年の設備錘数二、三〇四錘、四工場はすべて組合外）
二〇一三年（平成二十五）	九月、ラオスにガラ紡の機械一式（ガラ紡機、五七六錘）技術移転
二〇一五年（平成二十七）	**五月、「ガラ紡コンサート」を辰致のふるさと松本市で開催** この頃、カンボジアにガラ紡機導入
二〇一六年（平成二十八）	**九月、〝臥雲辰致「ガラ紡」展示会〟を松本市で開催** **「中町・蔵シック館」を会場に一か月間のロングラン** 十二月、ガラ紡工場、愛知県に三工場（常時稼働二工場） 岐阜県に一工場（随時稼働） ガラ紡機稼働設備錘数、四工場合わせて二、七五二錘（八台） 博物館等の保存ガラ紡機、全国一八施設に二一台、一、九三〇錘 うち、動態展示は、七施設、七台、五四八錘
二〇一七年（平成二十九）	**八月十五日、臥雲辰致生誕一七五年を記念して書籍を出版** **『臥雲辰致・日本独創のガラ紡―その遺伝子を受け継ぐ―』**

年表作成に関わる参考文献

・伊藤静栄『三河水車紡績業に関する調査』（大正六年八月調査）臨時産業調査局、一九一九年。

・『三河紡績糸』三河紡績同業組合、一九二一年。
・鈴木明「ガラ紡機之沿革」一九四二年十月。
・矢橋彦四郎『大東亜ガラ紡 前編』一九四四年四月。
・榊原金之助『ガラ紡績業の始祖 臥雲辰致翁伝記』愛知県ガラ紡績工業会、一九四九年四月。
・柴田公夫『ガラ紡績』愛知ガラ紡協会、一九五五年。
・松井貞男「河川の利用形態からみたガラ紡業地域（一）―動力の電化過程を中心に―」『愛知学芸大学研究報告 第八輯・社会科学』一九五九年。
・村瀬正章『臥雲辰致』吉川弘文館、一九六五年。
・「岡崎とガラ紡工業」岡崎市、一九六七年。
・玉川寛治「がら紡精紡機の技術的評価」『技術と文明』三巻一号、思文閣、一九八六年。
・宮下一男『臥雲辰致―ガラ紡機一〇〇年の足跡をたずねて』郷土出版社、一九九三年。
・北野進『臥雲辰致とガラ紡機―発明の文化遺産和紡糸・和布の謎を探る』アグネ技術センター、一九九四年。
・近藤長作『常磐のガラ紡績の跡』著者刊、二〇〇〇年。
・天野武弘「愛大保存ガラ紡績機の歴史的価値の検証」『年報・中部の経済と社会二〇〇九年版』愛知大学中部地方産業研究所、二〇一〇年。
・近藤長作編『ガラ紡績組合史』日本和紡績工業組合、二〇一一年。
・天野武弘「国内に現存する歴史的ガラ紡績機の実態」『年報・中部の経済と社会　二〇一六年版』愛知大学中部地方産業研究所、二〇一七年。

資料

資料2　臥雲辰致とガラ紡に関する文献目録

（発行年代順に掲載、「ガラ紡を学ぶ会」作成）

＊一八七〇年代（明治三～十二年）

・『信飛新聞』第一二三号、一八七六年（明治九）二月二十九日。
・『信飛新聞』第一四三号、一八七六年（明治九）五月十九日。
・*Official Catalogue of the National Exhibition of Japan 1877, Dept. 4, Exhibition Bureau, 1877,*
・『明治十年内国勧業博覧会審査評語』内国勧業博覧会事務局、一八七七年（明治十）。
・『明治十年内国勧業博覧会出品解説　第四区　機械』内国勧業博覧会事務局、一八七八年（明治十一）六月。
・大森惟中『明治十年内国勧業博覧会報告書　第四区　機械』内国勧業博覧会、一八七八年（明治十一）八月。
・細木年一（桂次良）「糸くりきかい」『諸工職業競』、版元：木曽直次良、一八七九年（明治十二）。

＊一八八〇年代（明治十三～二十二年）

・農商務省農務局、農商務省工務局編『繭糸織物陶漆器共進会審査報告』有隣堂、一八八五年（明治十八）。
・繭糸織物陶漆器共進会編「綿絲集談会紀事」『繭糸織物陶漆器共進会審査報告』有隣堂、一八八五年（明治十八）。
・大岡忠時（岩月）「臥雲辰致伝」『明治篤行録　巻之上』鳴和講堂、一八八七年（明治二十）二月。
・岸弘毅編「臥雲辰致の器械を創造せし話」『小学修身用書　第三』成美堂、一八八七年（明治二十）十月。
・川崎源太郎『参陽商工便覧』龍泉堂、一八八八年（明治二十一）。（復影版、一九七七年）
・「綿糸紡績機　特許第七五二号　明細書」一八八九年（明治二十二）。

＊一八九〇年代（明治二十三～三十二年）

・文部省編纂『高等小学修身教科書』（発明家臥雲辰致掲載）、一八九二年（明治二十五）。
・松園忠雄編「臥雲辰致」『勅語例話』普及舎、一八九三年（明治二十六）四月。

・『日本修身書』金港堂、一八九三年（明治二十六）。
・江間政発『褒章実業偉跡』一八九三年（明治二十六）。
・『日本修身経』富山房、一八九四年（明治二十七）。
・広田三郎編「臥雲辰致伝記」『実業人傑伝』一八九六年（明治二十九）。
・杉本勝二郎『明治忠孝節義傳　一名・東洋立志編』国之礎社、一八九八年（明治三十一）。
・「綟織機　特許第三一五五号　明細書」一八九八年（明治三十一）。

＊一九〇〇年代（明治三十三～四十二年）
・『国語教本』金港堂、一九〇〇年（明治三十三）。

＊一九一〇年代（明治四十三～大正八年）
・松本尋常高等小学校編「臥雲辰致氏紡績器械を発明す」『松本郷土訓話集　第一輯』交文社、一九一二年（明治四十五）三月。
・『愛知県史　上巻』愛知県、一九一四年（大正三）三月。
・信濃史談会編「臥雲辰致」『信濃之人』求光閣書店、一九一四年（大正三）。
・井上哲次郎『実業修身教科書』（臥雲辰致伝掲載）、東京六盟館、一九一五年（大正四）一月。
・金森春水編『当世百番附』廣集堂、一九一八年（大正七）五月。
・伊藤静栄『三河水車紡績業に関する調査』（大正六年九月調査）臨時産業調査局、一九一九年（大正八）三月。

＊一九二〇年代（大正九～昭和四年）
・『三河紡績糸』三河紡績同業組合、一九二一年（大正十）十一月。

＊一九三〇年代（昭和五～十四年）
・「臥雲辰致」『工業大辞典　第十巻』大日本百科辞書刊行会、一九三三年（昭和八）三月。
・土屋喬雄「明治初年の綿紡機発明家臥雲辰致」『季刊明治文化史研究』第三輯、一九三四年（昭和九）十月。
・三浦季治「羽毛紡績絲に就て」（改良ガラ紡機）、繊維工業学会誌、Vol.1, No.1, 一九三五年（昭和十）一月。
・鈴木喜七『中畑の紡織業』幡豆郡平坂第一尋常小学校、一九三七年（昭和十二）一月。

・服部之総・信夫清三郎『明治染織経済史』白楊社、一九三七年（昭和十二）五月。
・絹川太一『本邦綿絲紡績史』第二巻、日本綿業倶楽部、一九三七年（昭和十二）九月。
・早川孝一「三河地方に於けるガラ紡工業の全貌（一）」『紡織界』三〇（七）（三六一）、一九三九年（昭和十四）七月号。
・早川孝一「三河地方に於けるガラ紡工業の全貌（二）」『紡織界』三〇（八）（三六二）、一九三九年（昭和十四）八月号。

*一九四〇年代前半（昭和十五～二十年）

・「岡崎のガラ紡に付いて」日本ガラ紡糸統制株式会社、日本ガラ紡糸工業組合連合会、一九四〇年（昭和十五）九月。
・東条恒雄〔三枝博音〕「〈技術者小伝〉臥雲辰致」『科学主義工業』四巻一〇号、一九四〇年（昭和十五）九月号。
・一閑人「時局下のガラ紡工業を語る」『紡織界』三二（三）（三八一）、一九四一年（昭和十六）年三月。
・「ガラ紡糸規格表」日本ガラ紡績工業協同組合、一九四一年（昭和十六）三月。
・和田進「三河のガラ紡」『愛知県特殊産業の由来 上』愛知県実業教育振興会、一九四一年（昭和十六）六月。
・矢作流人「三河ガラ紡譚」『紡織界』三二（七）（三八五）、一九四一年（昭和十六）年七月。
・中村精『日本ガラ紡史話』慶応出版社、一九四二年（昭和十七）四月。
・信夫清三郎『近代日本産業史序説』日本評論社、一九四二年（昭和十七）五月。
・高木留太「ガラ紡工業に就いて」『紡織界』三三（二）（三九二）、一九四二年（昭和十七）二月。
・和田進「ガラ紡糸紡績の調査及び其研究（一）」『紡織界』一九四二年（昭和十七）。
・和田進「ガラ紡糸紡績の調査及び其研究（二）」『紡織界』三三（八）（三九八）、一九四二年（昭和十七）八月。
・鈴木明「ガラ紡機之沿革」一九四二年（昭和十七）十月。
・和田進「ガラ紡糸紡績の調査及び其研究（三）」『紡織界』三三（一〇）（四〇〇）、一九四二年（昭和十七）十月。
・『ガラ紡工業ノ概要』日本ガラ紡糸統制株式会社、一九四二年（昭和十七）十月。

・和田進「ガラ紡糸紡績の調査及び其研究（四）」『紡織界』三三（一一）（四〇一）、一九四二年（昭和十七）十一月。
・「三河ガラ紡発達史」『岡崎商工会議所五十周年史』岡崎商工会議所、一九四二年（昭和十七）十二月。
・和田進「ガラ紡糸紡績の調査及び其研究」『紡織界』三四（二）（四〇四）、一九四三年（昭和十八）二月。
・三枝博音「臥雲辰致」『続　技術家評伝』科学主義工業社、一九四三年（昭和十八）二月。
・和田進「ガラ紡糸紡績の調査及び其研究」『紡織界』三四（四）（四〇六）、一九四三年（昭和十八）四月。
・和田進「ガラ紡糸紡績の調査及び其研究」『紡織界』三四（六）（四〇八）、一九四三年（昭和十八）六月。
・和田進「ガラ紡糸紡績の調査及び其研究（七）」『紡織界』三四（七）（四〇九）、一九四三年（昭和十八）七月。
・和田進「ガラ紡糸紡績の調査及び其研究（八）」『紡織界』三四（一〇）（四一二）、一九四三年（昭和十八）十月。
・矢橋彦四郎「大東亞ガラ紡」『紡織界』三四（一一）（四一三）、一九四三年（昭和十八）十一月。
・矢橋彦四郎「大東亞ガラ紡」『紡織界』三四（一二）（四一四）、一九四三年（昭和十八）十二月。
・和田進「新興ガラ紡工業に就いて（一）」『綿ス・フ統制会報』一巻四号、一九四三年（昭和十八）。
・和田進「新興ガラ紡工業に就いて（二）」『綿ス・フ統制会報』一巻六号、一九四三年（昭和十八）。
・矢橋彦四郎「大東亞ガラ紡」『紡織界』三五（一）（四一五）、一九四四年（昭和十九）一月。
・矢橋彦四郎「大東亞ガラ紡」『紡織界』三五（二）（四一六）、一九四四年（昭和十九）二月。
・矢橋彦四郎「大東亞ガラ紡」『紡織界』三五（三）（四一七）、一九四四年（昭和十九）三月。
・矢橋彦四郎『大東亜ガラ紡、前篇』鈴木政之助、一九四四年（昭和十九）四月。
・矢橋彦四郎「大東亞ガラ紡（後編）」『紡織界』三五（四）（四一八）、一九四四年（昭和十九）四月。
・和田進「ガラ紡糸紡績の調査及び其研究」『紡織界』三五（五）（四一九）、一九四四年（昭和十九）五月。
・矢橋彦四郎「大東亞ガラ紡（後編）」『紡織界』三五（六）（四一九）、一九四四年（昭和十九）六月。
・矢橋彦四郎「大東亞ガラ紡（後編）」『紡織界』三五（七）（四二〇）、一九四四年（昭和十九）七月。

・矢橋彦四郎「大東亞ガラ紡（後編）」『紡織界』三五（九）（四二二）、一九四四年（昭和十九）九月。
・中村幸八『発明五十年史』東京出版、一九四四年（昭和十九）十月。
・矢橋彦四郎「大東亞ガラ紡（続編）」『紡織界』三五（一二）（四二五）、一九四四年（昭和十九）十二月。

＊一九四〇年代後半（昭和二十一～二十四年）

・『ガラ紡工業ノ概況』日本ガラ紡経済組合、一九四六年（昭和二十一）六月。
・矢橋彦四郎『ガラ紡の問答集（其の一）』矢橋彦四郎、一九四七年（昭和二十二）一月。
・矢橋彦四郎『矢橋のガラ紡績　ガラ紡機（其一）』一九四七年（昭和二十二）五月。
・矢橋彦四郎『矢橋のガラ紡績　ガラ紡機（其二）』一九四七年（昭和二十二）五月。
・矢橋彦四郎『矢橋のガラ紡績　ガラ紡機（其三）』一九四七年（昭和二十二）五月。
・矢橋彦四郎『各種紡績の図解』一九四七年（昭和二十二）六月。
・矢橋彦四郎『矢橋のガラ紡績　ガラ紡廻切機（其の四）』一九四七年（昭和二十二）八月。
・矢橋彦四郎『矢橋のガラ紡績　ガラ紡撚子巻機付廻切機（其の五）』一九四七年（昭和二十二）八月。
・矢橋彦四郎『矢橋のガラ紡績　ガラ紡総論（其の六）』繊維機械復興研究会、一九四七年（昭和二十二）八月。
・矢橋彦四郎『毛織物の廻切（附）ガラ紡織物』一九四七年（昭和二十二）八月。
・矢橋彦四郎『ガラ紡の問答集（其の四）』興文社、一九四七年（昭和二十二）八月。
・矢橋彦四郎『毛織物の解説（附）ガラ紡織物』一九四七年（昭和二十二）八月。
・渡邊総一郎『解説ガラ紡績』紡織通信中部支社、一九四七年（昭和二十二）九月。
・『月刊　ガラ紡織』創刊号（矢橋彦四郎監修）、紡織通信社中部支部、一九四七年（昭和二十二）十月。
酒井弘「月間「ガラ紡織」創刊に際して、ガラ紡織工業の良き指導者たれ」
酒井弐三郎「経営、技術に積極的指導を」
渡邊総一郎「ガラ紡工業に於ける当面の原料問題」

加藤貞治郎「ガラ紡工業の危機と発展策」
座談会「ガラ紡織の発展対策を語る」
「新興ガラ紡産地管見―県内原料依存の群馬産地」
柴田公夫「ガラ紡発生の地を訪ねて」
「全国ガラ紡錘数一覧表（昭和二十二年八月）」
矢橋彦四郎「ガラ紡最近の四大緊急問題解決　1ガラ紡績の名称の変遷と英訳　2ガラ紡機の製作と其の修理　3ガラ紡機の改良の可否　4ガラ紡機操作の標準動作解決」
「ガラ紡の質疑応答集（第一回）」

・矢橋彦四郎『ガラ紡の関係者が見ざれば損をする本』一九四七年（昭和二十二）十二月。

・「ガラ紡」日本ガラ紡績工業協同組合、一九四七年（昭和二十二）。

・「ガラ紡糸規格表」日本ガラ紡績工業協同組合、一九四七年（昭和二十二）。

・『月刊　ガラ紡織』第二号（矢橋彦四郎監修）、日本繊維研究会出版局、一九四八年（昭和二十三）二月。
水谷長三郎（商工大臣）「再建へ苦難を乗り越えよ―年頭所感」
和田進「ガラ紡工業偶感」
酒井弐三郎「新規業者と原料割当」
渡邊総一郎「今年度の配給原料事情」
日本繊維研究会調査部「ガラ紡織物と登録織機」
酒井弐三郎「ガラ紡製品も新工夫が必要」
「新興ガラ紡産地便り―愛知県東三河の新規業者三十五」
資料「東三和紡工業協同組合 組合員一覧」
須田安善「全県一貫体勢確立、躍進目指し―石川産地」
資料「ガラ紡糸、ガラ紡織物、登録登録販売業者一覧表」
資料「ガラ紡糸販売価格の統制額表（昭和二十二年十月）」
柴田公夫「黎明期に活躍した人々」
矢橋彦四郎「ガラ紡緊急問題解決　1ガラ紡用諸機械諸器具の天才的発明家　鈴木次三郎の来歴　2開繭（絹）機　3ガラ紡質疑応答集（第二回）」

・『月刊　ガラ紡織』第三号（矢橋彦四郎監修）、日本繊維研究会出版局、一九四八年（昭和二十三）四月。
酒井弐三郎「ガラ紡糸改定価格と業界の輿論」
内藤孝彦「雑繊維工業の一貫経営形態」

糸商の座談会「ガラ紡糸、織物は買えるか〝登録販売業者制度〟に頂門の一箴」

資料「ガラ紡糸生産割当(昭和二十二年第四、四半期)」

資料「雑繊維用、落綿　第三、四半期割当明細表（昭和二十二年）」

資料「ガラ紡織物販売価格（昭和二十二年十二月）」

資料「ガラ紡織物染色加工料金(昭和二十二年十二月)」

資料「手持ガラ紡織物の販売価格(昭和二十三年二月)」

資料「特紡糸の販売価格（昭和二十三年二月）」

資料「落綿の購入販売価格（昭和二十二年十二月）」

資料「綿状屑繊維購入販売価格(昭和二十二年十二月)」

資料「毛織再生原料の新価格」

「ガラ紡の質疑応答集（第三回）」

・矢橋彦四郎『矢橋式　ガラ紡標準教本』一九四八年（昭和二十三）四月。

・名和統一『日本紡績業の史的分析』潮流社、一九四八年（昭和二十三）六月。

・「販賣價格表　紡毛・特紡・ガラ紡・糸・織物・屑纖維故纖維、落綿、副蠶糸、副産羊毛」『日本纖維研究會』一九四八年（昭和二十三）十一月。

・釣谷泰一「ガラ紡績講座」『織物読本・第一巻』商工経済別冊、商工新報社、一九四八年（昭和二十三）。

・大和銀行調査部「ガラ紡の進路」『経済調査一三号』大和銀行、一九四九年（昭和二十四）一月。

・小島茂三「カツブスピニング（ガラ紡機）の研究（第一・二報）」『纖維機械學會誌』Vol.2, No.3, 一九四九年（昭和二十四）三月。

・榊原金之助『ガラ紡績業の始祖　臥雲辰致翁伝記』愛知県ガラ紡績工業会、一九四九年（昭和二十四）四月。

・日本和紡協会編『和紡 Throstle Spinning and Weaving』日本和紡協会、一九四九年（昭和二十四）四月。

・田中道一「間歇的施撚の例としての和紡機の研究」『纖維機械學會誌』Vol.2, No.5, 一九四九年（昭和二十四）五月。

・村上康夫「高性能ガラ紡機自動繰出精紡機に就て」『纖維機械學會誌』Vol.2, No.7, 一九四九年（昭和二十四）七月。

・渡邊茂「機械技術の常識―わたからいとまで―」『機械の研究』第一巻第十号、一九四九年（昭和二十四）十月

・田中道一「撚糸重量の変化による和紡機の番手調整に就

いて」『繊維機械学会誌』Vol.2, No.10, 一九四九年（昭和二十四）十月。

・『和紡』日本和紡協会、一九四九年（昭和二十四）。

・「岡崎地方のガラ紡績」愛知県ガラ紡績工業組合、一九四九年（昭和二十四）。

＊一九五〇年代（昭和二十五〜三十四年）

・山田彌一郎「今後の絹人絹織物とガラ紡織物はどうあるべきか」『繊維月報』七巻二号、一九五〇年（昭和二十五）二月。

・西脇慈圓、星徹、福島榮之助「ガラ紡機の研究―第一報―」『繊維学会誌』第六巻三号、繊維学会、一九五〇年（昭和二十五）三月。

・西脇慈圓、星徹、福島榮之助「ガラ紡機の研究―第二報―」『繊維学会誌』第六巻四号、繊維学会、一九五〇年（昭和二十五）四月。

・村井勲「工場診断の感想-ガラ紡工場」『中小企業情報』中小企業庁、一九五〇年（昭和二十五）五月。

・西脇慈圓、星徹、福島榮之助「ガラ紡機の研究―第三報―」『繊維学会誌』第六巻九号、繊維学会、一九五〇年（昭和二十五）九月。

・労働省職業安定局編『職務解説　ガラ紡績業』第九六輯、一九五〇年（昭和二十五）九月。

・酒井式三郎「本来の姿に戻る和紡工業―転機に立つ中小繊維工業―」『繊維月報七巻五号』繊維年刊刊行会、一九五〇年（昭和二十五）。

・「岡崎ガラ紡」岡崎労働基準監督署、一九五一年（昭和二十六）四月。

・労働省労働基準監督局給与課『三河地方におけるガラ紡産業の実態調査報告結果』（一九五一年五月通商産業省繊維局調）一九五二年（昭和二十七）。

・『ガラ紡について』愛知ガラ紡協会、一九五三年（昭和二十八）十月。

・田中道一「壺の実効重量の変化による和紡績機の番手調整について」『山形大学紀要（工学）第二巻第二号』山形大学、一九五三年（昭和二十八）。

・栗原光政「ガラ紡工業の発展と立地」『地理学報告二』一九五三年（昭和二十八）。

・柴田公夫『ガラ紡績』愛知ガラ紡協会、一九五四年（昭和二十九）十一月。

・「愛知県下に於けるガラ紡績」『東海銀行調査月報』八九号、一九五四年（昭和二十九）十二月。
・東海新聞社編『岡崎戦災復興誌』岡崎市役所、一九五四年（昭和二十九）。
・三枝博音、鳥井博郎『日本の産業につくした人々』毎日新聞社、一九五四年（昭和二十九）。
・柴田公夫『ガラ紡昔ばなし』一九五五年（昭和三十）六月。（二〇〇二年に近藤長作が復刻編集）
・玉城肇『三河地方における産業発達史概説』愛知大学中部地方産業研究所、一九五五年（昭和三十）八月。
・石島房子「ガラ紡をたずねて」『婦人と年少者』婦人少年協会、一九五五年（昭和三十）九月。
・柴田公夫『ガラ紡績』愛知ガラ紡協会、一九五五年（昭和三十）十二月。
・角谷良三「三河ガラ紡工業の生産構造」名古屋大学地理学教室卒業論文、一九五六年（昭和三十一）一月。（二〇〇九年復刻）。
・「地方的特殊産業の実態―バンコツク帽製造業及びガラ紡績業」『婦人と年少者』婦人少年協会、一九五六年（昭和三十一）一月。
・柴田公夫『ガラ紡績』愛知ガラ紡協会、一九五七年（昭和三十二）九月。
・日本和紡協会編『和紡 Throstle Spinning and Weaving』愛知ガラ紡協会、一九五七年（昭和三十二）。
・『ガラ紡績の栞』岡崎繊維工業試験場、一九五七年（昭和三十二）。
・栗原光政「三河高原西麓におけるガラ紡兼業地域について―額田郡旧常盤村の場合―」『地理学報告九、十』一九五七年（昭和三十二）。
・日本繊維産業史刊行委員会編「和紡績」『日本繊維産業史　各論編』繊維年鑑刊行会、一九五八年（昭和三十三）二月。
・一条雄司『豊橋の工業―その構造と特質―』愛大中産研研究報告第四号、愛知大学中部地方産業研究所、一九五八年（昭和三十三）七月。
・松井貞雄「製造糸の種類からみたガラ紡地域―技術の伝統性の分析―」『地理学報告一二』愛知教育大学地理学会、一九五八年（昭和三十三）十二月。
・松井貞雄「河川の利用形態からみたガラ紡業地域（一）―動力の電化過程を中心に―」『愛知学芸大学研究報

告第八輯・社会科学』一九五九年（昭和三十四）二月。
・「和紡績工業産地診断報告書」日本和紡績工業組合、一九五九年（昭和三十四）八月。
・文部省検定済教科書『私たちの社会科　五年　工業と生活』学校図書株式会社、一九五九年（昭和三十四）。
・文部省検定済教科書『工業の発達と私たちの生活　社会科　五年中』二葉株式会社、一九五九年（昭和三十四）。
・文部省検定済教科書『新版　小学校の社会　産業と生活五下』日本書籍株式会社、一九五九年（昭和三十四）。

＊一九六〇年代（昭和三十五〜四十四年）

・文部省高等学校教科書『紡績（二）』（和紡と特紡）、実教出版、一九六〇年（昭和三十五）三月。
・内田星美『日本紡績技術の歴史』地人書館、一九六〇年（昭和三十五）三月。
・日本和紡績工業組合「和紡式精紡機登録一覧表」、登録年月日一九六〇年（昭和三十五）八月。
・松井貞雄「水車ガラ紡地域の形成過程と水利紛争について」『愛知学芸大学研究報告第十輯・社会科学』一九六一年（昭和三十六）二月。
・『和紡績』日本紡績工業組合、一九六一年（昭和三十六）三月。
・一条雄司『豊橋の繊維産業』愛大中産研研究報告第八号、愛知大学中部地方産業研究所、一九六一年（昭和三十六）七月。
・『東筑摩郡・松本市・塩尻市誌　第三巻上』東筑摩郡・松本市・塩尻市郷土資料編纂会、一九六二年（昭和三十七）十一月。
・『明治前期産業発達史　第七輯』明治文献資料刊行会、一九六三年（昭和三十八）三月。
・『明治前期産業発達史　第八輯』明治文献資料刊行会、一九六四年（昭和三十九）七月。
・『明治前期産業発達史　第九輯』明治文献資料刊行会、一九六四年（昭和三十九）八月。
・楫西光速編『現代日本産業発達史　XI　繊維　上』現代日本産業発達史研究会発行、交詢社出版局発売、一九六四年（昭和三十九）十一月。
・村瀬正章『人物叢書　臥雲辰致』吉川弘文館、一九六五年（昭和四十）二月。
・古島敏雄『体系日本史叢書一一　産業史Ⅲ』（臥雲辰致

による工場制手工業の展開)、山川出版、一九六六年(昭和四十一)八月。

・玉城肇『明治中期における愛知県の産業』愛大中産研研究報告書第十五号、愛知大学中部地方産業研究所、一九六六年(昭和四十一)十月。

・玉城肇『現代日本産業発達史 二九 総論(上)(ガラ紡の出現とその発達)』現代日本産業発達史研究会発行、交詢社出版局発売、一九六七年(昭和四十二)二月。

・「岡崎とガラ紡工業」岡崎市、一九六七年(昭和四十二)。

・『ガラ紡績の研究』岡崎市繊維工業試験場、一九六七年(昭和四十二)頃。

・古島敏雄「産業資本の確立」『岩波講座 日本歴史一七 近代(4)』岩波書店、一九六八年(昭和四十三)一月。

・鈴木喜七「川舟紡績を中心としたガラ紡の歴史」愛知県立大府高等学校、一九六八年(昭和四十三)三月。

＊一九七〇年代(昭和四十五～五十四年)

・高村直助『日本紡績史序説 上』塙書房、一九七一年(昭和四十六)十月。

・「岡崎のガラ紡」『商工のあいち』Vol.129, №五四四、愛知県商工部、一九七四年(昭和四十九)一月。

・『長野県百科事典』信濃毎日新聞社、一九七四年(昭和四十九)一月。

・酒井豊「岡崎市藤川におけるガラ紡業の盛衰とその要因」岡崎市立藤川小学校、一九七四年(昭和四十九)四月。

・「藤川地区ガラ紡関係調査書」藤川小学校、一九七四年(昭和四十九)。

・西村はつ「産業資本(一)綿業」『日本産業革命の研究(上)』一九七五年(昭和五十)六月。

・堀江英一「産業資本の確立と矛盾」『歴史科学大系十巻 日本の産業革命』校倉書房、一九七七年(昭和五十二)三月。

・奥村正二「ガラ紡と反射炉と技術史こぼればなし」『技術と人間』技術と人間、一九七七年(昭和五十二)五月。

・『遠州産業文化史』(臥雲式和式紡績機)、浜松史跡調査顕彰会、一九七七年(昭和五十二)。

・杉浦俊彦「雨ざらしの漢文たち―岡崎地方碑文解説(含、臥雲辰致記念碑)」『郷土館』№四四、四五、岡崎市教育委員会、一九七八年(昭和五十三)三月。

・『日本紡績史における特織紡績の進み方』新日本紡績協

同組合、一九七八年（昭和五十三）三月。
・太田肇編『日本紡績史の中におけるガラ紡績史とその歴史的役割（第一号）』（市道専吉監修）新日本紡績協同組合、一九七八年（昭和五十三）五月。
・西尾市史編纂委員会編「中畑のガラ紡船」『西尾市史　近代四』愛知県西尾市、一九七八年（昭和五十三）八月。
・太田肇編『日本紡績史の中におけるガラ紡績史とその歴史的役割（第二号）』（市道専吉監修）新日本紡績協同組合、一九七八年（昭和五十三）九月。
・太田肇編『日本紡績史の中におけるガラ紡績史とその歴史的役割（第三号）』（市道専吉監修）新日本紡績協同組合、一九七八年（昭和五十三）十二月。
・岡崎の人物史編集委員会編『岡崎の人物史』同編集委員会、一九七九年（昭和五十四）一月。
・城殿輝雄「ガラ紡績機の歴史ガラ万盛衰記」『常盤東のむかし』研文社、一九七九年（昭和五十四）三月。
・加藤幸三郎「ガラ紡・ミュール・リング―イギリスで考えたこと―」『専修大学社会科学研究所月報』専修大学社会科学研究所、一九七九年（昭和五十四）。

＊一九八〇年代（昭和五十五～平成元年）

・松井貞雄「ガラ紡業と矢作川流域」ほかガラ紡座談会を含む『矢作川流域1万年の歴史と文化を探る』矢作川流域開発研究会、一九八〇年（昭和五十五）三月。
・書上誠之助「機械の歴史　ガラ紡」『精密機械』一九八〇年（昭和五十五）七月。
・「ガラ紡」『豊田市史　八巻（資料）近代』豊田市教育委員会、一九八〇年（昭和五十五）。
・書上誠之助「ガラ紡―日本綿業の夜明け―」『繊維学会誌』三六巻四号、一九八〇年（昭和五十五）四月。
・角山幸洋「初期のガラ紡」『大阪の産業記念物』第二号、産業記念物調査研究委員会、一九八一年（昭和五十六）十月。
・『東筑摩郡・松本市・塩尻市誌　別篇人名』東筑摩郡・松本市・塩尻市郷土資料編纂会、一九八二年（昭和五十七）二月。
・石川清之「明治十年代における水車紡績の展開（上）―水車紡績糸―」『市邨学園大学・市邨学園短期大学社会科学研究会　社会科学論集』市邨学園大学、一九八二年（昭和五十七）三月。

・村瀬正章「臥雲辰致翁を語る―ガラ紡機の始祖」『東海の技術先駆者』第一巻、名古屋技術倶楽部、一九八二年（昭和五十七）十二月。
・『国史大辞典　第三巻』吉川弘文館、一九八三年（昭和五十八）二月。
・「岡崎市における業種別・規模別和紡績工場分布」、「和紡績関連産業の事業所分布」、「和紡の故郷岡崎と業界団体の変遷」『新編岡崎市史　史料　現代　一二』、新編岡崎市史編さん委員会、一九八三年（昭和五十八）六月。
・加藤幸三郎「近代紡績業への転換」『講座・日本の技術の社会史　第三巻　紡織』日本評論社、一九八三年（昭和五十八）六月。
・近藤長作「岡崎市滝町、米河内町における水車紡績の盛衰」『シンポジウム日本の技術史をみる眼　第四回講演・報告資料集』愛知の産業遺跡・遺物調査保存研究会、一九八五年（昭和六十）二月。
・加藤俊雄・加藤博雄・人見昭・天野武弘・石田正治「三河ガラ紡績の実態調査・中間報告―ガラ紡績機の機構と特長―」『シンポジウム日本の技術史をみる眼　第四回講演・報告資料集』愛知の産業遺跡・遺物調査保存研究会、一九八五年（昭和六十）二月。
・石田正治、加藤博雄、人見昭、加藤俊雄、天野武弘「愛知における産業遺跡・遺物の調査―ガラ紡績機の機構とその役割―」『シンポジウム東海の産業遺跡・遺物―調査とその研究方法について―』愛知の産業遺跡・遺物調査保存研究会、東海産業考古学会、一九八五年（昭和六十）十月。
・玉川寛治「ガラ紡精紡機」『繊維博物館ニュース』一五号、東京農工大学工学部附属繊維博物館、一九八五年（昭和六十）。
・都築洋次郎編著「臥雲辰致」『科学・技術人名事典』北樹出版、一九八六年（昭和六十一）三月。
・朝倉照雅「ガラ紡物語」『はじめての綿づくり』木魂社、一九八六年（昭和六十一）四月。
・『和紡績と日本の木綿展：和紡績（ガラ紡績）の展示のご案内』愛知の産業遺跡・遺物調査保存研究会、一九八六年（昭和六十一）五月。
・玉川寛治「がら紡精紡機の技術的評価」、『技術と文明』第三巻第一号、一九八六年（昭和六十一）九月。

・石田正治「生き残ったガラ紡―小野田和紡績工場、小野田弘子ガラ紡績工場―」『三河の産業遺産―産業考古学会全国大会見学案内―』愛知の産業遺跡・遺物調査保存研究会、一九八六年（昭和六十一）十一月。
・石川清之「臥雲辰致―ガラ紡の発明」『講座・日本技術の社会史、別巻二（人物篇近代）』日本評論社、一九八六年（昭和六十一）十二月。
・『波田町誌　歴史現代編』波田町教育委員会、一九八七年（昭和六十二）三月。
・石川清之「水車紡績業の発展を制約した自然的諸要因の実証分析」『経済科学』第三四巻第四号、一九八七年（昭和六十二）三月。
・愛知の産業遺跡・遺物調査保存研究会『愛知の産業遺跡・遺物に関する調査報告』（同調査保存研究会、一九八七年（昭和六十二）十月。
・朝倉照雅「独創的な和紡績の世界　見直されるガラ紡糸」『染織』一九八八年（昭和六十三）四月号。
・石田正治「臥雲辰致とガラ紡績機、他六編」『あいちの産業遺産を歩く』中日新聞社、一九八八年（昭和六十三）七月。
・鈴木喜七『水車紡績から発達した西三河のガラ紡史』一九八八年（昭和六十三）十月。
・松本陽一、土屋幾雄、久間秀彦「和紡精紡機による複合絹糸の作成［英文 *Making of composite silk yarns by throstle spinning frame*］」『日本蚕糸学雑誌』五八巻一号、一九八九年（平成元）一月。
・石田正治「ガラ紡績機の機構とその独創性」『たばこと塩の博物館　研究紀要第3号　江戸のメカニズム』たばこと塩の博物館、一九八九年（平成元）三月。
・石田正治「ガラ紡績にみる日本独自の技術の展開」『シンポジウム「日本の技術史をみる眼」第八回講演・報告資料集』愛知の産業遺跡・遺物調査保存研究会、一九八九年（平成元）六月。
・前田清志「輸入技術と土着技術の出会い」『ビジュアル版日本の技術一〇〇年　第七巻　機械エレクトロニクス』筑摩書房、一九八九年（平成元）七月。
・『長野県歴史人物大事典』郷土出版社、一九八九年（平成元）七月。
・倉科平「ガラ紡発明の功績者　臥雲辰致（一）～（三十）」『市民タイムス』一九八九年（平成元）十二十九日～

資料

十二月二日まで連載。

＊一九九〇年代（平成二〜十一年）

・竹内尚武「ガラ紡生活史の研究―とくに東三河地方の事例を通して―」『研究紀要』第十二集、愛知県立高校国府高等学校、一九九〇年（平成二）三月。
・『新編岡崎市史　近代４』新編岡崎市史編さん委員会、一九九一年（平成三）三月。
・『堀金村誌』堀金村教育委員会、一九九二年（平成四）三月。
・細萱邦雄『蚕網ものがたり』長野県企画、一九九二年（平成四）四月。
・上條宏之「日本の繊維産業の発展と臥雲辰致の功績」臥雲辰致生誕一五〇年記念講演資料、一九九二年（平成四）十一月。
・『愛知県繊維工業者名鑑（日本和紡績工業組合名簿を含む）』愛知県繊維工業協議会、一九九二年（平成四）。
・神田千鶴子、高橋保、村野圭市「絹デニムの試作（二）―綿蚕ガラ紡糸の織物―」『日本シルク学会誌』Vol.1,一九九二年（平成四）。
・青木昭・小松計一・蔀島富士江「ネオスパンシルクによるジャケット地の試作と性状」（繭羽毛を使ったガラ紡糸）『日本シルク学会誌』Vol.2, 一九九三年（平成五）。
・日本放送出版協会編『日本の「創造力」近代・現代を開花させた四七〇人　第四巻』ＮＨＫ出版、一九九三年（平成五）三月。
・宮下一男『臥雲辰致―ガラ紡機一〇〇年の足跡をたずねて』郷土出版社、一九九三年（平成五）六月。
・水野信太郎「近代産業建築　知られざる空間への旅⑲　繊維の国の発明王（後編）三河のガラ紡と臥雲辰致」『建築知識』一九九三年（平成五）七月号。
・松本陽一、鳥海浩一郎、近田淳雄、原川和久「ガラ紡績工程の解析」『繊維機械学会誌』Vol.46, No.10, 日本繊維機械学会、一九九三年（平成五）十月。
・豊川工業高校機械科三年生徒七名（天野武弘指導）「ガラ紡績機の技術史研究―ガラ紡を修復して」『一九九三年度課題研究報告集　機械科第六号』愛知県立豊川工業高等学校機械科、一九九四年（平成六）一月。
・安城市歴史博物館編『企画展　日本独創の技術　ガラ紡』安城市歴史博物館、一九九四年（平成六）三月。
・松本陽一、鳥海浩一郎、原川和久「ガラ紡績糸の番手と撚り数について」『繊維機械学会誌』Vol.47, No.4, 一九九四年（平成六）四月。
・石田正治「ガラ紡績工場群跡―三河ガラ紡績発祥の地―」『日本の産業遺産三〇〇選　三』同文館、一九九四年（平成六）五月。
・天野武弘「日本独自の紡績法・ガラ紡機を発明　臥雲辰致」『テクノライフ選書　日本の機械工学を創った人々』オーム社、一九九四年（平成六）五月。
・『産業技術記念館―ガイドブック』（日本の独創技術・ガラ紡機）、産業技術記念館、一九九四年（平成六）六月。
・北野進『臥雲辰致とガラ紡機―和紡糸・和布の謎を探る』アグネ技術センター、一九九四年（平成六）七月。
・中沢賢、石川賢司、中村新吾、河村隆、森川裕久「ガラ紡の紡出状態に関する実験と制御工学的考察」『繊維機械学会誌』Vol.47, No.8, 一九九四年（平成六）八月。
・松本陽一、鳥海浩一郎、原川和久「試作ガラ紡機によるコアスパンヤーンの作製」『繊維機械学会誌』Vol.47, No.9, 一九九四年（平成六）九月。
・松本陽一「絹紡績糸の複合化について」（ガラ紡絹糸）『繊維学会誌』Vol.50, No.11, 一九九四年（平成六）十一月。
・岡安雅彦「三河の機械大工―ガラ紡績機の制作技術―」『民具研究』一〇八号、一九九五年（平成七）一月。
・清川雪彦『日本の経済発展と技術普及』東洋経済新報社、一九九五年（平成七）三月。
・富田仁編『事典　近代日本の先駆者』日外アソシエーツ、一九九五年（平成七）六月。
・『松本市史　第二巻　歴史編Ⅲ　近代』松本市、一九九五年（平成七）十一月。
・石田正治「第一回内国勧業博覧会出品・臥雲辰致の綿紡機復元機の設計」『安城市歴史博物館研究紀要　第二号』安城市歴史博物館、一九九五年（平成七）。
・天野武弘「ガラ紡の独創技術」『歴史を飾った機械技術』オーム社、一九九六年（平成八）一月。
・石田正治「三河のガラ紡績―世界に例のない独創的技術」『中部の産業遺産』産業技術保存継承シンポジウム開催委員会、一九九六年（平成八）十一月。
・小野田慎一、千葉安明「この人と会って　小野田慎一さんの話―ガラ紡の良さが見直されて」『母の友』福音館書店、一九九六年（平成八）十二月。

・*Masaru Nakazawa, Kenji Ishikawa, Shingo Nakamura, Takashi Kawamura, Hirohisa Morikawa, Huang Geng Sheng*「*Experiments of Yarn Forming State of "Garabo" and Consideration from Control Engineering Viewpoint*」『*Journal of the Textile Machinery Society of Japan*』*Vol. 42*（*1996*）*No. 3-4*

・安田勝年「精練条件の異なる繭毛羽のガラ紡糸による織物の風合いについて」『日本シルク学会誌』Vol.5, 一九九六年（平成八）。

・石田正治「三河ガラ紡の遺産　―日本独創の技術―」『愛知の産業遺産を歩く』愛知県産業情報センター、一九九七年（平成九）三月。

・天野武弘「展示解説「ガラ紡績機」」『館報Vol.8』産業技術記念館、一九九七年（平成九）三月。

・松本陽一、鳥海浩一郎、諸岡英雄、原川和久「ガラ紡絹糸の可紡性について」『日本蚕糸学雑誌』Vol.66, No.3, 一九九七年（平成九）。

・黄更生、中沢賢、河村隆「ガラ紡の力学的な解析と実験」『繊維学会誌』五四巻一号、一九九八年（平成十）一月。

・天野武弘「わが国紡績技術の近代化と産業遺産―ガラ紡績、官営愛知紡績所、自動織機―」『中部の産業・科学技術史研究会　活動報告書』財団法人科学技術交流財団、一九九八年（平成十）十月。

・安田勝年「ガラ紡複合糸による機能性繊維の試作」『日本シルク学会誌』Vol.7, 一九九八年（平成十）。

・千葉安明「〝ガラ紡〟の伝統をつむぐ」『月刊自治研』四一巻、自治労システムズ自治労出版センター、一九九九年（平成十一）一月。

・石田正治「産業遺産の現状と保存―長篠発電所・小野田和紡績工場・依佐美送信所」『月刊文化財　通号425号』第一法規、一九九九年（平成十一）二月。

・神田千鶴子「絹ガラ紡糸等による新衣料素材の開発に関する研究」『日本シルク学会誌』Vol.8, 一九九九年（平成十一）。

・安田勝年「ガラ紡複合糸織物のストーンウオッシュ加工と生地の評価『日本シルク学会誌』Vol.8, 一九九九年（平成十一）。

＊二〇〇〇年代（平成十二～二十一年）

・石田正治「三河のガラ紡」『ものづくり再発見　―中部

の産業遺産探訪』アグネ技術センター、二〇〇〇年（平成十二）四月。

・*Hidetaka Takamura, Masaru Nakazawa, Takashi Kawamura*「*Development of Twist Draft Spinning Device for Small Amount Product*」*Proceedings*『*CISC-4*』*May 2000.*

・近藤長作『常磐のガラ紡績の跡』著者刊、二〇〇〇年（平成十二）六月。

・天野武弘・永井唐九郎「水車遺構に見る動力伝達システムの研究—東海地方の事例から—」二〇〇〇年度年次大会講演論文集（Ⅳ）』日本機械学会、二〇〇〇年（平成十二）八月。

・天野武弘「手回しガラ紡績機」『日本の機械遺産』オーム社、二〇〇〇年（平成十二）十二月。

・安田勝年「絹（繭毛羽）／ウール混ガラ紡糸による織物の風合」『日本シルク学会誌』Vol.9, 二〇〇〇年（平成十二）。

・中沢賢、河村隆、小林俊一、湯川信義、古屋豪規「ガラ紡型紡糸装置の高速化、高精度化に関する研究」『日本機械学会　北陸信越支部総会・講演会　講演論文集』二〇〇一年（平成十三）三月。

・「愛知県豊田市で河合和紡工場が取り組む ガラ紡によるやわらかふんわり糸づくり」『月刊染織α』染織と生活社、二〇〇一年（平成十三）四月。

・玉川寛治「繊維産業」『新体系日本史一一　産業技術史』山川出版、二〇〇一年（平成十三）八月。

・近藤長作『西三河の特紡・紡毛紡績』著者刊、二〇〇一年（平成十三）八月。

・天野武弘「矢作川のガラ紡水車」『水車と風土』古今書院、二〇〇一年（平成十三）九月。

・*Takehiro AMANO*「*Spinning and Weaving*」『*Rediscovering the Art of Manufacturing English Guidebook Version*』*A Journey thought the Industrial Heritage of the Chubu Region*（*2001.10*）*.*

・*TAKEMURA Hidetaka, NAKAZAWA Masaru, KAWAMURA Takashi*「*Fiber Dynamical Analysis of Twist Draft Spinning*」『*Journal of Textile Engineering*』*Vol.48*（*2002*）*No.2.*

・*TAKEMURA Hidetaka, NAKAZAWA Masaru, KAWAMURA Takashi*「*Validity of Adjusting*

Density of Material Fiber Mass in Twist Draft Spinning Frame」『*Journal of Textile Engineering*』*Vol.48*（*2002*）*No.3.*

・*H. Takemura, M. Nakazawa, T. Kawamura, T. Kobayashi*「*Developing a Twist Draft Spinning System for Small-Scale Production of Special Material Yarns*」『*Textile Research Journal*』*Volume 72, Issue 2, February 2002.*

・馬淵浩一「近代技術と日本のあゆみ（11）博覧会による技術の振興・第一回内国勧業博覧会の成果 臥雲辰致発明のガラ紡機」『あさひ銀総研レポート』一七九号、あさひ銀総合研究所、二〇〇二年（平成十四）。

・中沢賢、河村隆、小林俊一、古屋豪規「張力制御紡績装置の高速化と糸の評価」『日本機械学会 北陸信越支部総会・講演会 講演論文集』二〇〇三年（平成十五）三月。

・北野進『信州独創の軌跡』信濃毎日新聞社、二〇〇三年（平成十五）七月。

・中野裕子「博物館明治村 機械館ものがたり」『シンポジウム「日本の技術史をみる眼」』第二二回講演報告資料集、中部産業遺産研究会、二〇〇四年（平成十六）二月。

・天野武弘・八田健一郎「機械が産業遺産として評価されるとき」『シンポジウム「日本の技術史をみる眼」』第二二回講演報告資料集、中部産業遺産研究会、二〇〇四年（平成十六）二月。

・『愛知県史 資料編 二九 近代一 工業六』（第四節ガラ紡）、愛知県、二〇〇四年（平成十六）三月。

・中沢賢、榎本祐嗣、河村隆、小林俊一、田村賢志「張力制御紡績装置の高速化」『日本機械学会 北陸信越支部総会・講演会 講演論文集』二〇〇四年（平成十六）三月。

・「愛知県三河ガラ紡ニ関スル調査（協調会名古屋出張所昭和十年刊）」『名古屋市社会調査報告書・含愛知県』日本近代都市社会調査資料集成七、近現代資料刊行会、二〇〇四年（平成十六）九月。

・天野武弘「地域の技術史、産業遺産を教材に（ガラ紡績機を教材にした授業）」『工業高校の挑戦―高校教育再生への道―』学文社、二〇〇五年（平成十七）四月。

・天野武弘・永井唐九郎「水車遺構に見る動力伝達機構の

研究（その六）―三河の水車タービン使用事例から―」『日本機械学会二〇〇五年度年次大会講演論文集（五）』二〇〇五年（平成十七）九月。

・寺島裕貴、小林俊一、河村隆「メカトロガラ紡の開発と高速紡糸に関する研究」『日本機械学会　ロボティクス・メカトロニクス講演会講演概要集』二〇〇五年（平成十七）六月。

・浅野春香、市川進、池上大輔　他「特紡・ガラ紡糸を使用した天然染めファンシークロスの開発」『愛知県産業技術研究所研究報告』二〇〇五年（平成十七）十二月。

・石田正治「三河のガラ紡績遺構」『愛知県の近代化遺産　愛知県近代化遺産（建造物等）総合調査報告書』愛知県教育委員会、二〇〇六年（平成十八）三月。

・石田正治「三河のガラ紡績遺構群」『愛知県史　別編　文化財Ⅰ』愛知県、二〇〇六年（平成十八）三月。

・石田正治「三河のガラ紡績　技術とその遺産」『三遠南信産業遺産』春夏秋冬叢書、二〇〇六年（平成十八）三月。

・永井唐九郎・天野武弘「水車遺構に見る動力伝達機構の研究：その七―三河の反毛水車の使用事例から―」『日本機械学会二〇〇六年度年次大会講演論文集（五）』二〇〇六年（平成十八）九月。

・中岡哲郎『日本近代技術の形成〈伝統〉と〈近代〉のダイナミクス』朝日新聞社、二〇〇六年（平成十八）十一月。

・玉川寛治「手紡ぎとガラ紡」『日本産業技術史事典』史文閣出版、二〇〇七年（平成十九）七月。

・山際秀紀「紡績機械「ガラ紡」について―二〇〇六年度調査報告―」『北海道開拓記念館調査報告第四七号』二〇〇八年（平成二十）三月。

・近藤長作『瀧の水神社―水車社中・船紡績』著者発行、二〇〇八年（平成二十）六月。

・永井唐九郎・天野武弘「水車遺構に見る動力伝達機構の研究（その九）―ガラ紡績工場のタービン水車の事例から―」『日本機械学会二〇〇八年度年次大会講演論文集』二〇〇八年（平成二十）八月。

・豊橋工業高校機械科生徒四名「産業技術史研究―ガラ紡績機とたたら製鉄―」『第二〇回生徒課題研究集録』愛知県立豊橋工業高等学校機械科・電子機械科、二〇〇九年（平成二十一）一月。

・天野武弘「鈴木次三郎商会におけるガラ紡績機の製造」『年報・中部の経済と社会 二〇〇八年版』愛知大学中部地方産業研究所、二〇〇九年（平成二十一）三月。
・天野武弘「愛知大学のガラ紡展示室、河合真田工場、牟呂用水の橋」『産業遺産研究　第一六号』中部産業遺産研究会、二〇〇九年（平成二十一）五月。

＊二〇一〇年代（平成二十二～二十九年）

・天野武弘「愛大保存ガラ紡績機の歴史的価値の検証」『年報・中部の経済と社会 二〇〇九年版』愛知大学中部地方産業研究所、二〇一〇年（平成二十二）三月。
・天野武弘編『愛知大学中部地方産業研究所附属生活産業資料館　産業資料目録（旧蔵資料）』愛知大学中部地方産業研究所、二〇一〇年（平成二十二）三月。
・小松芳郎「臥雲辰致」（「脚光　歴史を彩った郷土の人々一三」）『市民タイムス』二〇一〇年（平成二十二）九月十九日。
・西形久司「高校「ガラ紡」の復元に挑戦」『歴史地理教育』七六七号、歴史教育者協議会、二〇一〇年（平成二十二）十一月。
・「平成二十二年秋の展示会報告（公文書にみる発明のチカラ）」『北の丸』第四三号、国立公文書館、二〇一一年（平成二十三）二月。
・*Choi, Eugene K. "Another Spinning Innovation: The Case of the Rattling Spindle, Garabo, in the Development of the Japanese Spinning Industry", Australian Economic History Review, Vol.51, No.1 (March 2011), 22-45.*
・篠原規将、河村隆「FPGAを用いた小型ガラ紡機の制御に関する研究（OS9-1人間と共存するロボット技術）」『日本機械学会　北陸信越支部総会・講演会講演論文集』二〇一一年（平成二十三）三月。
・宮地正人他編『明治時代史大辞典』（第一巻）吉川弘文館、二〇一一年（平成二十三）十一月。
・近藤長作編『ガラ紡績組合史―付　糸商組合』日本和紡績工業組合、二〇一一年（平成二十三）十二月。
・国立公文書館「公文書にみる発明のチカラ―明治期の産業技術と発明家たち―　八．臥雲式綿紡績機械の発明（臥雲辰致）」http://www.archives.go.jp/exhibition/digital/hatsumei/contents/08.html、二〇一二年（平成二十三)。

・河村隆、篠原規将「メカトロガラ紡の小型化とFPGAを用いたコントローラの開発」『日本機械学会　ロボティクス・メカトロニクス講演会講演概要集』二〇一二年(平成二十四)五月。

・李セイ、河村隆、鈴木智、飯塚浩二郎「メカトロガラ紡の安定化制御のための紡糸張力推定」『日本機械学会北陸信越支部総会・講演会　講演論文集』二〇一四年(平成二十六)三月。

・樋口義治・天野武弘・高木秀和「ガラ紡技術移転とラオス南部社会に関する予備調査報告~ラオス人研修生を対象として」『一般教育論集第四七号』愛知大学一般教育研究室、二〇一四年(平成二十六)三月。

・「田園産業都市安曇野の発展を支えた発明と現代のモノづくり」『ふるさと安曇野　きのう　きょう　あした』№一一、安曇野市豊科郷土博物館、二〇一四年(平成二十六)七月。

・天野武弘・樋口義治・高木秀和・駒木伸比古「動態展示されるガラ紡績機の活用―ラオス人研修生の事例―」『日本技術史教育学会二〇一四年度全国大会(豊橋)研究発表講演論文集』二〇一四年(平成二十六)十月。

・天野武弘「愛知大学において動態展示されるガラ紡績機の意義と課題」『講演会　技術と社会の関連を巡って:過去から未来を訪ねる　講演論文集』日本機械学会技術と社会部門、二〇一四年(平成二十六)十一月。

・天野武弘「機械の動態保存ガイドラインの提案(愛知大学におけるガラ紡績機の動態保存と整備)」『シンポジウム「日本の技術史をみる眼」』第三三回講演報告資料集、中部産業遺産研究会、二〇一五年(平成二十七)二月。

・天野武弘「歴史的機械の保存と活用の実際」『日本機械学会誌』Vol.118, No.1156, 二〇一五年(平成二十七)三月。

・天野武弘「新発見の手回しガラ紡績機―現存同型機種との比較―」『年報・中部の経済と社会　二〇一四年版』愛知大学中部地方産業研究所、二〇一五年(平成二十七)三月。

・宮下一男「安曇野の発明家　臥雲辰致」『信州安曇野』文芸社、二〇一五年(平成二十七)六月。

・天野武弘「手回しガラ紡績機―新発見機と既存の二台―」『産業遺産研究』第二二号、中部産業遺産研究会、二〇一五年(平成二十七)七月。

・天野武弘「ラオスへ技術移転した歴史的ガラ紡績機」『講演会　技術と社会の関連を巡って：過去から未来を訪ねる　講演論文集』日本機械学会技術と社会部門、二〇一五年（平成二十七）十一月。
・朱澤龍、河村隆、鈴木智、飯塚浩二郎「メカトロガラ紡機の太さを規範とした制御に関する研究」『日本機械学会　北陸信越支部総会・講演会　講演論文集』二〇一六年（平成二十八）三月。
・武居利忠「ガラ紡プロジェクト」未定稿、二〇一六年（平成二十八）九月。
・中島寛行「諸資料にみる臥雲辰致とガラ紡」二〇一六年（平成二十八）十月。
・中島寛行「「臥雲辰致」を読む」二〇一六年（平成二十八）十月。
・中島寛行「明治八年四月一〇日臥雲辰致の上奏文」二〇一六年（平成二十八）十月。
・『愛知県史　通史編7　近代2』（第二章第一節　産業の基盤）愛知県、二〇一七年（平成二十九）三月。
・天野武弘「国内に現存する歴史的ガラ紡績機の実態」『年報・中部の経済と社会　二〇一六年版』愛知大学中部地方産業研究所、二〇一七年（平成二十九）三月。
・天野武弘「ラオス南部地域へのガラ紡技術移転とＶＨＡ工場」『ラオス南部地域の社会と産業そして人』愛知大学中部地方産業研究所、二〇一七年（平成二十九）三月。
・塚田益裕、神田千鶴子「シルクへのいざない（六二）「ガラ紡機」で絹紡績糸を作る」、「（六三）「ガラ紡機」で絹繊維製品を作る」『加工技術』繊維社、二〇一七年（平成二十九）三月。
・塚田益裕、神田千鶴子「シルクへのいざない(六六)ガラ紡技術と低迷する養蚕業」『加工技術』繊維社、二〇一七年（平成二十九）五月。
・天野武弘「ラオス南部の産業近代化見聞記（ガラ紡の技術移転）」『産業遺産研究』第二四号、二〇一七年（平成二十九）七月。
・ガラ紡を学ぶ会編『臥雲辰致・日本独創のガラ紡―その遺伝子を受け継ぐ―』シンプリ、二〇一七年（平成二十九）八月。

資料3　臥雲辰致「綿紡機」（明治十年内国勧業博覧会出品解説・綿紡機）

一八七七年（明治十）八月二十一日から十一月三十日まで、東京の上野公園にて第一回内国勧業博覧会が開催された。『明治十年内国勧業博覧会報告書』によれば、「第四区機械」の部門の出品総数は二一一点で、その内、紡織部門の出品は、六三点であった。この報告書で、審査に当たったワグネルは、「臥雲ノ機ハ余以テ本會中第一ノ好発明トナス抑氏ノ始メテ此機ヲ案出セルヨリ以来数年ヲ経テ改良シ終ニ此實効ヲ奏スルニ至レリ」[*1]と評し、臥雲辰致は鳳紋褒賞を受賞した。

報告書とともに内国勧業博覧会事務局が明治十一年に作成したのが『明治十年内国勧業博覧会出品解説』である。これには、博覧会に出品された各機械の出品者による解説文と付図が収録されている。次に、臥雲辰致の「綿紡機」の項の全文と付図を掲載する[*2]。（石田正治）

綿紡機

長野縣信濃國
筑摩郡波田村　臥雲辰致

明治九年五月始メテ此機ヲ發明シ開産社中ニ連綿社ヲ設ケ工場ヲ筑摩郡北深志町字六九ニ

紡織

六十一

起シ十年一月水車ノ裝置ヲ以テ開業ス工夫一人ニシテ一月ニ細絲ハ十八貫目疏絲ハ七十二貫目ヲ製出スベシ綿ハ甲斐尾張ノ產ヲ用フ

製作運用 第四十三圖 其運轉ヲ起スハ(イ)輪ニ始マリ(ロ)輪ノ徑一尺三十七齒ナルヨリ(ハ)輪徑四寸十五齒ニ傳ヘ機ノ內部ニ移ル(ロ)輪ノ同軸ニ(ニ)輪徑三寸十八齒ナルアリテ(ホ)輪徑五寸三十六齒ニ移リ(ヘ)輪徑三寸十八齒(ト)輪徑四寸五分二十八齒(チ)輪十五齒(リ)輪三十六齒ニ傳運ス(リ)輪ノ背ニ(ヌ)輪十六齒アリテ(ル)輪十三齒ニ接シ(ル)輪ヨリ左右ニ分レテ(オ)(ソ)ノ二輪各徑五寸三十二齒ヲ回轉ス(オ)輪ハ左邊ノ後軸ニ連ナリ(ソ)輪ハ左邊ノ前軸ニ連ナル(オ)輪ノ表ニ(ワ)輪徑四寸二十六齒アリテ同徑ノ(カ)輪ニ接シ又(カ)輪ノ背ナル(ヨ)輪徑一寸八分ヨリ(タ)輪徑二寸五分十七齒及ヒ(レ)輪徑二寸四分十二齒ニ傳力ス其(カ)輪ハ右邊ノ後軸ヲ轉シ(レ)輪ハ右邊ノ前軸ヲ轉スルモノトス其內部ハ(ハ)輪ノ軸端ニ(ツ)輪徑八寸二十四齒ナルアリテ(テ)輪徑四寸ニ傳ヘ右ノ轉軸ヲ回旋シ又其軸末ナル(ナ)輪徑六寸十八齒ヨリ同徑ノ(ラ)輪ニ傳ヘ以テ左ノ轉軸ヲ回轉スルナリ然シテ左右ノ轉軸ニ各二十條ノ紡莖ヲ掛ケ滑車《ドリ》(ム)ヲ運回ス

機ノ左右ニ四十箇ノ綿筒（ウ）ヲ排《ナラ》ベ機頂ノ前後兩軸ノ上ニ亦四十箇ノ絲卷《イトマキ》（井）ヲ設ク其工塲ニ用ル所ノモノハ一機ニ百箇ノ綿筒ヲ具ヘタリ綿筒ハ鐵葉ヲ以テ造リ厚キ木片ヲ底トナス徑一寸五分長サ七寸ナリ底ノ上ニ一ノ方孔ヲ穿チテ空氣ヲ入ル底板ニ鍼軸ヲ貫キ以テ紡錘ノ用ヲナス之ヲ滑車（ム）ノ孔中ニ挿ム底板ト滑車ノ面ト並ニ細小ノ錠鍼アリテ滑車圓轉スレバ兩鍼錠相觸レ接シ以テ綿筒ヲ回旋スルナリ滑車ノ下ニ又鍼軸アリテ綿筒ノ軸末ト相觸レ其下端ハ秤衡ノ勢ヲナセル鍼片（ノ）ノ上ニ搭在ス鍼片ノ一端ニ刻齒ヲ具ヘ之ニ鉛錘《オモリ》（オ）ヲ垂レ以テ綿絲ヲ抽出スル細疏ノ度ヲ節ス鉛錘《オモリ》刻齒ノ末ニ掛カレバ鍼片綿筒ノ鍼軸ヲ托上《オシアゲ》シ筒底ノ鍼錠輕ク滑車ノ鍼錠ニ觸レテ彈力緊急ナラズ抽出ノ絲緒隨ヒテ細シ鉛錘漸ク刻齒ノ本ニ到レバ筒底ノ鍼錠強ク觸レテ抽出ノ絲緒隨ヒテ疏ナリ鉛錘ノ量ハ約ソ十匁ナリトス

絲卷（井）ハ松材ヲ輪切ニシ兩面ニ圓板ヲ貼ス其徑四寸五分兩板ノ間一寸二分許ナリ綿筒ノ綿抽出スルニ隨ヒ自ラ紡レ兩軸ノ回轉ニ由リテ絲卷ニ卷カル若シ紡度緊キニ過レバ絲緒牽《ヒキ》擧セラレテ綿筒ヲ提キ上グ其回轉ヲ止ムル少頃ニシテ綿筒自ラ墜下スレバ復タ回轉ヲ始ム故ニ紡度目ヲ過不及アルナシ紡絲斷ルトキハ絲緒ヲ引キテ綿上ニ貼スレバ隨テ復タ抽出ス」

絲卷ノ中央ニ一小孔ヲ穿ツ卷キ足ルノ後機ヲ下シ孔中ニ鋼線ヲ貫キ之ヲ地ニ植テ又鋼線ニテ造リタル送絲鉤《フリヅゲ》(ク)ヲ加ヘ絲緒ヲ鉤掛シテ篗車ニ上セ然シテ篗車ヲ旋ラセバ絲卷自ラ回轉シ絲ヲ解キテ篗上ニ卷キ移ル

其綿ヲ綿筒ニ裝スルハ先ヅ綿英ヲ撚シ量凡ソ十五匁ヲ卷キ竹簽《タケノサヽラ》(ヤ)ノ間ニ挿ミテ筒中ニ入レ而シテ竹簽ヲ抽キ去レバ綿英獨リ筒中ニ留マル又絲ヲ紡スルノ時筒中ノ綿漸ク減スレバ鉗子《ヤツトコ》ヲ以テ之ヲ鉗ミテ提キ上ゲ筒口ニ到ラシム但絲緒ノ細跳度ナク若クハ屢々断切スルハ專ラ綿英ヲ綿筒ニ裝スルノ巧拙ニ關セリ工人最モ宜ク注意スベキナリ

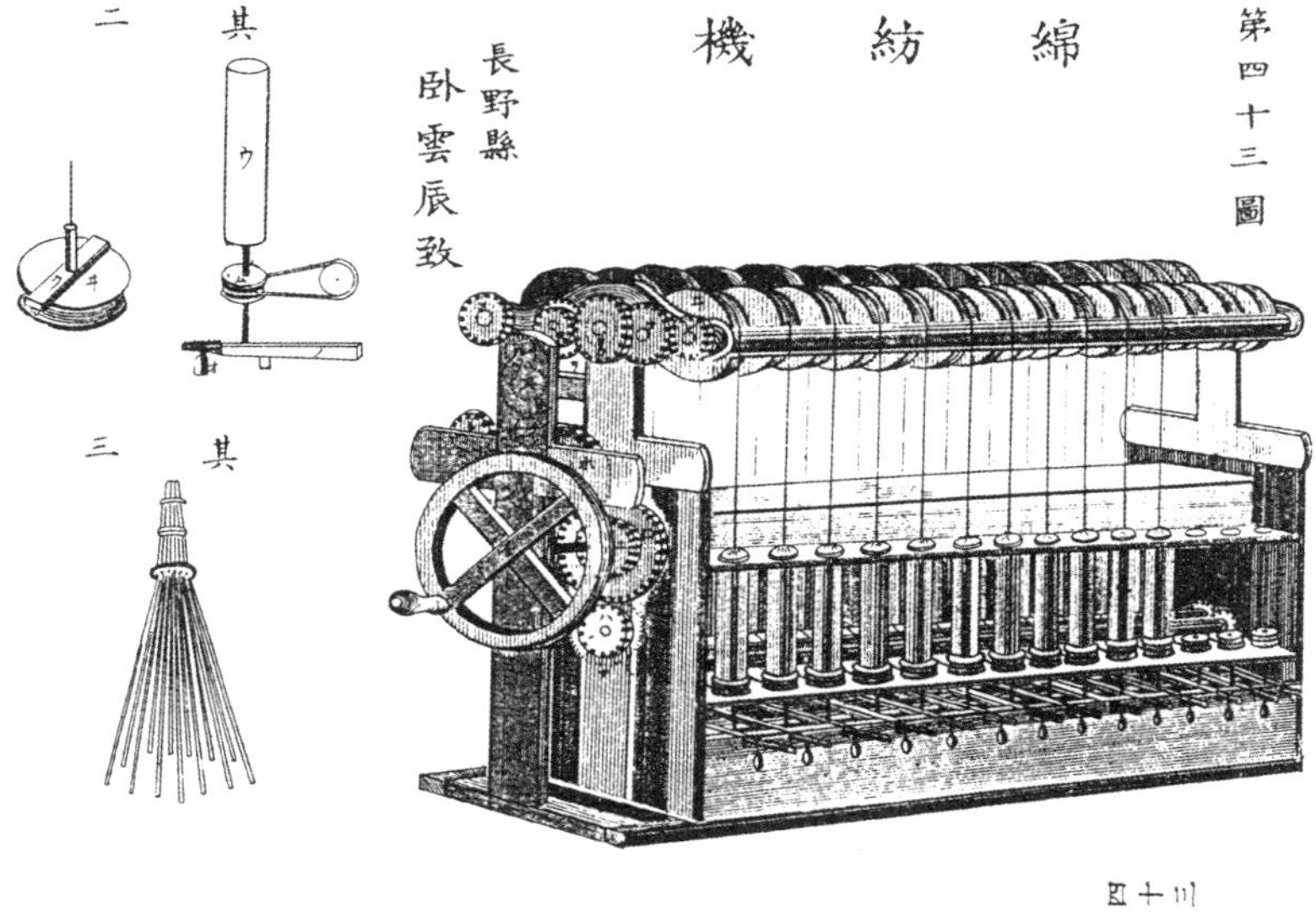

図1　解説文、付図ともに、内国勧業博覧会事務局『明治十年内国勧業博覧会出品解説』、第四区機械、1877年（国立公文書館蔵）。

出典

＊1　内国勧業博覧会事務局『明治十年内国勧業博覧会報告書』、一八七八年。

＊2　内国勧業博覧会事務局『明治十年内国勧業博覧会出品解説』、第四区機械、一八七八年。

資料4　三河ガラ紡の設備錘数の推移

年	設備錘数	年	設備錘数	年	設備種数
1884(M17)	44,320	1926(T15)	354,395	1968(S43)	563,822
1885(M18)	60,086	1927(S2)	351,156	1969(S44)	459,702
1886(M19)	98,760	1928(S3)	370,680	1970(S45)	419,238
1887(M20)	131,530	1929(S4)	362,000	1971(S46)	370,169
1888(M21)	112,290	1930(S5)	375,608	1972(S47)	284,900
1889(M22)	107,281	1931(S6)	378,960	1973(S48)	265,660
1890(M23)	70,172	1932(S7)	398,610	1974(S49)	207,480
1891(M24)	67,025	1933(S8)	489,160	1975(S50)	183,875
1892(M25)	74,618	1934(9)	530,520	1976(S51)	152,887
1893(M26)	103,871	1935(S10)	614,706	1977(S52)	132,244
1894(M27)	105,030	1936(S11)	627,914	1978(S53)	111,328
1895(M28)	106,880	1937(S12)	747,676	1979(S54)	111,328
1896(M29)	113,800	1938(S13)	902,818	1980(S55)	103,414
1897(M30)	114,800	1939(S14)	1,006,208	1981(S56)	71,874
1898(M31)	91,989	1940(S15)	1,006,280	1982(S57)	71,489
1899(M32)	107,281	1941(S16)	1,088,084	1983(S58)	39,920
1900(M33)	-	1942(S17)	566,864	1984(S59)	36,080
1901(M34)	114,300	1943(S18)	516,646	1985(S60)	34,288
1902(M35)	123,400	1944(S19)	566,864	1986(S61)	25,330
1903(M36)	114,000	1945(S20)	573,034	1987(S62)	25,330
1904(M37)	122,130	1946(S21)	566,764	1988(S63)	23,088
1905(M38)	145,500	1947(S22)	1,323,286	1989(H1)	21,488
1906(M39)	150,000	1948(S23)	1,830,350	1990(H2)	9,660
1907(M40)	158,050	1949(S24)	1,498,725	1991(H3)	9,660
1908(M41)	130,800	1950(S25)	1,496,725	1992(H4)	7,636
1909(M42)	135,200	1951(S26)	1,596,563	1993(H5)	7,636
1910(M43)	136,000	1952(S27)	1,498,066	1994(H6)	5,768
1911(M44)	121,300	1953(S28)	1,408,721	1995(H7)	5,768
1912(T1)	173,000	1954(S29)	1,488,628	1996(H8)	5,768
1913(T2)	105,000	1955(S30)	1,596,224	1997(H9)	4,160
1914(T3)	180,000	1956(S31)	1,531,543	1998(H10)	3,520
1915(T4)	190,000	1957(S32)	1,713,220	1999(H11)	3,520
1916(T5)	200,000	1958(S33)	1,803,000	2000(H12)	3,520
1917(T6)	209,560	1959(S34)	1,798,834	2001(H13)	3,520
1918(T7)	279,564	1960(S35)	1,948,422	2002(H14)	3,520
1919(T8)	338,588	1961(S36)	1,484,640	2003(H15)	2,432
1920(T9)	368,796	1962(S37)	1,423,452	2004(H16)	2,432
1921(T10)	366,660	1963(S38)	1,374,777	2005(H17)	2,432
1922(T11)	364,568	1964(S39)	1,287,276	2006(H18)	1,024
1923(T12)	300,568	1965(S40)	815,084	2007(H19)	1,024
1924(T13)	354,498	1966(S41)	739,362		
1925(T14)	349,298	1967(S42)	693,741		

(注)日本和蔵関工業組合編『ガラ紡績組合史』の年度別事業統計表より作成。1884年～1902年は額田紡績組、1903年～1918年は三河紡績組合、1919年～1938年は三河紡績同業組合、1939年～1946年は三河ガラ紡糸工業組合・日本ガラ紡糸統制組合・日本ガラ紡績工業協同組合、1947年～1956年は愛知県ガラ紡績工業会・愛知ガラ紡協会、1957年～2007年は日本和紡績工業組合の各資料による。したがって、戦時統制による1942年以前は三河の岡崎地域の錘数、それ以後は愛知県の錘数。(天野武弘作成)

資料5　全国のガラ紡機の設備錘数及び台数

		1940年(1)	1943年(2)		1945年(1)	1947年8月(2)		1947年(1)	1951年5月(3)	1955年(1)	1960年8月(4)	
		錘数	錘数	台数	錘数	錘数	台数	錘数	錘数	錘数	錘数	台数
1	北海道				24,416	30,048	63	30,048				
2	青森		640	2				3,072				
3	岩手				2,560	7,576	16	7,576	7,736			
4	宮城								29			
5	秋田		924	2		924	2	924	1,436			
6	山形		2,387	13	10,432			44,350	44,030			
7	福島		742	5	7,680	14,618	31	13,594	11,716			
8	茨城	26,688	33,344	66	28,616	47,150	97	47,150	79,945	14,208		
9	栃木		1,536	3	11,738	32,550	86	35,750	12,718			
10	群馬				31,712	83,810	185	80,442	6,976	1,260		
11	埼玉		9,600	18	12,928	36,133	70	36,732	33,920	2,048		
12	千葉		2,880	5	2,880	7,454	16	5,918	30,326			
13	東京					28,724	59	28,724	17,416	2,920		
14	神奈川				3,072	14,834	33	13,810	46,720			
15	新潟				8,656	66,772	208	65,627	24,896			
16	富山				7,680	73,178	144	72,178	22,851	3,584		
17	石川				39,460	226,306	543	223,484	54,644			
18	福井		21,184	41	56,310	139,418	300	138,658	36,828			
19	山梨				9,232	42,860	112	42,854	14,808	3,584		
20	長野				26,396	86,326	173	86,776	38,670	9,728		
21	岐阜	59,360	18,084	34	51,116	142,818	268	146,274	78,496	17,344	8,574	18
22	静岡	35,633	39,688	78	30,688	98,490	205	99,018	79,215	7,680		
23	愛知	1,281,576	1,356,728	2,819	573,034	1,308,246	2,727	1,323,286	1,554,887	1,596,224	1,598,116	3,794
24	三重		52,834	105	21,042	90,566	188	87,044	44,674	4,608		
25	滋賀				13,312	52,610	117	57,610	23,686	15,875	8,192	16
26	京都		360	1	2,112	17,400	37	17,912	30,352	5,888		
27	大阪	148,348	171,186	400	100,320	193,286	463	200,710	135,472	110,040	18,342	40
28	兵庫				13,800	71,361	144	81,556	54,416			
29	奈良					24,402	55	26,322	7,040		512	1
30	和歌山		9,082	22						2,856	3,096	7
31	鳥取					2,304	6	2,304	5,380	5,380		
32	島根					1,536	3	1,536	3,008			
33	岡山	12,242	13,264	28		54,336	104	55,872	46,480	2,023		
34	広島					25,368	55	27,768	14,008			
35	山口											
36	徳島					9,728	20	9,728	13,888			
37	香川					27,618	54	29,602	21,154			
38	愛媛		22,028	41	24,872	71,672	139	70,392	51,152	1,536		
39	高知					1,024	2	1,024	2,560			
40	福岡							39,616	32,170			
41	佐賀					20,480	40	20,480	12,016			
42	長崎					6,608	13	6,608	6,620			
43	熊本				3,264	3,264	8	8,384	7,168			
44	大分					20,992	42	20,992	10,340			
45	宮崎							8,192	512			
46	鹿児島					8,192	16		8,192			
47	沖縄											
	計	1,563,847	1,756,491	3,683	1,117,328	3,224,031	6,900	3,318,930	2,738,551	1,806,793	1,636,832	3,876

(1)柴田公夫『ガラ紡績』愛知ガラ紡協会、1955年12月より。(2)日本和紡績工業組合資料より。(3)労働省労働基準監督局給与課『三河地方におけるガラ紡産業の実態調査報告結果』(1951年5月通商産業省繊維局調)1952年4月より。(4)日本和紡績工業組合「和紡式精紡機登録一覧表」登録年月日1960年8月15日より。

(天野武弘「国内に現存する歴史的ガラ紡績機の実態」『年報・中部の経済と社会　2016年版』愛知大学中部地方産業研究所、2017年。99頁の表1を一部修正して転載)

(天野武弘作成)

資料6 臥雲辰致家系図

臥雲辰致家系図

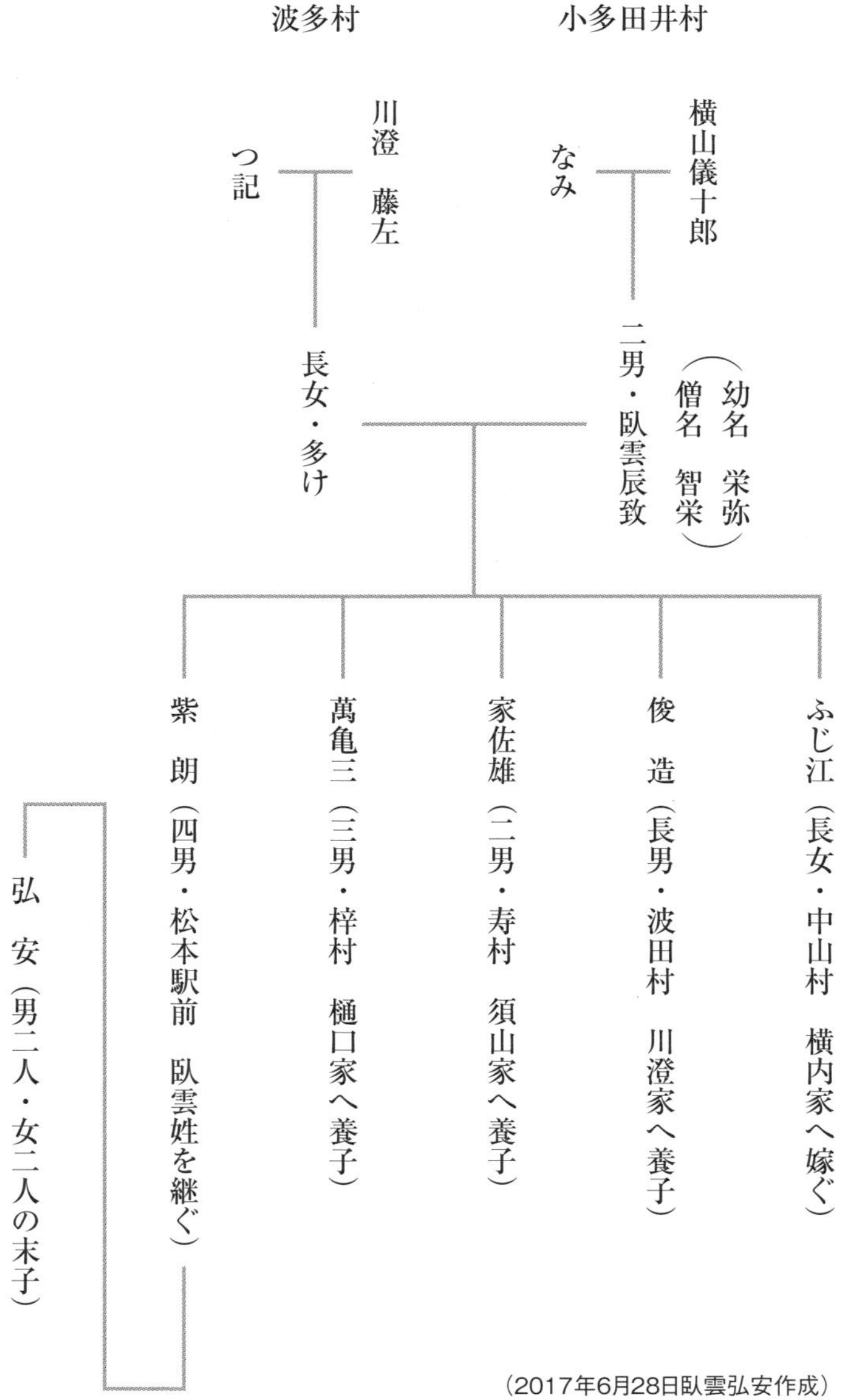

（2017年6月28日臥雲弘安作成）

あとがき

私が生まれ育った松本駅前の土蔵造りの自宅二階の床の間に、岡崎市せきれいホールの一角にある「澤永存」（臥雲辰致記念碑）の拓本が掲げられていました。階下の客間には、祖父・臥雲辰致の和服姿の油絵も掲げられていました。小学生だった私は、父から祖父の話を聞き、ガラ紡の詳しいことまで分かりませんでしたが、発明家であったことの知識は得ていました。

また、毎年岡崎で開催された物故慰霊祭に出席した父の土産、「淡雪」（岡崎の銘菓）を楽しみにしていたことも思い出として残っています。

昭和三十八年（一九六三）、祖父・辰致は吉川弘文館の人物叢書の対象となり、その著者の村瀬正章氏と堀金村役場に父と一緒に同道したことがあります。そこで、祖父の連れ合いの「多け」とは、再婚であったことを知りました。祖父・辰致のことを含め先祖のことは余り口にしない父でもありました。

私のインターネットホームページにも、祖父・辰致について少々の記載をしてあります。

三年程前のある事柄から、松本行きが急増しました。その中で祖父・辰致が内国勧業博覧会への出品のためにガラ紡機を製造した場所が、旧開智小学校とは対岸の女鳥羽川を挟んだ六九町の開産社内の松本連綿社にあったことを知りました。今もこの辺りは松本の中心市街地です。しかし、この地でガラ紡機を作っていたことを松本の人たちにはほとんど認識にないことも知りました。こうしたこともあって、祖父・辰致のこと、ガラ紡のことについて、松本周辺の人々に少しでも知って頂きたいとの思いに至りました。

平成二十七年（二〇一五）五月に、まつもと市民・芸術館で行った「ガラ紡コンサート」は、その第一歩でした。そして、今年平成二十八年九月三十日から十月三十日までの一か月間にわたり、〝臥雲辰致「ガラ紡」展示会〟臥雲辰致・日本独創の技術者～「その遺伝子を受継ぐ」～を松本市の「中町・蔵シック館」で開催しました。

二つの催しを実現するにあたり、ガラ紡の研究者への協力依頼、ガラ紡に関する資料や動態展示など、ガラ紡についての情報収集を積極的に行いました。そして、多くの方との出会いや、動いているガラ紡機を見る事ができ、開催への準備を行ってきました。

展示会開催中は、多くの方の来場があり、当初の思いを実現する一歩となりましたが、さらにこれを記録にとどめる本書の出版をとの話があり、「ガラ紡を学ぶ会」の方々と相談してまとめることになりました。

本書の出版により、ガラ紡のこと、祖父・辰致の業績が文書に現され、記録として後世に伝えられることは、大変有り難く、極めて価値のある事と確信しております。

最後に、今回の〝臥雲辰致「ガラ紡」展示会〟の開催にあたり、ご後援いただいた松本市、松本市教育委員会、松本商工会議所にあらためて御礼を申し上げます。また別記「協力者一覧」にある多くの方々のご支援、ご協力を頂きました。心より感謝申し上げます。

さらに、ガラ紡コンサート、〝臥雲辰致「ガラ紡」展示会〟でのコンサートに出演いただいたセントラル愛知交響楽団メンバー及び、その出演の段取りや展示会実施の準備へのお力添えを頂きました山本雅士氏に、厚く感謝申し上げます。

そして、本書の編集をお引き受け頂きました天野武弘さんに厚く御礼申し上げます。

平成二十九年（二〇一七）七月

臥雲 弘安

○臥雲辰致「ガラ紡」展示会、協力者一覧

安曇野市教育委員会、安城市歴史博物館、岡崎市美術博物館、西尾市教育委員会、昌光律寺、斎藤吾朗アトリエ、泉南市教育委員会、堺市博物館、信州大学繊維学部、愛知大学中部地方産業研究所、名古屋学芸大学デザイン学部、トヨタ産業技術記念館、木玉毛織株式会社、アンドウ株式会社、ヤマヤ株式会社、有限会社エニシング、有限会社ファナビス、工房木輪、松阪もめん手織り伝承グループ「ゆうづる会」、三河手機場、手織り教室「尾州工房手しごと日和」、NPOガラ紡愛好会、E・V・S唐沢紀彦

臥雲義尚、中沢賢、河村隆、野村佳照、西村和弘、吉本忍、中村晶子、中島寛行、中村旅人、住田美代子、菰田眞理子、野村千春、平田里江、伊藤稚菜、竹内夕貴、今溝綾乃

セントラル愛知交響楽団、竹内愛絵、有薗俊彦

＊臥雲辰致「ガラ紡」展示会

後援　松本市、松本市教育委員会、松本商工会議所

主催　ガラ紡を学ぶ会

玉川寛治、天野武弘、石田正治、小松芳郎、木全元隆、崔裕眞、山本雅士、臥雲弘安

[執筆者紹介]（執筆順）

玉川寛治（たまがわ　かんじ）

1934年長野県松本市生まれ、東京農工大学繊維学部繊維工学科卒業
専門は、繊維産業の技術史及び産業考古学研究
現在、産業考古学会顧問
著書に、『製糸工女と富国強兵の時代』新日本出版社（2002年）など

小松芳郎（こまつ　よしろう）

1950年長野県生まれ、信州大学卒業
小学校教諭、長野県史常任編纂委員、松本市史編さん室長、松本市文書館館長
松本市文書館特別専門員、信濃史学会会長、松本大学非常勤講師など
『長野県謎解き散歩』『松本平からみた大逆事件』『長野県の農業日記』など

石田正治（いしだ　しょうじ）

1949年愛知県生まれ、名古屋大学大学院教育発達科学研究科修了
元愛知県立高等学校工業科教諭、機械技術教育、技術職業教育学、産業考古学など
現在、名古屋工業大学、大同大学、名古屋芸術大学、各非常勤講師
著書に、編著『図説　鉄道の博物誌　ものづくり技術遺産』、『図解入門　旋盤加工の基本と実技』、他

崔　裕眞（ちえ　ゆうじん）

1971年アメリカ合衆国カリフォルニア州生まれ、英国ケンブリッジ大学・大学院卒業
一橋大学経済研究所研究員・イノベーション研究センター講師などを歴任、専門は経営史・経営学
現在、立命館大学教授、高等教育・学術研究、著書に "Another Spinning Innovation: The Case of the Rattling Spindle, Garabo, in the Development of the Japanese Spinning Industry" 他

木全元隆（きまた　もとたか）

1942年愛知県生まれ、愛知大学卒業
1965年、木玉毛織（株）入社、現在に至る
10年前から、オーガニックコットンガラ紡糸の生産を行う
現在、その糸を活用し、ガラ紡商品の製造販売を行っている

中沢　賢（なかざわ　まさる）

1937年長野県生まれ、東北大学大学院機械工学専攻修士修了
信州大学繊維学部機能機械学科勤務　2003年退職、専門は繊維機械工学、機械力学
ガラ紡や八丁撚糸機などわが国独特の繊維機械の力学と自力制御構造に興味
著書に、「ファイバー工学」（丸善、共著）、「繊維の百科事典」（丸善、共著）

野村佳照（のむら よしてる）

1952年奈良県生まれ　同志社大学経済学部卒業

1980年より家業の靴下製造業に従事

ヤマヤ株式会社 代表取締役　協同組合エヌエス 代表理事

奈良県靴下工業協同組合 理事

西村和弘（にしむら　かずひろ）

1973年　広島県生まれ、中央大学卒業

現在、有限会社エニシング　代表取締役社長

日本伝統の前掛けの企画製造販売

著書に、『起業の武器』（ぱる出版）2006年、など

吉本　忍（よしもと しのぶ）

1948年広島県生まれ、京都市立芸術大学美術専攻科修了

専門は文化人類学で、おもに染織技術や織機の調査・研究を世界各地でおこなっている

現在、国立民族学博物館名誉教授、総合研究大学院大学名誉教授、著書に、『世界の織機と織物』(国立民族学博物館)、『インドネシア染織大系』（紫紅社)、『ジャワ更紗』（平凡社）など

河村　隆（かわむら　たかし）

1964年山口県生まれ、電気通信大学大学院修了、専門はロボティクス・メカトロニクス

世界初の猫ひねりロボットを開発、1992年信州大学助手、ロボットに関する教育と研究に従事

現在、信州大学准教授、人間や生き物のスキルのロボット化に興味を持つ

著書に、「ロボティクス」(日本機械学会、共著)

森谷尚子（もりや　なおこ）

1944年朝鮮京畿道水原邑生まれ　東京理科大学理学部卒業

1975年夫の仕事の都合で松阪に移住

1982年「ゆうづる会」に入会、同会では松阪もめんの技術の向上と伝承、後継者育成とPR活動に重点をおいて一人ではできない大作に挑む、個人的には公募展などにも出展

野村千春（のむら　ちはる）

愛知県生まれ

1992年4月、一宮市博物館講座「繊維講座」にて木綿の手紡ぎから織りまでに出会う

2007年2月、日本竹筬技術保存研究会を見学·体験、その後入会

著書は、『改訂増補版　竹筬』（共著）2017年8月刊行

稲垣光威（いながき　みつたけ）

1962年愛知県生まれ、明治大学卒業

繊維商社勤務ののち、現職

有限会社ファナビス 代表取締役

小学校等で綿やがら紡の講座を開き、木綿産業とがら紡の継承を目指す

安藤一郎（あんどう　いちろう）

1946年生まれ、同志社大学経済学部工業経済論専攻卒業

学卒後2年間大阪の商社に勤務後、アンドウ㈱に入社

現在、アンドウ㈱代表取締役、繊維製品品質管理士（№40011）を取得、ラオスでガラ紡を生産

目標は、日本を含めたアジアのHand Craftを商品化し、珠玉の如き商品を生み出すこと

山本雅士（やまもと　まさし）

1960年愛知県生まれ、名古屋音楽大学卒業

セントラル愛知交響楽団音楽主幹

作曲作品　オペラ「本能寺は燃える」、日舞バレエ「曾根崎心中夢幻譚」

2014年8月から、@FM（FM AICHI）「おはクラサタデー」（毎週土曜日朝8時放送）に出演中

[編著者紹介]

臥雲弘安（がうん　ひろやす）

1937年長野県松本市生まれ、東京大学法学部卒業

日清紡績株式会社勤務、長年、美合工場（岡崎市）の機械部門を担当

現在、経営コンサルタントとして、企業と顧問契約

三年前、疎遠だった松本行きが続く中、祖父臥雲辰致に呼び込まれる

天野武弘（あまの　たけひろ）

1946年愛知県生まれ、名城大学第二理工学部機械工学科卒業

愛知県立の工業高校機械科教諭、たたら製鉄、ガラ紡、人造石工法など産業遺産の調査研究を行う

現在、愛知大学中部地方産業研究所研究員、名古屋学芸大学非常勤講師、豊川市文化財保護審議会委員

著書に、『歴史を飾った機械技術』、『愛知県史 別編 建造物・史跡』（共著）、『新・機械技術史』（共著） 他

生誕175年記念

臥雲辰致・日本独創のガラ紡

— その遺伝子を受け継ぐ —

発行日　2017年8月15日

編著者　©ガラ紡を学ぶ会（臥雲弘安・天野武弘）

発行所　シンプリブックス（株式会社シンプリ内）

〒442-0821 愛知県豊川市当古町西新井23番地の3

TEL.0533-75-6301

ISBN978-4-908745-00-3

定価はカバーに表示してあります。

落丁、乱丁がありましたら当社にてお取り換えいたします。